いのちの循環「森里海」の現場から

未来世代へのメッセージ72

京都大学名誉教授
田中 克 監修

認定NPO法人シニア自然大学校
地球環境自然学講座 編

花乱社

カバー・表紙写真　川上信也
装　丁　　　　　前原正広

1）本書は、認定NPO法人シニア自然大学校（大阪市、1994年
　開校）にて「地球環境自然学講座」として2015〜18年度に行わ
　れた72回の講義の内容をそれぞれ要約し、纏めたものである。
2）個々の要約は本書編集委員が講義記録をもとに行い、講演者
　の加筆・訂正を仰いだ。文責は編者にある。
3）講演者の肩書きは講演当時のものである。巻末の「講演者紹
　介」欄に最新の情報を掲載した。
4）断らない限り掲載画像は各講演者の提供である。編集委員の
　船本浩路氏提供の場合は、写真説明に「船本撮影」と記した。

はじめに

認定 NPO 法人シニア自然大学校

代表理事　**金戸千鶴子**

　シニア自然大学校は、環境 NPO 法人として自然環境の保全と啓発活動を行うことを掲げて大阪に設立され、今年で28年目を迎えました。自然のこと、地球環境のことを学んで、このかけがえのない地球を次世代に引き継いでいくために、子どもたちをはじめ社会の各層に啓発活動を続けております。また、シニア世代の生涯学習の場として、自然分野では「自然に親しむ講座」・「人と自然の講座」・「地球環境自然学講座」など、さまざまな学習講座を設けて自然の学習や観察を経験していただいています。文化分野では、文学・歴史・芸術などを楽しく学んで充実した１年を過ごされています。シニア世代に社会とつながった生きがいのある生涯学習・生涯活動の場を提供して、新しい仲間と楽しい時間を共有し、さらに社会に役立てる喜びを実感して心豊かなシニアライフを過ごしていただきたいと願っています。

　「地球環境自然学講座」では、2015年度から京都大学名誉教授・田中克先生をコーディネーターにお迎えしました。森・里・川・海の多様で健全なつながりが、自然環境や生態系にとどまらず河川流域や沿岸地域における人々の暮らしにおいても重要であるという「森里海連環学」の考え方に基づいて、講座のテーマを《森里海のつながり――いのちの循環》として企画監修していただいています。

　講座では森・川・海の生態系とその関係性をさまざまな角度から研究されている先生、それぞれの地域で保全活動に熱心に取り組まれている方、さらに自然のシステムを壊すことなく、自然の恵み（生態系サービス）を受けて農林水産業に関わられている方などが講演されました。それぞれの講演は、都市で生活する私たちに「あなたは自然環境・生物多様性の保全にどう向き合っていますか。あなたはどのような生き方をしていますか」と問いかけられているように感じました。自然の多様な生態系が健全につながっていること

で、私たちは自然の恵みを享受することができます。自然環境・生物多様性の保全は、私たち人間の生活を持続可能にすることにつながっています。

　世界中が新型コロナウイルス（COVID-19）パンデミック渦中においても地球温暖化は進行しています。コロナ危機で停滞した社会の立て直しに気候変動を抑え生態系を守る「グリーンリカバリー」を重視した考え方が注目されています。カーボン・ニュートラル（二酸化炭素排出量実質ゼロ）な世界を目指して、私たちに脱炭素社会への行動変容が求められています。私たちの何気ない暮らしの中の一つひとつの行動が、実は自然環境に負荷をかけていることが見えてきました。今、私たち一人ひとりの住居・移動・食に関連するライフスタイルの変革が求められます。

　「地球環境自然学講座」に学ぶ私たち一人ひとりが、講演や自然観察会を通して学んだ知識をもって、それぞれの地域で何をすることができるのかを考え、自ら実践する。そして、その実践を身近な人に呼びかけていくことが大切だと考えます。

　この度、シニア自然大学校は「地球環境自然学講座」の講座記録を一冊の本に纏めて出版することになりました。多くの人にこの本をお読みいただいて、それぞれの地域で自らが何をすることができるのかを考え、実践していただくきっかけになれば幸いです。

　最後になりましたが、田中克先生の熱心なご指導と自然学講座運営スタッフや図書刊行委員の皆様の並々ならぬご努力と、出版にご協力いただいた皆様に、深く感謝いたします。

目　次

＊講演者名下の（）内は講演年月日

第3部　森を通した地域活動を知る

第4部　川と淡水魚についての理解を深める

第6部 陸と海の境界の役割を理解する

第7部 海の生物への理解を深める

第9部　海とのふれあい・文化・地域活動を知る

第15部　東日本大震災復興について知る

第16部　森里海のつながりから地域創生を考える

プロローグ

いのち巡る「森里海」の世界を未来世代へ

京都大学名誉教授　田中　克

何を学ぶか

「環境の世紀」と呼ばれた21世紀——早くも20年以上が過ぎ去りました。大きな転換のきっかけと期待された新しい世紀への移り変わりも事態の改善にはつながらず、地球温暖化に象徴的に見られるように、地球環境はいっそう深刻さを増し、このままでは近未来世代の幸せは望むべくもありません。20世紀の主役として生きてきた私たちは、いったい、この事態にどのように責任を取り、孫の笑顔を思い浮かべればよいのでしょうか。

この夏も、猛暑の後の冷夏と豪雨、さらに人災といえる新型コロナウイルスの急激な感染拡大と、今を生きる私たちの暮らしはもとより、この先も生き続ける孫世代の未来への不安は募るばかりです。いったい、何がこのような事態を招いたのでしょうか。20世紀後半を経済成長の時代として"走り抜けてきた"私たちの責任は免れないと思われます。

共生体としての体・社会・地球

私たちの体を構成する細胞は生まれながらのものとともに、それと同数以上の外界から体内に移入あるいは付着した他の生物の細胞（その代表的なものは、私たちが生きていく上でなくてはならない腸内細菌）から出来上がっています（鈴木・小倉、2021）。つまり、私たちの体はそれ自体が"共生社会"なのです。本来、人々が集まり暮らしを成り立たせている人間社会も、人間同士が協働し、人間と周りの環境が共存する集合体とみなせます。

そして、地球は、多くの生き物が環境に適応し、相互に折り合いをつけながら生きていく一つの生命体ともいえる存在です。これまで調和を保ってきた地球生命体に今大きな異変が生じています。あまりにも大きな影響力を持った唯一種の生物種である私たちヒト（ホモ・サピエンス）が地球の"免疫機

能"を大きく損ない、もはや自己修復できる限界を超えようとしています。それが、今私たちが直面している地球環境問題だといえます。このままでは孫の世代が生まれてきてよかったと生を喜ぶ権利さえも、今を生きる世代の身勝手な振る舞いで奪い去ろうとしているのです。

　地球と地域の"免疫機能"を担っているのは森と海とのあいだを循環する、すべてのいのちに不可欠な水です。私たちはあまりにも水に恵まれた環境にあるだけに、その存在の"ありがたさ"に気づかず、悠久の時を経て巡り続けてきた循環を断ち切り、免疫機構を壊しているのです。「森里海」は、今一度全てのいのちを育む、水の循環とその大元である海に思いをはせ、「里」の住人としての私たちの振る舞いを見直し、続く世代からの借りものである自然を整え直して送り届けようとする意思表示なのです。それをあらゆる方向から学んで来たのが本講座の基本テーマ《森里海のつながり――いのちの循環》なのです。

2050年と2030年

　世界は2050年を目標に脱炭素社会を目指し、日本もその列車に乗り損ねまいと急遽「2050年カーボンニュートラル」を公言しました。しかし、問題は30年先の話ではなく、目の前の2030年が大きな節目の年とみなされています。そこまでに大きく舵を切らないと、この"地球丸"は荒海の藻屑となりかねません。どのように舵をきればよいのでしょうか。確かな羅針盤が求められます。お金や物を基軸にした世界は、分断・対立、誹謗・中傷の悲しい現実を生み出しました。目指すべきはそれとは対極の平和な共存・協働の世界に違いありません。すべてのいのちが尊重され、その物質的基盤としての水が地球上を悠久の時を経て巡り続ける世界であり、「里」の人々が水循環の根幹である森と海のつながりを土台に据えた循環共生社会を築き直すことに違いありません。

　少子高齢化が世界的に進む中で、そのトップランナーを担う日本が世界をどのように先導できるか、大きな注目を浴びています。そのモデルを示しうる私たちはこの上なくやりがい（生きがい）のある"恵まれた"位置にあることを大事に、シニア世代の役割を開拓したいものです。20世紀前半の日本

のシニア世代が地球を救ったと、未来の子供たちが学校で習う様子を目に浮かべながら、本書の編集に当たりました。

シニア自然大学校「地球環境自然学講座」

　2011年3月に起きた宮城県沖を震源地とする巨大な地震と津波は圧倒的な自然の力を私たちに見せつけ、今一度自然への"畏敬の念"を取り戻す必要性を痛感させられました。その思いを胸に、「森は海の恋人」運動発祥の地、宮城県気仙沼市の舞根湾をモデルに震災復興調査を続け、人は自然とどのように関わりながら生きていくべきかを考える日々を送りました。個人として森里海のつながりへの思いを深めるだけでなく、同世代の皆さんと共有する必要を感じ始めていた2014年に、認定NPO法人シニア自然大学校の当時の代表理事斎藤隆さんから、2005年度より開設している「地球環境自然学講座」のコーディネーターを引き受けてほしいとの要請を受けました。

　当時、東日本大震災からの復興の理念としても注目されていた「森は海の恋人」（畠山重篤、2006）運動とそれを学問的に支える森から海までの統合学「森里海連環学」（田中克、2008；京都大学フィールド科学教育研究センター編、2011）の協働が、多くの分断・対立を乗り越えて、地域から持続可能な社会を作り上げていく流れを生み出すことに関わる講座になればと、基本テーマとして《森里海のつながり――いのちの循環》を提案させていただきました。その根底には、自然と自然、自然と人、そして人と人の間を紡ぎ直す価値観の普及につながればとの思いがありました。

森里海のつながり――いのちの循環

　森里海のつながりが今なぜ問題になるのでしょうか。先にも述べたように、いのちの源である水は、悠久の時を経て森と海を循環する地球生命系の根幹にかかわる存在だからです。その循環が目先の経済成長や明日の暮らしの利便性ばかりを優先させる中で大きく壊され続けています。陸上のすべての生命の究極の"ふるさと"は海であり、海から蒸発した水蒸気は雲となり、雨や雪として陸域に水をもたらし、すべてのいのちを支え続けています。地球上には酸素がなくても生きていける生物（たとえば深海の熱水孔周辺に生息す

る細菌類)はいますが、水なしに生きられる生物は存在しません。それは私たち生物体が水の塊であることを考えればよく分かります。生命の存在や起源をもとめて宇宙への関心が高まっていますが、生命の痕跡を見つけることは水の存在を確認することに注がれていることからも推し量ることができます。

　時代は大きく変わろうとしています。変わらなければ地球生命系は持ちこたえられません。人類は、1950年以降を「人新世」と名付けたのを最後に消滅したと、将来、新たに地球の主役になった生き物の辞書に記載されるかもしれません。人類も永久不滅の存在ではなく、必ず終末を迎える存在です。せめて21世紀前半の地球の大きな危機を、「森里海のつながり」の価値観を取り戻し乗り超えた、と後世の地球の主役に届けたいものです。

本書刊行のねらい

　コーディネーターの依頼を受けた時点では、森里海連環のとらえ方の未熟さや人的つながりの限界から、毎年20名の講師を招請するのは3年が限度と判断し、2017年度までに限定してお引き受けしました。しかし、最終的には《森里海のつながり──いのちの循環》を基本テーマに、2024年度まで10年間にわたり関わることになりました。最も大きな理由は、受講生の皆さんの非常に熱心な受講姿勢と講座での学びを日々の暮らしや身の周りの取り組みへ生かされていることを感じて、私自身の講座への思いが深まっていったことにあります。同時に、そのことも刺激になって多様な分野、多様な地域の皆さんとのつながりが生まれ、講師にお招きする人の環が広がっていきました。そして、この間の講師の皆さんからご提供いただいた現場に根差した多様な取り組みの蓄積をまとめることにより、それらが縦横につながり、未来世代が幸せに生きる社会へ導く羅針盤になりうるとの確信を得ました。

　地球環境自然学講座は《森里海のつながり──いのちの循環》を基本テーマに、年度ごとの学びの課題を設定しながら、歩んできました。本書はその最初の4年間(2015〜18年度)の学びを、まとめの役割を買って出ていただいた3名の受講生が編集委員を務め、72名の講師の皆さんのご理解とご協力を得て、講義録をもとに、要約的に整理されました。それは、単に受講生の学びの復習にとどまらず、この困難な時代を生きる者として、自然や社会の再

生に貢献しうる「森里海のつながりの価値観」を社会に広く発信し、未来世代への責務の一端を果たしたいとの思いによります。受講生による、受講生と同時代を生きる全ての皆さんへ贈る本として、刊行の運びとなりました。

■参照文献

鈴木智順、小倉ヒラク、2021、「微生物」、『WE EARTH ──海・微生物・緑・土・星・空・虹　7つのキーワードで知る地球のこと全部』(NOMA編)、グラフィック社

田中　克　2008『森里海連環学への道』旬報社

田中　克　2011「森・里・海の発想とは何か」、『増補改訂版 森里海連環学──森から海までの統合的管理を目指して』京都大学フィールド科学教育研究センター編集（山下洋監修）、京都大学学術出版会

畠山重篤、2006『森は海の恋人』文春文庫

1

森についての知識を広げる

ニホンジカによる森林被害の現状と対策

森林総合研究所 野生動物研究領域長　堀 野 眞 一

▶ *2015.7.25*

農林業被害だけではないニホンジカの破壊力

　ニホンジカ（以下、シカ）による農業への被害が増大し、農業獣害全体に占めるシカ害の比率が高くなっているという問題が新聞などでたびたび報じられています。林業害獣といえば、かつてはノウサギとネズミ類が主でしたが、1989年以降は一貫してシカが最大の害獣となり、しかも、被害発生地域が拡大を続けています。日本林業は、外材の輸入量増加で苦戦しているところへシカ被害を受け、青息吐息です。

　農林業被害だけでも深刻ですが、問題はそれに留まらず、各地の自然植生、とくに、高標高地帯のお花畑や天然林に対し、破壊的ともいえる影響を与えています。屋久島、大台ヶ原、南アルプス、八ヶ岳、日光連山、尾瀬、丹沢など日本の自然を代表する山岳地帯においても深刻な影響が発生しています。

　自然植生へのシカの影響は、樹木剥皮、林床植物摂食、希少植物摂食などを通じて生じます。結果として、次世代に受け継ぐべき自然環境が損なわれるだけでなく、水や天然資源のありかたなどが変容して、農業などの産業にも負の影響が及んでいます。植物を食べつくされた斜面が崩壊する防災上の問題や、濁水をもたらして沿岸漁業に悪影響を与える事例も起きているのです。

　かつてこんな事態は思いもよらないことでした。なぜこのようになったのかについての詳細には不明な点がありますが、シカをめぐる状況を振り返ることで大筋の説明はできるのではないかと思います。

ニホンジカとはどういう動物か

　ニホンジカは偶蹄類に属する野生動物の一種で、その標準和名が *Cervus nippon* という学名にもかかわらず、日本固有の動物ではなく、ベトナムから

極東アジアにかけても分布しています。
古くから日本列島に生息し、人と深いか
かわりあいをもってきました。人から見
れば、シカには害獣と天然資源（食肉や皮
革等）という両面がありますが、近年は
害獣としての面ばかりが目立っているこ
とが残念です。

ニホンジカ

　日本には野生偶蹄類としてニホンカモ
シカ（以下、カモシカ）もいます。シカの特徴はカモシカと比較することで理
解し易くなります。体格は概して似通っていて、慣れないと見間違うことが
あります。草食であること、反芻獣であることも共通し、食痕や糞、足跡は
そっくりです。

　シカとカモシカにはこのような共通点がある一方、大きく違う点もありま
す。まず、どちらも一度に産むのは1頭が普通ですが、産み方が異なります。
カモシカが子どもを産み始めるのは4歳前後であるのに対し、シカでは多く
の場合2歳からなので、メスジカ1頭が一生のうちに産む子どもの数はカモ
シカの場合より多くなります。加えて、カモシカは毎年続けて産むことがほ
とんどありませんが、シカは栄養条件が悪くない限りほぼ毎年産むので、シ
カはカモシカに比べかなり高い繁殖力を持っていることになります。

　社会構造にも大きな違いがあります。カモシカは各個体がなわばりを持ち、
単独生活を営みます。オスとメスのなわばりは重なり合いますが、オスどう
しやメスどうしは重なりません。そのため、一定の面積に生息できる頭数に
限りがあります。一方、シカはなわばりを持たず、単独で行動することもあ
りますが、群れを作ることが多く、先に述べた繁殖力の高さとあいまって生
息密度が高くなりがちです。このことはそれだけ多くの食物を集中的に消費
するということを意味し、激しい農林業被害や自然植生への破壊的な影響の
原因になっています。

対策

　特効薬的な対策の方法はありません。基本的には、地域のシカ生息密度を

適切なレベルまで下げることです。つまり、個体群管理が、農林業被害軽減と自然植生保護のために不可欠です。各自治体は個体群管理を組み込んだシカ管理計画を策定し、目標を実現するためにさまざまな施策を行っています。生息密度を下げる手段は捕獲であり、現在、その実質的な担い手は狩猟者ですが、狩猟者は年々急速な高齢化と減少が進んでいます。狩猟者だけに頼るのでない捕獲体制の構築が模索されています。

　多くの場合、捕獲によって生息密度が十分下がるまで待てないので、個別の対策で防ぐ必要がありますが、この方法にも決定打はまだありません。最も効果が期待できるのは防鹿柵です。柵の資材や設置方法にはさまざまな選択肢があり、触れようとすると高電圧の放電で痛みを感じる線を張り巡らした電気柵も使われます。いずれの場合も、効果を持続させるためには、設置後に適切なメンテナンスを行うことが必要です。ただし、保護したい地域があまりに広い場合は、柵をめぐらせる方法は現実的でなく、他の方法を工夫する必要があります。

予防策

　すでに被害・影響の出ている場所だけでなく、これからシカ分布の拡大にともなってその発生が懸念される場所もあります。いま被害・影響が無い場所では、それを維持するのが最も得策であるはずです。花の山として名高い早池峰山は、周辺でシカが増えて危険な状態なので、東北森林管理局が効果的な捕獲に向けた調査事業を行っています。世界自然遺産である白神山地も、周辺地域でシカが目撃されるようになり、世界遺産科学委員会が対策を練り始めました。

　農林業被害の予防的対策も、最近その必要性が理解されるようになってきました。シカ分布拡大を防ぐには、農業・林業・自然環境の全てが運命共同体であることを踏まえ、地域全体でシカを監視し、対処していくことが必要です。

森林における水動態

首都大学東京都市環境学部 特任助教 **福島慶太郎**

► *2015.4.25*

山のめぐみ

　森林には、様々な環境要素が存在します。「植物」や「土壌」の他にも「大気」、「岩石」、「渓流」といった要素があり、それらはそれぞれ独立ではなく、相互に関連しあい、森林生態系を構成しています。こうした非常に複雑な生物と非生物間の相互作用が森林の生態系機能を創り出し、森林の持つ多面的機能を生み出しています。私たちは"山のめぐみ"というと、「植物（＝食料や燃料、さらには温室効果ガスである二酸化炭素の吸収源）」や「渓流（＝飲み水や生活用水）」を最も身近なものとして認識しています。近年の地球温暖化、森林伐採、シカの食害問題（後述）などによって、これらの山のめぐみにどういう影響が及んでいるか、あるいはどのくらい持続可能であるかどうかは、自然を利用して生きる人間が正しく知っておかねばならないことです。そのためにも、森林生態系の仕組みや機能についてきちんと理解しておく必要があります。

物質循環

　複雑な森林生態系の機能を読み解くことを目的に、様々な環境要素に着目して研究が行われています。その一つに"物質循環"という手法があります。物質循環は降水、植物体、土壌、岩石、渓流水などに含まれる特定の物質に着目し、その挙動を把握する手法です。試料に含まれる物質の含有率（濃度）や同位体組成などの定性的なデータから解析する場合と、一定期間、一定面積（あるいは体積）あたりに存在する物質の現存量や移動量（フラックス）を算出する定量的なデータで解析する場合とがあり、研究目的によって測定項目は様々です。

渓流水の水質測定

　森林生態系では様々な物質が、様々な要因によって循環しています。

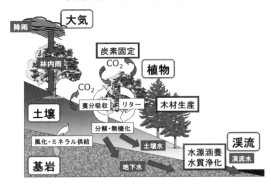

森林生態系の構成要素と、
要素間での主なやりとり

森林生態系の物質循環が最も端的に反映されるのが、生態系の出口となる渓流水です。渓流水の水質を測定すると、そこに存在する森林生態系の様子をうかがい知ることができます。人間でいう尿検査にたとえられます。例えば、森林を伐採すると、これまで植物が吸収していた硝酸態窒素が流出しますが、植生の回復に伴って流出量は減っていきます。

近年の工業発展に伴い大気中に窒素酸化物が大量に放出され、降水に溶けて硝酸態窒素となり、また、放牧地から発生するアンモニアが降水に溶けてアンモニウム態窒素となって、森林に多量の窒素が流入する現象が、日本を含め世界各地で起こっています。硝酸態窒素やアンモニウム態窒素は植物の養分なので、窒素を多く含む降水によって一時的に植物の成長が増進されますが、供給量が過剰になると植物の衰退を招き、ひいては流入量以上に窒素が渓流へと流出する現象(窒素飽和)が発生する危険性が指摘されています。大量に窒素が流出すると、下流域の生態系が富栄養化し、湖水や沿岸域でアオコが発生したり飲料水に悪臭が残ったり、人間生活への悪影響も懸念されます。

シカの食害と水質汚染

京都府の北西部、福井県と滋賀県に隣接する南丹市美山町には、西日本屈指の広大な森林地帯、面積が約4200haの「京都大学芦生研究林」があります。一見、森の中は緑が大変多く見えるのですが、林床のほとんどは、シカが食べない植物ばかりになってしまっています。シカの被害がひどい所とそうでない所の水質がどのように違うかを調べ、シカが間接的に水質を変えるかを研究しました。

芦生研究林内の約13haにも及ぶ集水域と呼ぶ一つの谷を囲む尾根沿いに、

支柱約300本と、2.3m×50mの防鹿ネット35枚を張り巡らし、柵内にいたシカをすべて追い出した結果、下層植生が復活してきました。防鹿柵は一つの集水域を全部囲っており、囲った場所とそうでない場所で採取した川や雨の水をそれぞれ分析し、どんな物質がどれくらい入っているかの比較を行ったところ、川に含まれる窒素の量が、柵で囲った集水域で徐々に少なくなっていきました。囲っていない場所（＝シカがいて林床植物が少ない場所）では、空から雨とともに降る窒素（本来は林床植物が吸収していた分が）がそのまま土を通して川に溶け出すため窒素量が多いと考えられます。窒素は多くなればなるほど、赤潮やアオコといった下流域の水質汚染の原因になります。シカが食べる林床植物の有無が水質に影響を与えることが分かりました。

里は海の恋人？

　若狭湾西部海域の丹後海に流入する最大の河川である由良川の多くの地点で水質調査を実施しました。鉄・硝酸・腐植物質のいずれも、森林域で平均濃度が低く、集水域間でのばらつきが大きい結果となりました。集水域が大きくなると平均化され低濃度で安定していました。下流に向かって農耕地や市街地の面積率が高くになるにつれて、それらの濃度は上昇し、森林以外の土地利用が河川への負荷源として大きく影響することが分かりました。

　ただし、溶存鉄は河口域で濃度低下が見られ、腐植物質・硝酸とは異なる濃度変化を示しました。塩分の上昇により腐植鉄錯体の解離反応が進行した可能性が考えられます。従来、腐植鉄錯体の供給源として森林の重要性が指摘されてきましたが、この結果では、溶存鉄の森林以外からの供給と、河口域での濃度低下が確認されたのです。

　すなわち、森林の伐採などの影響よりも、人家や放牧などからの硝酸態・富栄養物質の流入によって海が栄養を得ているという実態が明らかになり、「森は海の恋人」よりも「里は海の恋人」状態になっている可能性が高いのです。

　森林生態系を保全するということは、単に植物を保全するにとどまらず、水質浄化機能や水源涵養機能など、様々な多面的機能の保全に結びつきます。一見しただけではなかなか評価できない生態系機能も、その変化の予兆をつかみ影響を予測する研究には、こうした物質循環研究が必要不可欠なのです。

森でこころがいやされるわけ

京都大学フィールド科学教育研究センター 准教授 **伊 勢 武 史**

▶ *2015.12.12*

生態系サービス

　自然の恵みは多様で、人間の生活には自然の存在が欠かせません。太陽のエネルギーを食べ物に変換してくれる植物の作用に依存して、人間や動物の暮らしは成り立っています。森は、建築材料である木材を供給し、衣類の原料となる繊維も生物がもたらす恵みです。さらに、自然は水を浄化し、様々な生物に生活環境を提供することで、生物多様性をキープしています。このような多彩な自然の恵みは

生態系サービス

基盤サービス ・養分の循環 ・土壌の形成 ・光合成による生産	供給サービス ・食糧 ・淡水 ・木材や繊維 ・燃料
	調整サービス ・気候 ・洪水 ・病気 ・水の浄化
	文化的サービス ・美的 ・精神的 ・教育的 ・娯楽的

「生態系サービス」と呼ばれています。研究者はその多様性と豊かさの解明に力を注いでいます。

　もうひとつ、人間にとって大事な自然の恵みとして、自然が持つ、文化的サービスと呼ばれるものがあります。これは、自然が人間のこころにもたらす、精神的・教育的・娯楽的・美的な作用のことです。森は、生態系サービスの中でも、とりわけ文化的サービスをも提供してくれる貴重な存在です。自然は人間が暮らしていく上での必需品を提供するだけでなく、精神的にも重要なものになっています。

進化生物学と人のこころ

　進化生物学の観点から、森を愛する人の気持ちを研究するプロジェクトが

進行しています。森が人間のこころにどのように作用しているかを調べるために、データ取得、観察、仮説を立てて統計的に解析し、何らかの結論を出すデータ駆動型科学のアプローチを行っています。森での写真や人間の脳波などのデータを蓄積していくことで、人間と森との関係がだんだん分かってきます。人間は森を見て、衣食住に直結しない欲求を感じます。

　進化生物学では、生物の特徴は生存と繁殖に役立つから存在すると考えるのが基本になっています。つまり、進化生物学的に考えれば、森で感動することは、それが生存と繁殖にプラスになるということになります。あるいは、人間のこころの中に何かが起こっていると考えられます。何かを美しいと思うことが、生存と繁殖に有利に働くのではないでしょうか。

　生物進化の原動力は、自然選択あるいは自然淘汰、適者生存です。生物は、環境に適したものが残り、その特徴を次の世代に伝え、生物進化が起こります。生存と繁殖にプラスになる遺伝子が残るのです。生物進化には突然変異もあります。突然変異は多様な変化を生み出します。自然選択には方向性があり、生存と繁殖に役立つ突然変異を選び取っていく、これが生物進化なのです。

宗教と芸術とこころの関係

　なぜ森の中で宗教感情が引き起こされるのでしょうか。進化生物学では、何かを畏れ敬うこころが、生存と繁殖に有利だったと考えます。例えば、森の岩や樹木に何か神様的なもの、人格があるように感じる傾向があり、こういう傾向が合わさり、私たちは森をすごい力を持つ敬う対象とし、宗教の対象にしてきたと考えられます。

　仏像、声明などの宗教装置は、人のこころを打つようにできています。宗教は人が感動するようなツボを押さえているのです。宗教装置の中で宗教行為を行うのは、空想の世界にいることが人間のこころに感動を起こさせるようになっているからではないでしょうか。古い歴史の中で、ほとんどの部族に宗教的な儀式が存在していました。人間の本質の一つと言ってよいでしょう。

　自然を畏れ敬うことが宗教の起源で、自然崇拝です。自然を畏れ敬い宗教

を創ることは、人の生存に価値があるということではないでしょうか。感情を動かして宗教心をつけることによって、教えの拘束を高めることになります。人は自然を擬人化する傾向があり、自分より強い存在、コントロールが不可能な自然に対して、神様として、自分より強いものを扱うように振舞うのです。宗教によって先人の知恵を効率よく伝え、理屈によらず畏れという感情に訴えることでコミュニティのメンバーを導くことができるのかもしれません。

　一方、森はなぜ美しいのでしょうか。森には、秩序・規則性・多様性・意外性があり、人間が好む芸術に求められる条件に合っているのです。自然が先にあって、その自然を美しいと思うように、人間は自分を変化させ進化してきたと思っています。森や植物と密接に関わりあいながら何百万年もかけて進化してきた人類は、好ましい植物を見ると「美しい」と感じるようになったのです。

　進化生物学は、芸術の概念をリフレッシュする可能性があります。たとえば、人に芸術的感情があるのは、何かの役に立ってきたからという考えです。多くの民族は芸術的感情を持っています。人間の美意識は、自然淘汰によって、自然環境によって作られてきたからではないでしょうか。

　美しくないものが、なぜ芸術と認められるのでしょうか。これは未解決の問題です。生物進化で言うと、なぜこういうことになってきたのか説明しにくいのです。難しいことでありますが、複雑さが人間の魅力かもしれません。

自然の恵みと環境問題

　環境問題、特に地球温暖化は私の専門です。現在進めている研究は、地球の温暖化と陸上の生態系の関係の研究です。フィールド調査に加えて、コンピューターによる温暖化予測とその精度を向上させる研究に取り組んでいます。

　地球上の生命活動はすべて、炭素を介して行われています。生態系全体として、植物が光合成で吸収する炭素の量と、微生物が土壌有機物を分解して放出する炭素の量は、バランスがとれています。ですから、気候などの環境条件に大きな変化がなければ、大気中の二酸化炭素濃度は極端に増えたり減

ったりはしません。実際、地球では、最後の氷河期が終わってから1万年ほど
の間、炭素循環のバランスは保たれていました。

　この均衡が崩れたのは、18世紀に本格化した産業革命以降のことだと考え
られます。石炭、石油、天然ガスといった化石燃料の使用により、数千万年
以上にわたり地中深くに眠っていた炭素が呼び覚まされました。こうして大
気に放出された二酸化炭素は、地球の炭素循環のバランスを乱します。これ
が地球温暖化の最大の原因なのです。

　温暖化によって引き起こされる生態系の変化を正確に予測できれば、未来
に起こりうる事態が分かり、対策が立てやすくなります。予測のための有効
な手法が、コンピューターによるシミュレーションです。

　地球の気候を予測するには、大気と陸地と海洋を同時にシミュレーション
し、相互の関わり合いをコンピューターのなかで再現します。しかし、現時
点では、陸上生態系の予測に関しては精度が低く、このことが正確な温暖化
予測の障壁となっています。

　そこで、今、植物による生態系の炭素循環を緻密に再現する先進的なシミ
ュレーションの研究に取り組んでいます。また、人工衛星の画像データやフ
ィールドでの観測データを、予測の精度向上に利用する取り組みも進めてい
ます。こうした複数の方向からのアプローチを通じて、陸上生態系の予測精
度を上げ、温暖化予測をもっと正確なものにしていきたいと考えています。

　環境問題の解決には、自然を愛する熱い気持ちと、事実を直視する冷静さ
の両方が求められます。そのために、問題を大局的にとらえ、客観的に考え
るための方策をご紹介しました。みなさんの日々のくらしのなかで役立つヒ
ントをとしていただければ大きな喜びです。

伊勢神宮の神木を育てる森

映像プロデューサー **鎌田雄介**

▶ 2016.10.8

ドキュメンタリー映画『うみ やま あひだ』

　この映画は、写真家の宮澤正明さんの初映画監督作品で、2013年に行われた「第62回式年遷宮」を10年にわたり追い続けたドキュメンタリーです。私はそのプロデューサーを務めました。神宮の神域林、木曽の大檜林、白神山地といった日本各地の深山幽谷へ足を踏み入れ旅を続けるうち、導かれるように賢者たちに出会います。その賢者たち、伊勢神宮神職の河合真如さん、宮大工棟梁の小川三夫さん、神宮の森管理者の倉田克彦さん、法隆寺住職の大野玄妙さん、脳科学者の大橋力さん、横浜国立大学名誉教授の宮脇昭さん、建築家の隈研吾さん、映画監督の北野武さん、木材会社経営の池田聡寿さん、京都大学名誉教授の田中克さん、牡蠣養殖業の畠山重篤さん、料理人の成澤由浩さんへのインタビューを通して、日本人と森との関わり、森（自然）の大切さ、伊勢神宮そのものの存在について感じる作品になっています。

　伊勢神宮の式年遷宮は20年に一度行われ、約1300年にわたり続けられています。古い社殿の隣に全く同じ様式の新しい社殿を建て、神様にお遷りいただくこの大祭が守り継がれています。

　式年遷宮において社殿の御造営用材として大量のヒノキが必要とされます。そのヒノキを伐り出す「清浄な山」のことを"御杣山"といいます。かつては内宮のほとりを流れる五十鈴川の上流の「神宮林」に定められていましたが、次第に良材を調達するのが困難となり、江戸時代以降300年にわたり御杣山は信濃と美濃の国境である木曽に定められています。そこで、昔と同じように「神宮林」からまかなえるように1923年にヒノキの人工林を計画的に管理し育てています。必要とされる御造営用材の中には直径1mを超えるものもあり、間伐を繰り返しながら成長を促進し、100年後には式年遷宮に使えるようにヒノキの森づくりが進められています。その中で62回目の遷宮では

間伐材を、約700年ぶりに供給すること
ができています。

御杣始祭

この映画でヒノキの搬出という大役を
担われたのが池田聡寿さんです。

長野県上松町は、寝覚の床で知られた
木曽川沿いの名所です。池田聡寿さんは、
その地で代々木材業を営む池田木材株式
会社の現社長で、伊勢神宮式年遷宮に献
納する御神木を、木曽のヒノキの森から
切り出す儀式の統括という重要な役割を
担われています。そして池田さんの夢は、
山川海をつなぐ人材育成を構想し、木曽

映画『うみ やま あひだ』のポスター

の森に林業大学校 (既存の大学校の拡充)、川の流域に河川大学校、そして伊勢
・三河湾に海の大学校をつくることです。その先に木曽のヒノキの森とそこ
での人の営みを世界文化遺産に登録したいとの思いを深めておられます。映
画では、池田さんに導かれ木曽ヒノキの森へと皆さんをご案内します。

木曽谷、裏木曽の地域は尾張藩により木材 (木曽五木：ヒノキ、サワラ、ア
スナロ、ネズコ、コウヤマキ) が保護され、現在も式年遷宮用の用材はこの御
杣山が供給源となっています。

伊勢神宮の内宮と外宮の御神体を納める器をつくる２本の御神木を伐採す
る儀式を「御杣始祭」といいます。御神木に選ばれるのは、南斜面で近くに
小川が流れる清浄なところで生育し、長さ、直径が基準に合い、節が少ない
丸太がとれる木です。一般に流通している柱用の丸太に比べ、長さも直径も
倍くらいになり、かなり大きな木が必要になります。しかも、内宮用と外宮
用の２本の先端がたすきがけに交叉するように伐り倒せる位置になければな
りません。左側と右側の木が折り重なるように寝かす御杣始祭でのヒノキの
伐採は、古式にのっとり斧だけで腰のあたりをくり抜くように切っていきま
す。ここでは、木を切るとは言わず「寝かす」といいます。ツルという木を

支える３カ所を残してくり抜きます。最後にこのツルを切り離すと"ギィー"という音を出して、地面に寝ます。この瞬間、あたかも血が通うかのように辺り一面にヒノキの芳香が漂います。

木曽悠久の森

　「木曽悠久の森」という名の森づくりが岐阜、長野両県にまたがる木曽で始められています。2014年から自然のヒノキを中心とした温帯性針葉樹林の復元の場とすることになった国有林です。木曽地方は、関西地方の太い天然ヒノキが古の時代に建築材で使い尽くされた結果、天然ヒノキの唯一の産地となってきました。ヒノキは成長が極めて遅いため、全く持続的利用ができないペースで使われてきました。そこで木曽悠久の森では、木曽全体の1/5に当たる１万6600haという広大な地域を三つの地域に分け、実験しています。天然木が多く残っていて、一切の伐採を禁止する「保護区域」（コアエリア）、その周辺の人工林や伐採跡地も含めた「復元区域」（バッファエリア）、もう少し広い意味で生産をしながら時には皆伐し、植え替えていく「調整区域」に分けています。この取り組みの結果が出るのは300年後という壮大な実験ですが、未来の世代に渡す森づくりが始められています。

今後の取り組み

　映画『うみ やま あひだ』は、日本の自然観を、神事を通じて伝える作品として、2015年にはマドリード国際映画祭外国語ドキュメンタリー映画部門最優秀作品賞を受賞しました。また、シェフィールド国際ドキュメンタリー映画祭においても環境賞にノミネートされるなど、国際的にも高い評価を受けています。

　地球環境問題がますます深刻化する中、環境問題を考えるのに適した映画で、中学生や高校生などこれからを担う若い世代にぜひ観てほしいと思っています。日本人が自然と付き合う中で、ずっと続けてきたことはどういうことだろう、と学んで、考えるきっかけになれば、と思っています。

　また、今後も個性的な日本的なものを表現し、それを海外へ伝えていくことをライフワークにしていきたいと思っています。

2

山を活かし、山に生きる

山は友達、命の源

源点へ──足元をみつめる・焼畑の火を消さない

椎葉焼畑蕎麦苦楽部 代表 **椎 葉 　 勝**

► *2018.5.26*

自然と共生する焼畑

　私が住む宮崎県椎葉村では、かつて焼畑が盛んでした。九州のちょうど「へそ」の位置にあり、標高は高いところで900mほどです。四方を険しい山に囲まれた土地では、平地も少ないため斜面でもできる焼畑だけが生活を支える手段でした。しかし、今では毎年行うのは全国でも私の家だけになりました。山を焼くのは大体7月下旬〜8月上旬にかけてです。

　「これより、このやぼに火を入れ申す。蛇、蛙、虫けらども早々に立ち退きたまえ。山の神様、火の神様、どうぞ火の余らぬよう、また焼け残りがないよう御守りやってたもうり申せ」

　「やぼ」は焼畑地、「火が余らぬよう」とは山火事にならないようにという意味です。この祈りはずっと昔から伝えられてきました。18年前父母から焼畑を引き継いだのと同時に、この「言句」を唱えるのも私の役目になりました。

　火は風向きにもよりますが、山の斜面の上からつけ始めます。2/3くらいまで燃えたら、下から迎え火を入れます。こうすると、途中で火と火が合わさり自然に消えます。この時、消える前の炎は上昇気流によって壮観な光景となります。焼くことで土に含まれる窒素や燐が増え、土地が肥えるのです。害虫や細菌も死滅するため、農薬も必要ありません。1年間は無菌状態です。そのため、そばと一緒に蒔いた平家大根や平家蕪は甘く、辛く、うまいのです。種まきの後は水もまきません。収穫までは自然の仕事です。焼畑が原始的な農法と呼ばれる所以です。

　一度に焼く面積は0.3ha（3反）〜0.5ha（5反）程度です。1年目には成長が早く、75日で食べられるそば、2年目には稗や粟をまき、3年目には小豆・大豆を育てます。この方式を年々違う場所で行い、少しですが自然の恵みを受け取ります。一度焼いた場所は、20年〜30年は手を付けず森に戻しま

す。最近焼いている場所は、25年以上前に焼いた場所です。炎と煙の勢いが
すさまじく、山火事と勘違いされることもあります。風を読みながら火を自
在に操るためには経験が必要です。

　今では日中に火入れを行いますが、私が子どもの頃は夜でも行うのが当た
り前でした。夜は温度も下がり炎が弱くなるためです。また、焼畑を行う上
で最も悩ましいのが天気です。明日は雨かもしれないと判断した場合には、
前倒しで火入れを行うこともあれば、予定していた火入れから何十日も遅れ
ることもあります。10月下旬には霜が降り始めるため、一定量のそばを収穫
するためには、8月中旬頃までに山を焼き終えなければなりません。焼畑と
はまさに自然との共生が必要不可欠なのです。

焼畑の危機

　焼畑は、しばしば自然破壊や大気汚染などと結びつけて語られます。しか
し、実際には食の原点で、共生する農業だと私はつくづく思います。山を焼
くためには、秋から冬に、また春先に山に入り雑木や下草を切り、燃やすた
めの段取りをしなくてはなりません。大径木などは搬出をしなければならず
大変な作業です。どんなに苦労や重労働をしても、結果として報われること
は少ないのです。だからこそやる人がいなくなったのでしょう。焼畑が行わ
れなくなった土地は拡大造林などで、国有林だけでなく民間の山々も針葉樹
の山に置き換わりました。おかげで、昔は秋に色とりどりの表情を見せてい
た山々が、今では季節を問わず緑一色です。標高1500m位の所まで杉や檜が
植えられていて、寒冷地に本当の良質材は育つのでしょうか。

　雑木林（住処）を失った動物たちは、人里にまで下りて作物を食い荒らし
ています。全国の山の民たちが抱える悩みです。しかし、猪や鹿だけが悪い
のでしょうか。山は人間だけのものなのでしょうか。人間がどんな防護をし
ようとも、食べるためだけに生きている夜行性の原住者に勝てるはずがあり
ません。動物に山を返す努力をしないと、いつまで経っても同じことの繰り
返しです。今は昔と比べると猪肉や鹿肉が旨くなくなってきています。針葉
樹の山には食べ物が何も無いからです。特に、猪肉は椎葉の民謡「ひえつき
節」に歌われている「稗」を素にした「稗ずーしー」には、なくてはならな

い脂身です。今は主食であった稗も影をひそめています。今私たちは、椎葉山民の主食であった稗（他の雑穀）の復活を目指しているところです。稗を作らず食べなくなった椎葉の民はこれでいいのでしょうか。広大な山々、荒れた田畑に稗を蒔き、食べるべきです。

焼畑の恵み

　私たちは、一昨年よりいろいろな催しの場で稗ずーしー「稗粥」を出し始めました。するとその味に、食べた全ての人たちが感動してくれました。小さな子どもも想像以上に喜んでくれました。この時、私は食の源はこれだと思い、稗は日本人に本当に合っている食べ物ではないのかと感じました。そして最近、稗がすごい効能を持っていることが分かってきました。その実証が、村の長寿者たちです。この人たちは、稗飯を食べていたから今があるのではないかと思っています。いろいろと効能がある中で、一番は「女が欲しくなる」「男が欲しくなる」成分が含まれていると言います。本当に驚きです。稗が村を救う一つの鍵ではないのでしょうか。今、椎葉村はもとより全国的に少子高齢化の時代です。村民は子どもや孫たちを連れ戻す努力をする必要があります。そして帰って来たい村づくりをする工夫がいります。若い世代を連れ戻し、移住者たちを引き込む知恵を出す必要があるのではないでしょうか。

　世界農業遺産とは、そこに住む人が居て生業にしているからこその農業遺産です。人が居なければ何もならないのです。とにかく椎葉の山々は自然の宝庫です。それを生かすも殺すも村民一人一人の気持ち次第です。椎葉はいつまで経っても日本の原風景、ど田舎でいいのです。もうそろそろ足元を見る時が来ているような気がします。

椎葉山を豊かな森に

　私が焼畑を続けるのは森づくりであり水づくりのためです。かつて村にあった自然豊かで幸せな共生関係を取り戻すためです。私はここ20年近くで杉山・檜山を切り、代わりに栗6000本、山桜1500本、クヌギやミズナラなど花が咲いたり、実がなる木を植えています。もちろん杉や檜も少しは植えてい

焼 畑

ます。モザイク林も見ていいものです。栗は3年目から実を付けます。おかげで稲刈り前に田んぼに来ていた猪が来なくなりました。ちょうどその時期に実が落ちるからです。昼は人間が拾い、夜は猪が食べ、そして肉が旨くなります。その森づくりが被害を防ぐ効果を実証しています。

　山に住む人は、四季を感じる森づくりをしなくてはなりません。美味しい水づくりをしなくてはなりません。そして、椎葉独特の雑穀をもっともっと生かしていかなければなりません。地元にある豊富な山菜や野草をもっと有効利用しなければなりません。その地に住む人が居る以上、お互いが知恵や汗を出し合い、全てにおいて村の良さを発信すべきです。世界農業遺産は、椎葉村民が長い間伝統を守ってきたこと、そして今からも細く、長く、次世代に受け継いで行かせるために認定していただいたものだと私は思います。

　私にとって山は友達であり、命の源でもあります。春は桜・新緑、秋は紅葉、そしておいしい水、食べ物、人々のあたたかさや優しさがあれば、椎葉には都会から多くの人々が押し寄せてくるはずです。そうすることが今を生きている私たちの務めではないでしょうか。それが地域おこしであり村おこしです。今、山に感謝し、自然と相向き合いながら生きています。そんな暮らしを次世代にも繋げていくために焼畑蕎麦苦楽部の部員たちと共に守り続けていきたいと思っています。

吉野の森から「日本林業再生の道」を考える

奈良県吉野町・清光林業株式会社 代表取締役 **岡橋清元**

▶ *2016.4.23*

吉野林業の歩み

　吉野林業のルーツは非常に古く、後南朝時代にまで遡ります。南北朝の時代、南朝の御所は吉野に置かれ、南北朝統一後も、遺臣たちは南朝の復位（後南朝）を目指しました。その夢は叶いませんでしたが、後南朝の関係者たちは、そのまま吉野に残り林業に従事しました。これが吉野林業の始まりと言われています。

　江戸時代、徳川家康は吉野が山岳雪深く荒地で諸作の稔りが充分でないことを案じ、造林助成銀を支給しました。これを「口役銀」といいます。この資金を元手に造林に志向を変え、子孫のために植林を行い杉檜の山へと変わっていきました。

　江戸時代中期に山守制度（所有者と管理者の分業）が確立し、吉野林業の基盤を築くことになりました。1898年に吉野林業の育林について森庄一郎が体系的にまとめ、土倉庄三郎（吉野林業中興の祖、1840〜1917）が監修した『吉野林業全書』を刊行し、吉野林業の造林、育林、伐採技術が世界に認められました。

　吉野林業の特長は、密植造林、多間伐施業、長伐期施業の三つに集約されます。密植の故に年輪幅が密で細かく、酒樽の樽丸材には最適で、明治から昭和の初期にかけて活況を呈しました。樽丸材をはじめとして間伐材も飛ぶように売れましたが、近代化に伴う簡便な代替品の開発によって需要は激減し、活路を高級建築材に求めることになりました。戦後の一時期は復興需要で潤い、その後もヘリコプター搬送しても採算が取れるほどでした。

　しかし、1980年をピークに木材価格が下がり続け、1998年の超大型7号台風で大被害を受けました。風倒木が市場に出回り、品質悪化による木材価格暴落、日本人の価値観の変化もあり、さらに暴落し、国産材と輸入材の価格が逆転してしまいました。

高コスト低価格のため高齢林の伐採でも採算割れするようになり、過疎化、老齢化も進み、山主、山守の経営意欲が減退、植林放棄の放置林や間伐不足林が増加するにつれて、ニホンジカが大繁殖して食害を受け、森林の危機を迎えました。ここから林業再生への模索が始まり、吉野材の販路拡充と路網などの基盤整備へと向かうことになります。

清光林業の取り組み

かつて、ヘリコプターで木材を搬出しても採算が取れる時代もありましたが、木材価格の下落に見合う、採算性のある育林、出材システムの確立が重要で、集約化による路網整備と吉野に合った先進林業機械の導入を目指しました。ヘリコプター輸送は2〜3万円/㎥、架線で8000〜2万円/㎥であったのに対し、路網搬出をすることで6000円/㎥以下に抑え、路網を利用した雇用の促進、木材の安定供給、消費者へのアピール、文化の発掘を目指した取り組みを始めました。

山林内を走る路網の整備、壊れない道の設置が不可欠であるため、林道作りの先達、大橋慶三郎氏に指導を乞い、路網の整備や道作りを始めました。路網は、2tの4WDダンプで運材できる重量に耐えられる道で、緑化を促し、維持管理費を抑えられる道とします。そのために大橋氏が示す奈良型作業道（大橋式高密度作業道）の基本的構造は、道の幅員2.5m（厳守）、法面高さは1.4m以下の直切り（法面が高くなるほど崩れやすい）、丸太組構造物で道端を補強し、道下法面の立木や灌木類は残し、緑化を速やかにするようにします。

日本の森林地帯、とりわけ吉野の森の傾斜は非常に急峻です。木の葉の葉脈にヒントを得て、地形図や航空写真をもとに、地形、地質断層線や破砕帯に注意し、地質を目視して植生の変化を詳しく調査します。地名や字名は災害の地形を警告し、地震、水害、津波、土砂災害などが繰り返し発生した場所を教えてくれます。高所に建屋がある所は水系が近くにあり、水が噴き出す可能性があります。一方、獣道は比較的安全な所を通り、急傾斜地でも安定した地質の所を選んでいます。このような情報をもとに色分け地図を作り、現地を踏査したうえで工事に着手します。施工は大橋氏の経験に基づく手順に従って行います。温暖化などによる異常気象にも対応でき、森林環境を守り、い

つでも通れ、いつでも使える壊れない丈夫な林道路網を広げていきました。

路網の効果

　道路が出来ると山仕事の環境が大きく変化し、若者が林業に参入してくれるようになりました。それは大変大きな変化で、後継者不足の解消にも望みがつながります。斜面でなく平地でできる作業が増えて、安全性も向上しました。少々の雨なら作業を中止することもなくなり、搬出コストが大幅に減少しました。このように、路網整備によって林業再生に光明が見えてきましたが、木材価格の急激な乱高下の防止など、林業経営はまだ多くの解決すべき課題が山積みです。

　林業再生は、日本らしいきめ細かさで、しかも総合的に考えることが大切です。必要なものを、必要な時に、必要な量を供給できる林業を目指しています。また過疎や老齢化を食い止め、老若男女が楽しく働ける林業の環境づくりを進めています。これまでの慣習を改め、「顔の見える林業」を目指していこうと思っています。

　吉野の林業はまだまだ厳しい状況にありますが、山林内の路網整備を重視し、壊れない道づくりを進めた結果、山林経営に新しい展望を見出すことができた、と考えています。

二百年吉野林業の今日的意味

　吉野林業は200年先の子孫のために植林し、200年7世代後の子孫がそれらの木で暮らしを立て、その代わりに、当たり前のように次の7世代200年後の子孫のために植林を行うことが繰り返されてきました。後南朝時代に起源を持つ吉野林業はまだやっと3回転したに過ぎません。早ければよしとする今の社会のありようとはとても相容れないものです。しかし、自然の営みとしての林業は、木の育つ"意思"に任せて営む生業であり、それは自然なことだと思います。

　自分のことばかりを優先させ、孫、曽孫、玄孫世代からの借り物である自然を崩したままで責任を取らない時代だからこそ、吉野林業に誇りを持って、その継承に取り組んでいます。

吉野の若き林業家の挑戦

奈良県王寺町・谷林業株式会社 取締役　谷　　茂則

▶ *2015.5.9*

新たな林業への挑戦

　林業は、木材価格の下落をはじめ、木材の利用用途が少なくなったことなど、様々な複合的要因から、構造的な不況に苦しんでいます。その結果、森林資源は質的に劣化してきており、それを回復しようにも、肝心の森林技術者は全国的に高齢化して減少傾向にあり、厳しい状況下にあります。

　日本は国土の2/3を森林が占める森の国で、水源涵養機能や土砂流出防止機能などといった森林の多面的機能の発揮など森林に期待されることは多くあります。これらの機能は、森林がしっかりとした管理がなされることによりはじめて発揮されるもので、それらが脆弱化すれば、土砂崩れなどが頻発し様々な問題を引き起こします。それゆえ、森林経営を経済的、社会的、環境的に持続性をもって行う責任を痛感し、林業者に課せられた役割は非常に大きいと自覚しながら、日々林業の自立と発展に努力しています。

　日本の森林資源は成熟期にあり、十分な蓄積した資源を収穫する時期に入っています。今後10年で収穫量は年々増加すると期待されますが、地形が急峻で、作業道などのインフラの整備や機械化も遅れています。さらに、川上と川下の連携も悪く、作業者の高齢化が進むなど、問題山積です。

　谷林業は、奈良県北西部の王寺町周辺と吉野林業地に、あわせて1500haの森林を所有しています。林業の担い手が高齢化する中、少人数ではありますが意欲的な若者たちと、林業の現場作業だけでなく、異業種の人々との交流やイベントを企画するなど、多方面でチャレンジを続けています。

　豊富な森林資源を余すことなく利用する仕組みを構築し、豊かな美しい森と資源を、次世代を担う子どもたちにプレゼントするため、やるべきことがたくさんあります。

ビジネスモデル構築

　そもそも江戸時代の頃、吉野で林業が発展した背景には、時代とともに変化するマーケットを確保しつつ、流通・施業体系を整え、自然と調和しながら森を作ってきた超優良なビジネスモデルがありました。奈良県では古くから「吉野林業」と呼ばれる密植、多間伐、長伐期を柱とする、歴史が始まって以来最高の林業経営と山の維持管理が行われてきました。

　そのおかげで、奈良県産の木材は年輪幅が狭く均一であり、見た目にも美しく強いので、建築用材として高い評価を受けてきました。吉野林業のすごいところは、育てるだけでなく、市場も自ら開拓してきたところです。間伐した木材は建設用材だけでなく、修験道の杖、農用資材、足場丸太、酒樽や味噌樽にもなり、そしてそれらが売れました。

　しかし、今ではそのビジネスモデルが行き詰まりつつあります。様々な需要がなくなり、インフラは未整備状態にあり、施業体系も各地に伝わり、材としての独自性も弱まって材価も低迷し、技術者も減り、事業として機能しなくなってきています。

杉伐採（船本撮影）

　ただ、考え方を変えれば、これは新たにマーケットを確保し、流通・施業体制を整えることにより、これまでの吉野林業のような時空間を有効利用した優良な、300年単位のビジネスができる可能性があるということです。

谷林業の取り組み

　私は現場のインフラ整備、人づくり、森づくりなど、林業家として当たり前のことに取り組み、持続可能な森林経営へ向けて循環型林業を模索しています。その取り組み内容は、人材の育成（素材生産

技術、森林計画、造林技術、安全管理、新しい山守制度の構築と山守の育成）、情報整備（森林調査、森林境界測量、データベース化、GIS構築）、経営の集約化、長期計画、路網・作業道開設、収穫作業の機械化、回復施業（間伐など）、育林施業です。

「最も美しい森林は、最も収穫多き森林である」との信念の下、これからもさらに循環型経営に努力していきたいと考えています。

新しいステータスづくり

地域社会や様々な立場の人との交流の場として、「森の仲間のサロン」、「チャイムの鳴る森」、「森のようちえん」などを積極的に行っています。町で森林を利用し木を使う人が増える仕組みづくりが必要だと考え、都市での活動も始めたのが、北葛城郡の「陽楽の森」で行っている「チャイムの鳴る森」という活動です。

陽楽の里山は長い間、人の手が入っていませんでした。そのため山は笹に覆われ、竹林が侵出し、人を寄せ付けない森となっていました。竹は繁殖力が非常に強く、スギ、ヒノキの人工林を駆逐する勢いで成長していました。まず障害となる木を伐倒し、竹林を切り開き、笹を刈って道を付け、人が散策を楽しめる里山に整備していく作業を行いました。そうして、「陽楽の森」ができあがりました。

「ナナツモリ」というカフェを経営するご夫婦と共催で、飲食やクラフトの出店、ミュージシャンの演奏や、アーティストの作品展示を実施しました。その空間で、チェーンソーアートや林業デモンストレーションを行い、林業に縁のない方たちとの交流が生まれました。現在はこのイベントの常設化を図りつつ、行政はもちろん福祉・医療、不動産・飲料メーカーなどの企業や、デザイナーの方々と連携した「マーケットと連動した山づくり」をする構想を進めています。

みんなが少しずつでも日常的に森と関わり、「森を持つこと」がステータスになる社会にしていきたいと願っています。それができれば、地域の課題を解決していけるような気がしています。

今後の取り組み

東京オリンピックに向けた FSC 森林認証、山土場から目的地までの距離が長い場合にその中間に設けられる木材の輸送や保管のために利用する中間土場の構築、苗木を 2 年〜3 年程度育てる苗畑の確保など、林業再生に向けたチャレンジをしていきます。生まれ育った王寺町や吉野林業の活性化に貢献していきたいといつも思っています。吉野林業が山を育てるだけでなく、マーケットを開拓して需要の掘り起こしまでしたように、山を維持することと経済活動をつなげていかなければなりません。今、その突破口になりそうと期待しているのが薪ボイラーです。

薪を燃やしてエネルギーを得ることで、中東に流出していた燃料費が地元で循環します。燃やすための人が必要なので雇用につながり、シニアの方にそれを頼めば生きがいにつながります。地域の人々のこころも財布も潤うのです。

林業史上最高のビジネスモデルであった吉野林業を現代的な視点で再構築したいとの夢を持って、これからもビジネスをしていきたいと思っています。

日本林業再生への道

京都大学 名誉教授　竹内　典之

► *2019.2.9*

森づくりに関わることになった経緯

　1944年、京都の嵐山に生まれ育ち、生家の周辺は農村で田畑があり、近くには森がありました。山では柴刈りが行われていましたが、昭和20年代末には用水路がコンクリートで固められ、排水路に変わり、そのうち田畑や森が宅地に変わりました。古い集落が新しい集落に変わるにつれて子どもたちの居場所が失われ、自分の関心は山に向かっていき、中高生時代には愛宕山に年間7～8回登山し、比叡山、京都北山、大台ヶ原などにもよく登りました。山はピークハンティングが目的ではなく、林を観るために登ったのです。

　1964年、京都大学農学部林学科に進学し、同じ志向の仲間4人組で、南アルプス（仙丈岳、聖岳など）、屋久島（宮之浦岳、永田岳）、白神山地（白神岳、大崩岳）などから、岩木山、戸隠山、御岳山、剣山、久住山など、北から南まで日本の多様な森を歩きました。低地から高地へと変化する植物を観察するのが楽しみでした。

　1971年、京大農学部演習林助手に採用され、北海道演習林に赴任しましたが、飛行機の窓から見た釧路湿原と大規模牧場の姿は強く印象付けられました。北海道では、森の現状とそれらの使われ方を調査するために各地を歩きました。雄阿寒岳（エゾマツ、トドマツの針葉樹林）、知床羅臼岳（針広混交林）、大雪山（針葉

釧路湿原

雄阿寒の森林

北海道の針広混交林

ミズナラ再生林

ヤチダモを主とした天然生林

樹林）など、さらに京大演習林の天然林、ミズナラ再生林、トドマツやカラマツの人工林など、さまざまな森を訪ね歩きました。この時の経験と知識が、以後の森づくりの基礎となり、2003年に森里海連環学創生を目指すフィールド科学教育研究センターへとつながると同時に、自分なりの森づくりの指針を生むことができました。

　森づくりの指針は四つの要素（D、P、B、C）からなり、森の多様性：D（genetic diversity, species diversity, ecosystem diversity）の保全に留意し、生産性：P（productivity）を確保し、調和：B（balance）を保ちながら、その土地の風土：C（climate）に合った方法を用いる必要があると考えています。

　40年余りDPBCを念頭に「明るい森」、「美しい森」、「常に人の気配が感じられる、特に子どもたちの声の聞こえる森」をつくることを目指してきました。近年は、私の「森づくり」に賛同し、一緒に働いてくれる仲間も少しず

つですが増えてきているのがうれしいです。

古代、中世以降の日本の森林資源の変遷について

　古代、都の周辺では森林劣化が進み、676年には伐禁令が出されるほどでした。平城京から平安京へ遷都されたのも木津川上流が荒廃したことによります。平安京は桂川の上流域の森林資源が利用できました。この時代、森林劣化が全国的な規模にならなかったのは、人口が少なかったこと、支配層の力不足、水稲栽培（水源の森を大切にした）によります。

　中世では、権力の集中、政治経済の安定による人口増加のため、全国規模で森林資源が収奪され、森林の劣化が拡大しました。

　近世（江戸期）になると、長い間民衆が緩やかな縛りの下で管理してきた森林の区画と利用権が明確化され、保護、管理に対する施策が全国的に行われるようになりました。17世紀半ばに至り、人工造林が奨励され、屋敷林の造成命令が出ました。そして、人工造林の先進地では民間林業が出現し、民間活動による人工林育成が進みました。例えば、西川林業（荒川）の注文伐採、飫肥林業（宮崎）のオビスギの挿し木造林、山武林業（千葉）の複層林造成、万沢林業（山梨）の肥料木混植、などです。

　江戸末期から明治の政変の間に、森林荒廃が進み、森林や沿岸海域は大きく変化しました。特に変化が大きかった北海道では、松前藩が農業生産に消極的（人口増を抑制）で漁業を推奨した結果、薪炭材、絞油用材の使用が増えて森林が劣化し、ハゲ山化しました。

20世紀の100年における日本の森林の変遷について

　日清・日露戦争のころ、所有者不明林の国有林化が進められましたが、その後に国有林の払い下げが行われ、森林は減少しました。例えば、北海道では、1897年に1058万haあった森林が、1934年には684万haに減少しています。ニシンの漁獲量との関係でみると、国有林の伐採量増加に反比例してニシンの漁獲量が減少しています。

　戦中・戦後期には、軍需用、復興用に木材の需要が増大します。その結果、造林が促進され、スギ・ヒノキが適地とは無関係に植えられ、500万haの人

工林が生まれました。1950〜1960年代には、台風など自然災害から木材需要が増加し、チェーンソーも普及して生産量が増大しました。1970年代には生活環境が変化し、エネルギー革命の結果、木炭や薪などの木材需要が激減しました。

　1980年代には、自然環境としての森林の重要性が強く認識されるようになりました。1992年の地球サミットでは森林の重要性、森林は持続的に経営されるべきものとの認識が深まりました。

21世紀への課題

　森林の機能の一つに、光合成によって炭素が蓄積された木材は、生産や加工に要するエネルギーが他の素材に比べて少ないほか、再生可能なエネルギー源になります。新たな植林によって新たな炭素の蓄積が始まることから、地球温暖化対策としても森林管理がとても重要です。林業は森林の整備と再生・維持が持続可能でなければなりません。養老孟司さんたちの「日本に健全な森をつくり直す委員会」も2018年9月3日に第三次提言書で、人工林の活用の重要性を提言されています。

　私にとっての"健全な森づくり"というのは、"地域の風土に合った、地域の資源を生かした美しい里・美しい川・美しい海が一体となった美しい森づくり"だと思っています。そういう森づくりなので、見方を変えれば、地域づくりになると思うのです。その森づくりがどのような状態になっているかというのは、その地域の住民の生き様が問われているということだと思います。それを拡大していけば、美しい日本づくりに繋がりますし、日本人がどういうふうに生きていくのかという生き様を問われているのだと思っています。

　退職後10年、70代半ばになった今も、島根県高津川流域と奈良県東吉野村に毎月、そして2カ月に一回長野県黒姫などで仲間たちと"森づくり"の活動を行っています。理解してくれる仲間たちと一緒に大好きな「森づくり」をし、その森を人々、とくに子どもたちが楽しんでくれれば、これほど幸せなことはありません。今後も体の許す限り、「明るい森」、「美しい森」、「子どもたちの声が聞こえる森」を少しでも増やしていければと思っています。

3

森を通した地域活動を知る

「健全な森をつくり直す」とは？

日本に健全な森をつくり直す委員会 事務局長　天 野 礼 子

► *2017.4.22*

日本の川の現状

　わが日本には、3万本もの川があります。温帯にあって、四つの海に囲ま
れ、森林率67％の日本列島は、天上から見ると、まるで海にぽっかりと浮か
ぶ"緑の宝石"のように見えるのではないでしょうか。そして、狭い国土に
3万本もの川を持つわが国は、「川の国」であり、多くの森を持つ「森の国」
ともいえます。また、四方を海に囲まれる「海の国」ともいえるでしょう。
　その美しい日本の川にはたくさんのダムができ、ダム湖の中に砂が溜まる
ようになりました。大井川（静岡県）ではダムに砂が溜まり、水害を起こす
までに至っています。このようなことが全国のいたるところで起こっている
のです。そして、ダムの影響は水害だけにとどまらず、砂がダムで堰き止め
られた結果、海辺の砂浜が小さくなり、海岸生物が生きにくくなっています。

川……世界の動き

　ドイツではライン川の河口堰の水門を開け、中流では、洪水になれば遊水
地に水を入れる政策を進め、政府が買い取ったその土地（遊水地）に多様な
植生が戻ってきています。
　また、オーストリアでは真っ直ぐな川を以前のように蛇行させることによ
り、そこに人々が集うようになりました。
　カナダは過去100年間、100tトラックが走る林道で森を皆伐してきました。
その結果、サケが遡上する河川は真っ直ぐにされて、サケの生活環境を奪っ
ていきました。しかし、クマが食べ残したサケが森の栄養分になっているこ
とがわかり、カナダ政府はサケが遡上する河川を適切に管理するための経費
を、木材伐採するときに課す「切り株税」によってまかないました。
　アメリカでは小さなハンマーでダムを壊す長官のパフォーマンスが広告さ

れ、ダムを壊すことが始まっています。

　日本では、ようやく球磨川(熊本県)の荒瀬ダムが、わが国で初めて、撤去された状況になりました。

　大好きな日本の川たちを甦らすにはどうしたらよいでしょうか? 「川の民がもう一度川のすばらしさを認識すれば、川はきっと甦る」はずです。そして、川を再生するには、森にも力を注ぐべきだと気づくべきなのです。

林業の再生

　2008年に、養老孟司先生と、「日本に健全な森をつくり直す委員会」を設立しました。

　第二次大戦後の日本は、戦火で焼かれた家を再建し復興していきました。その時、必要に迫られ成長の早いスギ、ヒノキ、カラマツの人工林を、日本全土に大造林しました。しかし、それは大急ぎでなされ、きちんとしたプランがないままに進められました。ところが、大造林された木々の成長は復興に間に合わず、住宅用の木材が不足したため、アメリカなど外国からの輸入に頼って住宅が造られるという「社会システム」が出来上がってしまいました。その結果、日本林業は衰退し、大造林されたスギ、ヒノキ、カラマツなどの森は"手入れ"がなされない放置状態が、2003年くらいまで続きました。

　2003年に林野庁の一部の人たちが「これではいけない」と気づき、「新流通・加工システム」という予算がつくられ、翌2004年には「新生産システム」もつくられました。これまでは外国の木材を挽いていた製材所に日本のスギを挽かせ、山に作業道をつけて木材を運びやすくするということが、戦後の大造林より四十数年もたってようやくなされ始めました。

　2004年、京都大学でヒラメの研究をしていた田中克先生と出会い、「フィールド科学教育研究センター」と"森里海連環学"の存在を知りました。そして、この学問を社会人講座「自然に学ぶ"森里海連環学"」として導入することを高知県知事に提案し、採用されました。森と川のつながりがまだ残っている高知だからこそ、その連環の重要性が理解されたのでしょう。2008年、養老孟司さんを委員長として、C. W. ニコルさん、「フィールド科学教育研究センター」の教授陣などのメンバーで、「日本に健全な森をつくり直す委員

会」がつくられました。その繋がりは、島根県高津川にも広がりを見せ、「養老孟司と学ぶ"森里海連環学"」として現在も続いています。私たちの「日本に健全な森をつくり直す委員会」は林野庁を応援し、2009年に農林水産省がつくる「森林・林業再生プラン」づくりに５名の委員を出し、私も「作業道・路網委員会」の委員として協力することになりました。

元気な森里海をつくろう

　島根県高津川では、「地域おこし協力隊」の隊員を林業で募集し、都会から田舎に若者が集まって来ています。しかし、総務省から支援される期間は３年間のみです。その後の彼らの生活をどうしたらよいかと考え、思い至ったのが「高津川流域では、有機農業などの無農薬農業に取り組む農業者が何百人もいます、この方たちを活用できないか？」ということでした。「元気な林業をつくるために集まった若者たちが無農薬野菜をつくって、自分が食べ、余剰作物を都会に送り副収入を得ます。それができたら将来、林業だけでも食べていけます。これからの日本人が、暮らし方、生き方を「地域から実践するためのモデル」になる。そう考えて2016年につくったのが、「"有機のがっこう"in高津川」です。高知県で「有機のがっこう・土佐自然塾」の塾長をしていた山下一穂さんも塾長になってくれました。高津川流域を「子どもたちが安全な食物を食べ、川に行ったり山に行ったりできる元気な川、林業の場所」にしていきたいとの思いを深めています。私は「日本に健全な森をつくり直す委員会」が、「"有機のがっこう"in高津川」の開校までたどりつけたことを、今、誇りに思っています。

　そして今、"森里海連環"が、環境省の「森里川海」というキーワードとなりました。

　日本中にこのキーワードを浸透させることが、私が田中先生に2004年に「協力」を約束した、次の"使命"だと考えています。

高津川源流の湧水池（自然観察会撮影）

お寺の森での環境学習活動30年

フィールドソサイエティー 代表　**久山喜久雄**

同 事務局長　**久 山 慶 子**

▶ *2015.6.27*

身近な自然に学ぶ

　活動を始めるきっかけは、趣味として始めていた野鳥観察を通して、野鳥と樹木の関係など周囲の自然環境の大切さについて学ぶ中で、自然保護への関心が高まったことです。自然環境の大切さを人々と語り合い、自然と環境をテーマに仲間とともに活動を進めたい、そう考えていた時に法然院（京都市）のご住職と出会い、その思いが形になりました。

　暮らしの場で楽しみながら様々な生きものと触れ合う、そんな発見に探求心を募らされました。そして、様々な命やそれらを育む地域の自然環境について学び、保全に向けて行動する活動へとつながっていきました。

　当時、日本は、1960年代の高度経済成長の嵐を受けて公害列島と化していました。1972年にローマ・クラブは「人類の危機に対するプロジェクト」の報告書として『成長の限界』を刊行しましたが、その提言に基づく問題解決の方向性とは裏腹に、地球規模での環境問題は深刻さを増すばかりで、日本でも大規模開発などによって自然環境の多様性が大きく損なわれ続けました。

　しかし一方で、市民の環境保全意識の高まりが見られ始め、そして、1997年に京都で気候変動枠組条約第3回締約国会議（COP3）が開催されたことを機に、地元、京都でも地域における環境学習活動に多くの市民の目が注がれるようになりました。

　環境学習とは、足もとの自然環境から様々なことを学ぶことに始まります。では、事務局長より具体的に私たちの活動を紹介します。

活動の紹介

①法然院森の教室

　地域の自然環境の保全につながる活動を始めたいと身近に「学びの場」を求めていた市民と、「寺は地域に開かれた共同体でなければならない」というお寺とが出会って、「寺と市民の二人三脚」による環境学習活動・「法然院森の教室」が、1985年11月に誕生しました。「地球的な視点をもって考え、地域的に行動する」をモットーに、自然・環境について広く学び合う会が、寺の境内林や講堂を教室に、月例で開催されるようになりました。

　大文字山山麓にある法然院の境内林は、里と山との接点に位置しています。長く人の利用を受けてきましたが、生物の多様性が保持されており、生態系の基本的な成り立ちを学べるだけでなく、森に支えられてきた暮らしの文化も感じることができます。近くには御苑の森、鴨川、深泥池（みどろがいけ）などの自然活動フィールドもあり、私たちが暮らしている京都盆地自体も地質的な変化を物語っています。長い時間を経た山川の過去を繙（ひもと）くことで、現在に至る自然環境や植生の変遷も想像することができる場所です。

　このような足もとの自然に学びながら、幅広く、様々なテーマで開催された「法然院森の教室」の活動を通して、専門的な知恵や知識を持つ人々、強い思いで一つのことに打ち込む人々との貴重な出会いを積み重ねることができました。

②森の子クラブ

　次世代を担う子どもたちに身の周りの自然環境と暮らしとのつながりを実感して欲しい、豊かなお寺の森を子どもたちとの活動にも生かしたいとの思いから、1989年には、体験型の環境学習活動「森の子クラブ」も始まりました。年間の会員制をとり、季節を通して同じメンバーで様々な活動を行っています。活動は毎月『もりのこつうしん』にまとめ、生きものとの出合いを振り返りつつ、子どもたちへのメッセージを送り届けています。

③法然院森のセンター

　1993年、共生き堂（通称：法然院森のセンター）が開設されました。共生き堂は「生かされて生きているという縁起を実感し、人と人、人と生きものがであう寺でありたい」という住職の思いから付けられた名前です。「法然院森

の教室」や「森の子クラブ」の活
動の進展によって拠点を構える必
要性が高まってきたところに、単
立寺院の檀家寺である法然院が応
じられたことで実現しました。

　以来、法然院森のセンターは、
訪れる方々を身近な森へと誘うビ
ジターセンターの役割も担うよう
になりました。ギャラリーではお

共生き堂・法然院森のセンター

寺の森から大文字山にかけての生きものを紹介する展示を行い、いろいろな
問合せにも応じています。また、文庫も備えているワークルームを会場にし
た「オープンルームプログラム」では、体験型ワークショップも催していま
す。2001年には市民参加のムササビソーラープロジェクトによって、屋根に
太陽光発電設備が設置されました。

④フィールドソサイエティー

　法然院森のセンターの開設と同時に、施設の運営管理とそれまでの環境学
習活動を継続・発展させるため、フィールドソサイエティーが発足しました。

　フィールドソサイエティーは、会則に基づき世話人会を意思決定機関とし
た非営利の任意団体です。1991年に第9回朝日森林文化賞を受賞した「法然
院森の教室」を引き継いで、すでに20年余りが過ぎました。300名ほどのフィ
ールドソサイエティー賛助会員に支えられながら、常勤を含めた登録スタッ
フ10名ほどが有償のボランティアとして携わっています。

　活動内容は年4回の会誌『MURYOJU』やホームページなどで公開されて
います。地域発のささやかな活動ですが、主催行事だけでなく他団体との共
催事業、学校との連携事業など、地域社会に開かれた活動を目指してきまし
た。

⑤観察の森づくり

　2003年度には、法然院の境内林での市民による森づくり「善気山で観察の

森づくり」を開始しました。未来に向けた、地域環境の保全の取り組みです。身近な森の活性化を目指しつつ、生きものの多様性が保たれ続けることを目的としています。

　専門家やNPOや大学などの協力を受け、境内林の一画である対象区域における森の保全のグラウンドビジョンと森林管理区分を作成することから始められました。その計画に応じて、必要な手入れや観察路の整備などを進め、マツ枯れ・ナラ枯れ跡地への植樹なども行ってきました。獣害対策や除伐・間伐材の有効利用など、現代ならではの課題にも取り組んでいます。

　「観察の森づくり」の名称は、未来の子どもたちも森の観察を通して多くを学び続けることができるようにという願いが込められたものです。未来に手渡すことができるよう、丁寧な作業と共に記録を残していきたいと思います。

　以上、簡単ですが、具体的な活動を紹介いたしました。

未来へのメッセージ

　さて、森づくりの活動をはじめ、環境学習活動を継続する中から見えてきたことは、森の再生と森林資源の利用を地域の取り組みの核の一つとすることが、循環型社会（循環型ライフスタイル）の構築にもつながるという可能性です。足もとから未来の社会を考えるメッセージを発することにもなると思います。

　地域の森づくりを含む環境学習を展開させるためには、会の課題を解決し、活動を継続することが必要です。団体の運営を安定させ、活動を充実させることができるよう、後継者の育成と会員の適正な拡大が望まれます。広報力を高め、並行して学校や諸団体など、地域との連携を強めなくてはなりません。また、代表や事務局長は環境や森林にまつわる行政関係の委員なども務めており、市民活動でこそ得られた経験を公へと提言しています。行政機関とも連携し、地域づくりにつながる環境学習活動の継続を目指したいと思います。

　そして、あまり枠にとらわれず、法然院森のセンターという拠点を活かして、先人の知恵に学び持続可能な暮らし方を提案できる「学びの場」、子どもたちが野外に飛び出すことのできる「広場」を育んでいきたいと思います。

世界遺産白神山地のブナ林を守り、育む

NPO 法人白神山地を守る会 代表　**永 井 雄 人**

▶ *2018.5.12*

白神山地の魅力と特徴

　白神山地は、日本海に面する青森県南西部から秋田県北西部の県境を中心とした広大な山岳地帯で、全体の面積は13万 ha、その内 1 万 7000ha が1993年12月に世界自然遺産に登録されました。自然環境保全地域、森林生態系保護地域に指定される他、鳥獣保護や河川での禁漁など種々の法制により、その生態系が保護されています。東アジアで最大規模の原生的なブナ林です。

　ブナは北海道南部から九州まで各地の亜高山帯に生育する、日本の冷温帯林を代表する落葉広葉樹です。日本海側にはニホンブナ（シロブナ）が分布し、太平洋側のイヌブナとは種類が少し違います。ブナの実は 5 〜 7 年に 1 回程度豊作になりますが、白神山地では 7 〜 8 年、毎年多くの花を咲かせ実はなるものの、きちんと結実しないという異常状態が続いています。

白神山地のブナ林（船本撮影）

　白神山地を代表する動物はニホンカモシカ、ツキノワグマ、クマゲラなどですが、最近ニホンカモシカの害が問題になってきています。植物ではアオモリマンテマ、ツガルミセバヤが特徴的です。

　青森県側には岩木川、追良瀬川（おいらせ）、笹内川、赤石川が流れています。中でも赤石川の源流部は日本海から45kmもあり、そこに生息する魚体が金色を帯びている金アユが有名です。核心部への入山は、秋田県側からの入山は禁止され、青森県側からは届出を地元森林管理署に提出する許可制になっています。

白神山地の由来

　白神山地は1000m級の山がほぼ同じ高さで連なっているのが特徴です。宝暦３年（1753年）作成の「津軽領内山沢図」にも白神岳と記載されており、白神の名称はその時代以前からありました。その由来には諸説があります。岩木山には、津軽地方の山岳信仰の象徴といえるオシラサマ信仰があります。オシラサマの響きが「白神」に通じます。地名はアイヌ語と津軽語で共通に解釈できるものがあり、アイヌ語で「シリ・カムイ・タク（神の住む山岳）」がオシラサマ信仰より「シラカミ」に発展して「白神岳」に定着との説が最も有力です。山地の残雪を農作業の目印とした白神大権現の信仰などがあります。

「津軽領内山沢図」の白神嶽の記載
（矢印で示した箇所）

白神山地の動植物

　天然記念物クマゲラが棲む森ですが、この何年間はなかなかクマゲラが見つかりません。植生は豊かでマルバマンサク、フクジュソウ、ミズバショウ、カタクリ、キクザキイチリンソウ、ザゼンソウ、タムシバ(ニオイコブシ)、ムラサキヤシオツツジ、オオバキスミレなど440種余が見ら

れます。

消えゆくマタギ

　白神山地は決して原生林ではありません。昔から津軽藩も薪を取ったり炭を焼いたりして、人々が生活に利用してきました。その代表格がマタギです。山の恵みで生活をしてきたマタギは、白神の自然を知り尽くし、厳しい掟を守り、静かに暮らしてきました。狩猟の期間は年2回、11月〜1月と3月〜4月で、今はライフルを使いますが、昔は槍（タテ）一本で猟をしました。山の幸はその日食べるものしか採りません。植物を採るときは必ず根っこを残しておきます。山とつきあい、大事にして感謝するのがマタギです。川魚を獲り核心部分を縦横に歩いたのがマタギです。世界自然遺産に登録した後、マタギは核心部分での猟ができなくなりました。現在、マタギでは生計を立てられず、いずれ消えゆく運命にあります。

青秋 林道問題
せいしゅう

　1978年、秋田県八森町（現八峰町）のブナはほとんど伐採してしまい青森県側に大量に残っているブナを伐採、搬出するためのスーパー林道が計画されました。これが青秋林道問題の始まりです。当初は秋田県側粕毛川上流の藤里町を通るルートが計画されましたが、取水源がなくなるとの地元の反対で青森県の赤石川源流域を通る鰺ヶ沢町のルートに変更されました。

　これに対し、1945年3月の鉄砲水で大然集落が全滅78名が死亡した事故を知る一ツ森地区の人たちが反対運動に立ち上がりました。運動の輪は広がり、1987年、異議意見書の署名が県庁に提出され、当時の北村知事が公共工事の中止を決断しました。

一ツ森地区と白神自然学校

　2000年にミニ白神遊山道のガイド養成講座の外部講師を1年間務めました。この時、町長より一ツ森に廃校が出るので、これを利用して白神ツーリズムをやりたいとの相談を受け、地元の人たちを活用した今のNPO法人の自然学校一ツ森校を提案しました。

先の白神山地のブナ林の中にスーパー林道を作る公共工事を止めた異議意見書を書いたのは一ツ森の人たちで、その人たちが今、白神自然学校一ツ森校で語り部として働いています。

ブナの森の復元、再生活動（植林活動）

過去に切られてしまったブナを復元・再生しようと、2001年から植林活動を進めています。世界自然遺産に指定されると厳しい自然保護条件がつけられ、ブナの樹を他から持って来ることは禁止されています。地域によってDNAが違うのです。そのため、豊凶により4〜5年に一度しか見つけることができないブナの種を拾って、それを40㎝〜1mの苗木に育てて山に戻すことを15年間行ってきました。苗木を育てるのは難しく、筑波の森林総合研究所との共同研究で5年をかけて今に至っています。2001年に第1回植樹祭を行い、以来毎年続けています。

陸奥湾のホタテガイを守るための植樹活動も行っています。2010年、陸奥湾の海水温が2℃上昇し、養殖ホタテガイが壊滅しました。それで漁師と組んで、2011年より陸奥湾のホタテガイを育む植樹祭もするようになり、田中先生にも来ていただきました。

今後の展望

1年の間には種拾い、秋と春の種まき、春の発芽、寒冷紗かけ、根切り、植林、ウサギネットの設置など多くの作業があります。植林については、森林総合研究所との共同研究によるマルチトレーコンテナを使い苗木を育て、それを山に戻すという自然再生事業を展開していきます。

白神山地は、生きた化石（遺産）です。9000年前に隆起した地層と機構が作り上げた自然遺産です。三内丸山の縄文遺跡は死んだ化石（遺産）です。縄文人は、この広葉樹のブナ林の中で暮らし、栗やドングリを採取し、定住するための栽培技術を生み出し、1000年以上の定住文化を築きあげました。現在、人類は地球温暖化問題や紛争を繰り返しています。白神山地はそのような有限な地球や人類のあり方を考える原点回帰、自然回帰の場でもあるのです。何かを振り返った時にこそ、新しい発見があるのだと思います。

4

川と淡水魚についての理解を深める

アユの生態を探り資源再生を図る

たかはし河川調査事務所 代表 **高 橋 勇 夫**

► *2015.6.13*

川の生き物を守る難しさ

　アユのお話の前に私の住んでいる田舎の水路の改修事例を紹介します。土地改良法の改正により「環境との調和」が農村整備事業の原則として位置づけられました。しかし、生き物が棲めない三面張りは良くないとわかっていても、その方向に進む傾向があります。それは、初期の工事費用の安さに加えて、水路の維持管理を行う人の高齢化が影響するからです。維持管理がし易いという理由から、「コンクリートの三面張り」が選ばれ、それでも表向きは「環境保全型圃場整備」と認められるというおかしなことになっています。これでは生き物の減少に歯止めが掛かりません。環境を守ることで目に見えて農家が得をするような仕組みを作らなければ、この問題はいつまでも解決しないように感じています。

　堰やダムを造ると魚はそこから上流には遡上できなくなります。魚に申し訳ないので、魚の移動路の確保（魚道）が法律で義務づけられています。しかし、日本の魚道は構造の悪さが昔から指摘されているのに、あまり改善されていません。極端な例をあげると、日本には「導壁式魚道」と呼ばれるタイプの魚道がまだ多いのです。このタイプが最初に造られたのが1828年のスコットランドのテイス川で、日本は江戸時代です。当然、性能が悪い古い魚道です。日本ではこのように性能のよくない魚道が最近になっても造られていたのです。技術大国日本と言われていますが、生き物を守るための技術は立ち後れているし、その根底には、生き物たちを守ることに対する意識の希薄さが垣間見られます。しかし、最近になって、徳島大学の浜野龍夫さんらが、コンクリートの斜面に石を埋め込んだだけの単純な構造なのに、驚くほど魚がよく遡上する魚道を開発し、「水辺の小わざ魚道」と名付けました。この魚道を見ていると、問題に真正面から取り組むことの大切さを教えられま

す。

アユの一生

　アユの分布域は日本列島、朝鮮半島、中国大陸などの東アジアですが、その中心は日本列島です。アユは石に付着した微細な藻類（コケのようなもの）を主食として育ちます。そのため藻類が育つ環境、すなわち、水がきれいで、川底に藻類が増殖しやすい石があることが必要です。この条件に適合する川は日本に特徴的に見られます。中国の黄河や長江のように長大な下流域を持つ大陸の大河川には無い特徴です。そのため、アユは、まさに日本の風土に適応した魚と言えます。

　冬の間、海で過ごした稚アユたちは、春になると河口の近くに集まり遡上する準備を始めます。そして、川の水温が8℃以上になると群れで遡上し始め、川底の石に付いた藻類を活発に食べ、成長しながら、川の中流域から上流域へと向かいます。そこで成長したアユは、秋の気配が漂い始めると、産卵のために群れをなして川を下り始めます。そして、下流域で産卵を終えた親アユは、1年という短い一生を終えます。アユの卵は2週間程度でふ化します。ふ化した仔アユ（6mmほど）はまだ遊泳力が無く、捕食者に見つかりにくい夕方から夜間にかけて川の流れに乗って海まで運ばれます。冬季の海での主な生活場所は沿岸域であり、そこでは動物プランクトンを食べて稚アユまで育ちます。

減り続けるアユ

　最近、全国的にアユが不漁です。その原因としては、水質の悪化、河川形態の単純化、水量の減少などの河川の荒廃や気候変動（海水温の上昇など）による稚魚期の資源量の減少、冷水病の蔓延、カワウによる食害などが挙げられています。また、最近の漁獲量の減少は東日本に比べて西日本の川で著しい傾向にあります。アユはもともと北方系の魚ですので、最近の温暖化による河川水の高温化も影響して、生息分布域が北にシフトしているかも知れません。

　ところで、河川の漁協には漁業法により増殖義務が課せられており、その

義務を果たすために、全国の河川で種苗放流が活発に行われてきました。その放流事業を通じて「冷水病」が琵琶湖産のアユ種苗を介して全国の河川に広がったのです。琵琶湖のアユが保菌していることを知りながら、防疫体制（琵琶湖水系外へ放流を控える）を十分に取らなかったために、種苗放流の抱えるリスク（病気を広める）が一挙に顕在化してしまいました。増やすための仕組みが減らすことにつながってしまったのです。

天然アユの保全

　高知県東部を流れる奈半利川においてアユ減少の原因と対策を検討するために、2005年から奈半利川淡水漁協と電源開発株式会社とが共同でアユの生態調査を始めました。その中でわかってきたことは、ダムによって下流にあるアユの産卵場の河床が粗粒化してしまったことです。アユの産卵床に不可欠な、石と石との間に空隙ができるような浮き石の小砂利底は消失しており、これが奈半利川から天然アユが減少した要因の一つであることがわかってきました。そこで、対策として産卵場の造成を始めました。プラントで篩にかけてアユの産卵に好適な粒径の砂利を選別し、それをダンプで産卵場に運び、投入しました。この工事は本来、漁協の増殖行為として行われるべきものですが、産卵環境悪化の原因がダムにあることがはっきりとしていたため、ダムを管理している電力会社と漁協が協力して行っています。

　産卵場造成と併せて産卵に必要な親魚21万尾（川の収容力から算定）を確保するために、夏から秋にかけて投網の禁漁区設定、産卵保護期間の延長、産卵保護区域の設定などの漁獲規制を漁協が自主的に行いました。

　調査を始めて12年、対策の効果を実感できるような結果が得られ始めて6年しか経過しておらず、まだ効果を十分に検証でき

産卵床に必要な砂利石。自然観察会「高知の川でアユの生態を学ぶ（2016年）」にて（船本撮影）

奈半利川のアユ産卵場所の見学。自然大学校・自然観察会
「高知の川でアユの生態を学ぶ（2016年）」にて（船本撮影）

たわけではないのですが、科学的なデータを元に対策を講じることで、天然
アユを増やすことの可能性は感じられるようになっています。その一方で、
課題も見えてきました。その一つは、産卵場造成です。対症療法に過ぎず、
抜本的な対策になっていません。未来永劫に続けることはできないのです。

　環境問題を考える上での課題は、利用と環境保全とのバランスです。経済
優先の考え方で利用が進めば、「収奪」になってしまい、川は大きく姿を変え
ます。そして、本来は住民が等しく得られるはずの「生態系サービス」とし
ての、美しい景観、清潔な水、心地よい川風、天然のアユなど、私たちが川
を愛する根源となっているものが失われてしまいます。そして、川を日常的
に利用できなくなると川と人の関わりが急速に薄れてしまい、川の環境はま
すます悪化してしまいます。そのことがやがては私たちに、もっと正確に言
えば「未来の私たち」に帰ってくるのです。そう考えると、川を大切なもの、
美しいものと思えるように維持しながら、川の恵みを利用することの大切さ
が見えてきます。天然アユがたくさん棲めるような流域の自然環境を保全す
ることは、今を生きる私たちの責務ではないでしょうか。

アユの復活を願い川漁師に生きる

高知県友釣り連盟 顧問 **松 浦 秀 俊**

▶ *2016.5.14*

アユとは、コケを食うワカサギである

　アユの生活史では、春に川を遡上し、夏は縄張りを持ちその中でコケ（付着藻類）を食べます。秋には川を下り河口付近で産卵し、冬に稚魚は海で過ごします。アユの恰好は、ワカサギやシシャモの類であり、後者は産卵時のみ川に遡上しますが、アユは早くから遡上しコケを食べます。アユは、朝鮮半島・ベトナム・台湾に分布し、これら生息地域の共通点は、川の流れが短く、澄み切った水、川にコケが生える大きな石があることです。アユは雑食のコイ科の魚とは違い、コケの生える川に、他より少し早く遡上し、石に付着したコケが食えるように身体を進化させてきました。最近のDNAの研究では、アユは幼形進化型魚シラウオの仲間で、約1000万年前に分化したことが分かっています。

RIVER KEEPER の試み

　釣り人として、漁業者の立場に立って、どうやれば一緒にやっていけるのか、その試みとして、2005年にリバーキーパー（ＲＫ）の組織を立ち上げました。ＲＫは春先のアユの遡上調査やボランティアの学生や研究機関との調査結果を漁協に提供し、漁協は、それをその年のアユの生育状況把握や有効な対策の立案に役立てています。さらに、アマゴの放流や若者向けの釣り場づくり、秋にはアユの産卵場の床づくりも行っています。

川ガキから考える

　川で魚を捕まえたり、競って泳いでみたり、時には小高い所から飛び込んでみたり、時間が経つのを忘れて日が暮れるまで川と戯れる元気な子どもたちを、親しみを込めて「川ガキ」と呼んでいます。

　いつの頃からか、身近な小川が水路と呼ばれるようになり、川遊びをする川ガキたちを目にすることがなくなり、忘れ去られていくことに何か釈然としません。子どもたちが川ガキになるのは、きれいな水が滔々と流れている清流ではなく、身近にあるメダカやザリガニ、オタマジャクシなどがすむ、何の変哲もない小川です。

　治水や利水という名のもとに、日本中の川を管理しようとした時、多くの川の生き物が姿を消し、川と人とのつながりが絶たれて、川は汚いものを流すだけか、水を利用するためだけの水路となってしまいました。さらに、大人たちは、川ガキたちが川遊びなどという、「危険で汚く」「何の役にも立たない遊び」に夢中になるよりは、将来のためにしっかり勉強するようにと学校や塾へと追い立てていきました。そのかわり、泳ぎたいなら水もきれいで安全なプールへと押し込め、遊びたいならもっと手軽でおもしろいTVゲームを買い与えてもいきました。気がつくと、子どもたちもおかしくなっていました。

河川生態系の回復

　食べ物を大量に安く手に入れるために、農薬をどんどん使い、田んぼを管理しやすいようにコンクリートの水路で囲み、川とのつながりを断ち切った結果、最初にメダカが姿を消し、川ガキが姿を消していきました。その挙げ句、日本では安く手に入らないからと、外国から食べ物をどんどん輸入するようになり、この国では自分たちの食べ物でさえ、満足に作り出すことができない国になってしまいました。

　これらのできごとは一見何の関係もないように見えるかもしれませんが、実は全てリンクしています。経済的価値や効率などは、幸せを測る物差しのひとつに過ぎないもので、その物差しで全てを制御しようとしているために、重大な過ちを犯してしまっているのです。それならば、まず川ガキの復権、アユの回復をまじめに考えることは、地球環境問題をはじめとする21世紀において、私たちに課せられた難問を解決するヒントになるはずです。

　川の自然は、治水・利水をメインとして「環境」はほとんど忘れられてきました。1998年の河川法改正時に「環境は」という言葉が入りましたが、取

って付けたようです。天然アユを媒介として川とのかかわりを取り戻す試みによって、バランスのとれた川の再生を行うべきです。

日本人の自然観（感銘を受けた先人の……）

　郷土の植物学者、牧野富太郎の碑文に次のような言葉があります。

　「人の一生で自然に親しむということ程有益なことはありません。人間はもともと自然の一部なのですから、自然に溶け込んでこそ、初めて生きている喜びを感じることができるのだと思います。自然に親しむためには、まず己を捨てて、自然の中に飛び込んでいくことです。そして、私たちの目に映じ、耳に聞こえ、肌に感じるものを素直に観察し、そこから多くのものを学び取ることです」

　また、郷土の物理学者であり自然科学者でもある寺田寅彦は、「日本人は、自然の恩恵を甘受すると同時に自然に対する反逆を断念し、自然に順応するための知識を蓄積してきた。自然と一体となり、自然を上手く利用しながら、自然を守ってきた。日本人の日常の自然との交渉は、科学的に見ても合理的であった。その合理性を発見し、証明する役目が将来の科学者に残された仕事であり、その合理性を制度や社会の仕組みにうまく組み入れることが行政（官僚）の仕事である」というようなことを述べていますが、今までに行政がそれを怠ってきたため、日本の一次産業はことごとくダメになっています。科学者も官僚も、その合理性を体でわかっている漁業者や農業者の声に謙虚に耳を傾ける必要があると思います。

　また、寺田は「天災と国防」と題しての文章では、「文明が進むほど天然の暴威による災害がその激烈の度を増す。科学的国防の常備軍が必要である。国際的非常時は、無形な実証のないもの、天変地異の非常時は最も具象的な眼前の事実である」とも述べて、あらゆる災難は人為的なものであると言っています。そして、「技術は進歩したのに、それを使う人間の知恵は退歩した。経験の記憶が弱く学問が足りない。本質的な部分の問題の解明を行い、それを次に活かすということが成されていない」、「もしも日本の自然の特異性を深く認識したうえで、この利器を適当に利用することを学び、天恵を有利に享有すると同時に、災禍を軽減しようと努力すれば、世界中で我が国ほど都

仁淀川のアユ釣り師（船本撮影）

合よくできている国はまれである。天恵の享楽のみに夢中になり天災の回避を忘れている。自然も変わり人間も昔の人間と違ったものになったとすると、日本人の自然観もそれに相応して何らかの変化をきたす。この新しい日本人が新しい自然に順応するまでには、これから先相当に長い年月の修練を必要とする。そして、多くの失敗と過誤の苦い経験を重ねなければなるまい。そうはいうものの、日本人はやはり日本人であり、日本の自然はほとんど昔のままの日本の自然である。日本のあらゆる特異性を認識して、それを生かしつつ周囲の環境に適応させることは日本人の使命であり存在理由であり、また、世界人類の健全な進歩への寄与である」と……。

　これらは第一次、二次世界大戦の間、昭和7、8年頃のきな臭い時代に発せられた言葉だといいます。そんな時代に、このようなことを指摘できる科学者がいたなんて、大変な驚きです。

　現在の危機的な自然・環境、それは、地球温暖化であり、大震災であり、原発事故です。寺田寅彦は、それを言い当て、痛烈な文明批判であり、自然への謙虚さを求める強烈な言葉です。そして、批判するだけにとどまらず、私たち日本人が進むべき方向をも示していると思うのです。

ニホンウナギの生態と資源回復の道

九州大学大学院農学研究院 准教授 **望 岡 典 隆**

► *2015.10.24*

ウナギとはどのような生き物か

　ニホンウナギはウナギ科ウナギ属に属し、北海道太平洋岸から中国の海南島にいたる東アジアに広く分布する降河回遊魚です。2008年に産卵親魚が、2009年に天然卵が相次いで発見され、本種は西マリアナ海嶺南部海域の水深200m前後の中層で、夏季の新月頃に産卵することが突き止められました。産卵の確証を得る調査は困難を極め、当て外れの連続にも決してあきらめず、試料の採取、検鏡、親魚の捕獲、耳石の分析など地味な作業を、場所を変えながら続けて得られた大きな成果です。

　孵化した仔魚は透明でオリーブの葉のような偏平な体をもち、その特異な形態に対し、レプトケパルス（小さな頭の意）仔魚と呼ばれています。仔魚はマリアナ海域から北赤道海流、黒潮によって移送され、大陸棚近傍海域でシラスウナギへと変態後、冬を中心とする時期に東アジア沿岸に来遊します。沿岸域に加入後、産卵回遊までの間、河川淡水域に遡上して定着するものの他に、一度も淡水域を経験せず海域に生息するもの、一度河川淡水域に遡上した後に再び汽水域や海域に戻るもの、海域、汽水域、淡水域を何度も行き来するものなど、成長期の生息場所は汽水域が中心ですが、回遊生態は多様であることが解明されています。

資源状況と減少要因

　全国の主要河川における天然ウナギの漁獲量データは農林水産省漁業・養殖業生産統計に取り纏められています。この漁獲量データに基づき、3世代の減少率は少なくとも50％以上と推定されることから、2013年に環境省のレッドリストに絶滅危惧ＩＢ類として掲載されました。

　独立行政法人水産総合研究センターは2010年に、ニホンウナギの完全養殖

に成功しましたが、大幅にコストを低減した大量生産技術は未確立です。したがって、養鰻用種苗は100％天然のシラスウナギに依存せざるを得ない状況が続いています。日本におけるシラスウナギの採捕量は1960年代初めには200t 以上を記録しましたが、1980年代以降は30t 以下で推移し、2010年からは4年連続の不漁で10t 以下となり、2012年と2013年の天然シラスウナギ1kg（約5000匹）の平均取引価格は200万円以上と高騰し、養鰻業に深刻な影響を与えました。

　ニホンウナギの産卵・回遊生態は近年、急速に解明されつつありますが、複雑な個体群変動のメカニズムを十分に説明できる段階には至っていません。

　2012年に東アジア鰻資源協議会は、短期（数年以内）、中期（10年単位）、長期（100年単位）に分けて減少要因の可能性を次のように整理しています。短期的要因としては、海洋環境の変動、産卵時期のズレ、回遊期間の延長などによる仔魚死亡率の増大、産卵地点の南下と北赤道海流の分岐位置の北上による無効分散の増加などです。中期的要因は、シラスウナギ漁業を含む陸水・沿岸域における乱獲、河川や沿岸域など成長期の個体の生息場所の減少と劣化があげられています。長期的要因には、地球・海洋環境変動に対する種の生活史特性や分布域の適応的変化としています。

　沿岸域に来遊したシラスウナギは、沿岸の浅所や河口域において海洋での遊泳生活から定着生活に移行し、摂餌を開始します。海岸や汽水域における護岸整備、埋立てなどの沿岸域の開発による藻場や干潟の減少は、稚魚の生残に影響を与えたと推察されます。それらの要因はまた、その後のクロコ期

シラスウナギ

クロコ（船本撮影）

と黄ウナギ期の生息場所および餌料生物の減少などを通じて、ニホンウナギ生息域の質的劣化や減少を招いたと考えられます。加えて、河口堰、取水堰、ダムなど河川横断構造物の建設は、ウナギ稚魚の河川への遡上を妨げ、河川におけるニホンウナギの生息域の量的な減少につながったとも推察されています。

資源回復への道

　人工シラスウナギの大量生産の実現にはさらなる技術開発を待たねばなりませんが、少なくともそれまでの間、天然のニホンウナギ資源に頼らざるを得ません。このような魚種の資源回復策の立案にあたっては、資源としての持続的な利用とのバランスを考慮しながら進める必要があり、上記の減少要因のうち、着手可能な中期的要因を低減することが管理方策につながることは自明です。東アジア鰻資源協議会は本種の保護・保全方策として、三つの提言を行っています。一つ目は、河川・沿岸域における漁獲規制、二つ目は河川・沿岸環境の保全・再生、三つ目に放流技術の改良とその他の増殖対策の振興です。

　漁業管理による回復策としては、産卵場に向かう下りウナギの保護、河川などでの成長期にある黄ウナギ、シラスウナギの漁獲規制などが挙げられ、特に翌年の新規加入を支える下りウナギの保護は、遊漁者も含めたステークホルダーの合意形成を経て、急ぎ進める必要があります。2013年から鹿児島県と宮崎県では10月から12月の3カ月間、熊本県では10月から3月の半年間、下りウナギ保護を主目的とした県内全河川での遊漁を含むニホンウナギの採捕禁止を実施し、この取組みは全国に広がりつつあります。また、福岡・佐賀両県の有明地区河川では2008年から、愛知県、鹿児島県、宮崎県、熊本県、高知県などでは2013年から、シラスウナギ採捕期間の短縮を実施しています。

　このような漁業規制に加え、生息場所の保全対策の同時進行の必要性に対して、鹿児島県は2012年10月にステークホルダーによる鹿児島県ウナギ資源増殖対策協議会を発足させ、島嶼部を除く県内全内水面および海面において10月から12月における採捕禁止およびシラスウナギ採捕期間の短縮を実施するとともに、多自然の河川に再生するまでの緊急処置として、コンクリート

護岸域に石倉カゴを設置し、ウナギの隠れ家の造成（魚礁性の試み）を開始しました。また、魚道が無い落差工などの河川横断構造物に安価で短時間で設置可能な石倉カゴ魚道を開発・設置し、ウナギの生息域の拡大

石倉カゴ（網掛川）

をめざした取組みを始めています。現在、継続的なモニタリングを行い、効果の検証が行われています。

　日本では40年以上にわたって養殖ウナギの放流が行われてきたにもかかわらず、その効果の科学的検証は行われていません。放流の目的は、第一に親魚候補の添加による自然個体群の増加にあり、放流を行う際には、天然ウナギ個体群や周辺生態系への影響について十分な科学的検討を行う必要があります。近年のニホンウナギのシラスの不足から、東アジア各地においてニホンウナギ以外のウナギ属魚類の養殖が急増しています。これら外来種の天然水系への散逸や放流ウナギへの混入には、厳重な監視が必要です。

　ニホンウナギは、中国、台湾、韓国も同一の個体群を資源として利用しており、個体群変動要因を検討する上で、これらの国々における漁獲の状況や生息環境についても考慮しなければなりません。ニホンウナギの個体群管理は関係国と歩調を合わせて取組むことが必要で、最大消費国の日本が率先して、ウナギ類の消費のあり方も含め、個体群の回復を図る責任と義務があります。

ニホンウナギと日本人の暮らし

和歌山県立自然博物館 学芸員 揖 善継 (かじ)

▶ *2016.12.10*

ウナギと人のかかわり

　日本人は、はるか昔からウナギ（ニホンウナギ）とともに暮らし、利用してきました。弥生時代の貝塚からウナギの骨が発掘されていることから、大昔より食されていたことが分かります。また、夏バテを防ぐためにウナギを食べる習慣は、『万葉集』に大伴家持の歌があることからも、古くから行われていたと考えられます。

　　　痩人を嗤咲る歌二首 (わらへ)
　　石麻呂に　我れ物申す　夏痩せによしといふものぞ　武奈伎捕り喫せ (3853)
　　痩す痩すも　生けらばあらむを　はたやはた　鰻を取ると　川に流るな
　　　　　　　　　　　　　　　　　　　　　　　　　　　　　　　(3854)

　歌の意味は、
　　　痩せたる人をわらへる歌二首
　「石麻呂に私は申しあげます。夏痩せに良いそうですから、ウナギをとって食べてください」
　「痩せていても生きていられれば良いではありませんか。ウナギをとるために川に入って、流されたりしないように」

　ウナギの語源は胸が黄色いことから「ムナギ」と呼ばれていたことにあるようです。この頃には、すでに滋養強壮に良いとされていました。江戸時代、盛り場には鰻屋が開店していました。ウナギの旬の季節は秋から冬にかけてなので、立秋（現在の夏）前などという時期は、天然ウナギが必ずしも美味しいとされる季節ではありません。ウナギをこの時期に食べる風習が広がったのは、江戸時代の中〜後期にかけての頃で、一説には、そのきっかけにな

ったのは、江戸時代の有名な蘭学者の平賀源内が、旬ではない夏の時期に、ウナギを売るため考えたキャッチコピーだった、とも言われています。

　日本では、ウナギは蒲焼、うな丼、うな重、ひつまぶし、せいろ蒸し、缶詰などとして食されています。ヨーロッパにも多くのウナギ料理があり、フランス、スペイン、イタリアなどでも食べられています。例えば、フランスでは、ウナギの産地でもあるので、様々な料理法で食べられています。その中でも有名なのはウナギの「マトロット」。ワインを使った煮込み料理で、筒切りにしたウナギをバターで炒めて、野菜とともにブイヨン、ワインで煮込んだもの。濃厚な味なのでバケットと一緒に食べられることも多くあります。他にもムニエル、タルタル風、網焼き、フライなどにしても食べられています。また、スペインでは、ウナギの稚魚をガーリックとオリーブオイルで軽くソテーしたものがよく食べられます。

　日本では、水界の主は想像上の竜ですが、現実的には生命力あふれるウナギが竜の化身とされています。また、地震がナマズにより起こされると同様に洪水はウナギが起こすものと考えられ、水を制御する方法を伝える真言系宗教者により災害回避を説く虚空蔵経とウナギが結びつけられました。丑・寅生まれの守り本尊とされる虚空蔵菩薩がウナギとかかわりが深く、そこからウナギを食べないタブーが生まれました。

　全国に蛇を神の使者として祭っている神社は多くありますが、京都市東山区の三嶋神社は、水蛇の代表としてウナギを祭っている珍しい神社です。

絶滅危惧のウナギ

　ヨーロッパでも日本でも、ウナギは30年前の1/100に漁獲量が激減しています。ヨーロッパでは2008年にIUCN（国際自然保護連合）により、日本では2013年に環境省、2014年にはIUCNによりそれぞれのレッドリストでウナギは絶滅危惧ⅠB類（EN：Endangered）に指定されました。

　この指定の根拠となった農林水産統計によるウナギの漁獲量データによると、全国の漁獲量は1961年の約3400tをピークに、1970年以降は減少の一途をたどり、2014年にはわずか113tとなりました。近畿地方に目を向けると、大阪府で1930年には130tの漁獲がありましたが、1992年以降は0tとなりま

した。現在近畿地方では琵琶湖で３tの漁獲がある以外はまとまった漁獲量は無く、２府４県で多く見積もっても全体で５tほどと考えられます。

　資源の減少の要因には様々なものが考えられますが、海洋環境の変動や産卵期間のずれなどの短期的要因、乱獲や生息場所の減少などの中期的要因、地球環境変動に対する種の生活史特性や分布域の適応的変化などの長期的要因、の大きく三つに分けられます。このうち、我々人間の活動が直接ウナギ資源に影響を与え得るものは、中期的要因のみであり、保全のための対策はこの要因を取り除く、もしくは改善することです。

　河川の護岸がコンクリート化されることや、堰やダムなどによる海と川の連続性の低下、水田周辺の環境悪化など、ニホンウナギの生育できる環境が減少していることも、資源の減少に大きく関与していると考えられます。近年、伝統漁法を応用した生息環境の改善や簡易な魚道なども開発されつつあります。

ウナギはどんな魚か

　ウナギの仲間は世界中で19種、太平洋には14種、日本には３種（ニホンウナギ、オオウナギ、ニューギニアウナギ）が生息しています。オオウナギは、日本の淡水魚で最も長い魚（２m、20kg）です。生息数が減り、各地で保護の対象になっています。国の天然記念物指定は３件です。ヘビのように蛇行型と呼ばれる遊泳方法、体を横にくねらせて波打たせることで推進力を得ます。

　冬から春には、シラスウナギと呼ばれる透明な稚魚が、海から川に上るために河口付近に集まってきます。川に上ってしばらくするとクロコと呼ばれる親と同じ色をした稚魚に成長します。その後、多くは５〜10年間、河川や湖沼で育ち、卵を産むために海に下ります。しかし、海に下ってからはどこへ行くのか、 卵はどこで生まれて、どこで育ち、シラスウナギはどうやって河口に来るのかなどが分からず、海でのウナギの生態は謎に包まれていました。

　養殖で育ったり河川や湖沼などで育ったり、ウナギは成熟した場所で産卵することはなく、ウナギの受精卵やふ化仔魚を誰も目にしたことがなかったので、その産卵の生態についてはほとんど分かっていませんでした。

透明で柳の葉のような形のレプト
ケパルスと呼ばれる魚類の幼生は、
以前から知られていましたが、ウナ
ギとは別種だと考えられていました。
これが成長してヨーロッパウナギの
稚魚になることを、20世紀末にイタ
リアの研究者が初めて発見しました。
この発見をもとに、デンマークの海
洋学者ヨハネス・シュミットは、よ

レプトケパルス幼生（望岡・木村撮影）

り小さいレプトケパルスを追い求めればウナギの産卵場にたどり着けるだろ
うと考えて調査を繰り返し、北米大陸東方の大西洋のサルガッソ海がウナギ
の産卵場であることを発見し、1922年に報告しました。太平洋でも2009年に
産卵場が発見されました。ウナギは3000km、半年間の旅をして、日本の川に
たどりつくことが判明しました。

　養殖ウナギは天然のシラスウナギを捕えて育てたものです。最近は、その
シラスウナギの獲れる量がどんどん減少しています。その原因には、獲り過
ぎやウナギが育つ海や川の環境変化、海流の変化などが関係すると考えられ
ています。安定したウナギの養殖生産を可能にするシラスウナギの人工生産
技術に非常に大きな期待が寄せられているのですが、完全養殖のものが食卓
に上るのはもう少し先になるでしょう。

ウナギの保全

　人間の活動範囲と重なり合った環境で生育するニホンウナギの保全を考え
る上では、他の生き物にも言えることですが、我々人間の経済活動との折り
合いをつけることが必須になります。地球規模で回遊することを考えると、
日本だけではなく東アジア全体で取り組む必要があります。また、国内では
省庁間の垣根を越えてその課題の解決に向かっていってほしいものです。

守ろう日本の淡水魚

外来魚に脅かされる日本の水辺の生物多様性

近畿大学 名誉教授／日本魚類学会 会長 **細 谷 和 海**

► *2018.11.10*

日本の淡水魚の現状

「生物多様性」という言葉を最近よく耳にします。そもそも何を意味しているのでしょうか。生物多様性には三つのレベルがあります。一つ目は生態系の多様性で、いろんな棲み場所が必要であるということ。二つ目に種の多様性で、それぞれの生態系にはそれぞれの固有の種がいること。三つ目に遺伝的多様性で、それぞれの種には環境の変化や病気が蔓延した時に、全滅することなくどれかの個体が残るように多様な遺伝子を持っていること。これらの多様性は階層的であり、それぞれでピラミッドを作っています。また、それぞれが進化的背景をなすという条件があります。つまり、生物多様性の中には外来種は入らず、生物多様性の対象はすべて在来生物だけをもとにしています。

日本の淡水魚については、生物多様性の側面から四つの危機があります。第一の危機として開発による種の絶滅で、一種の開発である圃場整備事業によって生息地を奪われるケースが多いのです。第二の危機として棚田の放置など里地・里山の荒廃です。たとえば、冬にため池の水替えをしないことから水質の悪化を招いています。第三の危機としては外来種問題と農薬です。外来種問題については後ほど詳しく説明します。農薬は在来生態系に本来なかったものが外から入ってくる負の要素です。外から入ることは共通しています。第四の危機としては地球温暖化の影響で、これは人類がこぞって考えなければならない問題です。特に北方系の魚がどんどん北に追いやられ、逆に黒潮に乗って南方系の魚が北上しています。

外来魚に脅かされる日本の水辺の生物多様性

外来種は生物多様性にとって最大の脅威といわれています。そもそも外来

種はどういう特徴を持ち、どういう悪影響を及ぼすのでしょうか。

　外来魚は外国からやって来たものだけを指すのではありません。外来魚かどうかの判断は国境に関係なく、もともとあった生息地内か生息地外かどうかで判断します。まず最初は国外外来魚、代表的なものでは米国から日本にやってきたブラックバスです。次に国内外来魚で、例えば、釣り対象魚であるヘラブナは、もともとは琵琶湖の固有種ゲンゴロウブナを改良したものです。それが関東など日本各地へ移殖されました。最後に人工改良外来魚で、養殖施設で飼育されたものが自然水域へ拡散したものです。ヒメダカ、大和鯉、佐久鯉、金魚などで、これらが野外に放流された時点で外来魚となります。

　それでは外来魚はどんな悪さをするのでしょうか。四つにまとめることができます。一つ目は、在来魚を食べてしまう（食害）という生態的影響で、ブラックバスはその典型例です。原産地が温帯域で、容易に日本に定着し、寿命が10年以上と長く、産卵数も多く、おまけにオス親が卵稚仔を守るので非常に生残率が高く、コイ科やメダカのように背びれの柔らかい小魚、つまり日本の魚を非常に好んで食べてしまいます。

　二つ目としては遺伝的影響で、近縁種がいる場合には雑種を作って遺伝的汚染を招きます。在来種が持っていたその地域に最も適応した形質が薄まってしまいます。在来種の適応価の減退による繁殖力の低下によって、子孫を残せなくなります。ヤマトイワナ（長野県上高地）はアメリカ原産の同属別種カワマスと雑種を作った結果、子孫が不稔になり絶滅しました。

　三つ目として病原的影響（病原菌や寄生虫の持込）があり、個体が病気を持っていて在来種に水平感染します。アユの冷水病はアメリカ原産のギンザケを輸入した時にサケと少し近い仲間のアユに水平感染したともいわれています。少し前のコイの大量斃死（コイヘルペス病）は、どうやらインドネシア産か或いはイスラエル産のコイの種苗が導入された結果、水平感染したのではともいわれています。最近では中国産の金魚ヘルペスが蔓延したために、一時期金魚の輸入が制限されました。こういったものは生理的影響に隠れてまったく分かり難いです。カリフォルニア大学のモイル博士はこのような例をフランケンシュタイン効果とよんでいます。

四つ目として未知の影響で、何をしでかすか分からないので、最大の脅威です。魚以外で有名な例は、ハブ退治の目的で導入したジャワマングースはヤンバルクイナやアマミノクロウサギをどんどん食べ始めました。

外来魚防除の技術的展開

　生態系に悪影響を及ぼす外来魚は基本的には駆除することが求められます。その手法を順に説明すると、一つ目は個体を除去することです。一番手間のかかる人海戦術ですが、リスクは少なくなります。池干しは非常に効果的です。一般的に冬（農閑期）に行われますが、ブラックバスやブルーギルは酸欠に弱いことから夏にすると効果が上がります。エレクトリックショッカーは水中に電流を流すことで気絶させて浮かせて掬おうというもので、かなり効果がありますが、広範囲にはできない面もあります。

ブラックバス　　　　　　　　　　　　ブルーギル

　二つ目は営巣地を隔離することです。琵琶湖の内湖（西の湖）は在来種にとっても重要な繁殖場所です。その一例として、コイ科のホンモロコやニゴロブナなどの在来魚とブラックバスやブルーギルなどの外来魚の産卵は湖底形態の異なる場所で行われることが確認できたので、在来種が好んで産卵できるような形態に内湖を造り変えていきます。

　三つ目は産卵床を除去するなどして繁殖を阻害することです。宮城県にある品井沼のシナイモツゴ（コイ科）は、ブラックバスやブルーギルまたモツゴが国内外来種として入ることで絶滅危惧種となりました。高橋清孝博士はブラックバスやブルーギルを減らすための人工産卵床を考案しました。オス

が巣作りのために尾ヒレで小砂利をかき分ける動作に目を付けて、人口産卵床の横にピンポン玉を取り付け、そこに触るとピンポン玉が浮いて巣のある場所が確認できるようにしました。これを目印に産卵床を引き上げて卵を乾燥させます。パイプカット法は先端に曲がったフックのついた針をブラックバスの体内に突っ込んで輸精管を切って不妊化した後、再放流します。このオスも巣作りをしますが、そこに産卵された卵は無駄になります。これはまだ試行段階です。

　四つ目は不稔化技術の開発です。過去に沖縄で果物にウリミバエのウジが入り、本土に出荷できなくなった事例があります。この対策としてオスのハエに放射線を当てて不稔にして自然界に放し絶滅させた有名な話がありますが、この技術を応用します。

　五つ目は効果のある病原菌を探索することです。ブラックバスしか罹らない病気を引き起こすウイルス（リンホシスチス病）を使って個体をコントロールします。オーストラリアではウサギの駆除に利用した類似の事例があります。

　六つ目は薬殺をすることです。アメリカでは養殖池に繁殖したヤツメウナギを薬で駆除しています。その他、これからは遺伝子操作技術の応用も取組むべきです。ハーバード大学のエスペルト博士などは意図的に組込んだ遺伝子が次世代にランダムではなく優先的に伝わる遺伝子ドライブの技術を確立しています。この技術を利用して致死遺伝子や子どもを作れない遺伝子を入れて優先的に伝えると、早い段階で対象生物はいなくなります。しかし、短所は近縁種と交雑した場合に近縁種を絶滅に追いやるリスクがあります。水産庁の増養殖研究所の研究事例では、ブルーギルを減らすのに、オス親に、生まれたメスが卵を作れなくなるような遺伝子とその遺伝子がよく伝わるような遺伝子操作を行う研究がされています。リスクは高いものの、これからやっていく必要があると思います。

　最後に社会的啓発です。外来生物は人間生活と密接にかかわりを持っていることが多く、住民一人一人の理解と適切な対応が求められます。この点から啓発は、間接的な効果のある防除手法として重要です。

まとめ

　外来種対策をするにあたっては、次のことを認識しておくべきです。

　まず、バス釣りは社会悪であると考えなければ、今日お話ししたような現状を招いてしまいます。放流は根本的には生物多様性の原則に反することを理解する必要があります。

　一つ目は、明確な防除目標の設定が求められます。琵琶湖ではリリース禁止という法律ができています。一方、他府県ではそのような法律はできていません。分布を広げず特定の地域でリリースを許容せよと要求する声がありますが、日本で行うのはいかがなものか、疑問が残ります。

　二つ目は、水辺空間は決して釣り人だけのものではありません。親水空間である以上、みんなのものなのです。位置づけを一般市民とともに再度考え直す必要があります。

　三つ目は、防除方法の吟味をすることです。ニュージーランドは薬剤を使って外来生物であるオポッサム、ラット、イタチの駆除に98％まで成功しました。といってアライグマの駆除を目的として日本の野山で使うと、タヌキやキツネが犠牲になりかねません。フランケンシュタイン効果を引き起こす可能性もあります。

　四つ目は、駆除個体の処理方法を確立することです。食べるなどの有効利用も一理ありますが、そのことが逆に外来魚産業を振興することになり、負のフィードバックが必ず起こります。基本的には有効利用を前提としないことが重要です。

　五つ目は、完全駆除後の在来生態系の復元計画です。「ブラックバスがいなくなったらそれでいいのか」というと、そうではありません。餌となっているザリガニが増えるなど、想定外の変化が出てきます。駆除後のシミュレーションが必要で、場合によっては他の地域から在来種を移植することを考える必要があります。その辺の理論的なものがまだまだ成熟していません。駆除後のシミュレーションを生態学者と考えていく必要があります。

　最後に、自然保護の担い手の育成です。いろいろな会で講演させていただいていますが、一つ私が心配なのは聴衆に若い人が少ないことです。若い人はスマホから離れて野外に出てみて欲しいものです。

武庫川流域圏ネットワーク

より安全で魅力的な武庫川を求めて

神戸女学院大学 名誉教授 山 本 義 和

► *2017.2.11*

武庫川流域圏ネットワーク

　会の設立目的は、「住民・専門家・事業者・行政との連携・共同作業による安全・安心で、より魅力的な武庫川づくり」です。設立は2011年7月で、2020年8月時点での会員数は、団体会員14団体、個人会員90名です。団体会員相互の連携、市民と行政との協働など、ネットワーク機能を重視した環境活動を続けています。

　主な活動は、①武庫川に関する各種の情報発信、②仁川と武庫川合流地点を中心とした水辺の清掃、③特定外来種オオキンケイギクの駆除、④会員にゲストを加えての活動報告会、⑤講演会やフォーラムの開催、⑥兵庫県・西宮市・宝塚市が企画する事業への協力などです。2020年7月には「地域環境保全功労者」として環境大臣表彰を受けました。

武庫川の総合治水への取り組み

　武庫川は兵庫県篠山市を源流とし、三田、神戸、宝塚、西宮、伊丹、尼崎を流れて大阪湾に注ぐ、全長66kmの二級河川です。上流部は勾配が緩やかですが、中流部は渓谷、下流部は天上川となっています。氾濫圏の人口は約110万人、氾濫時に被害を受ける資産は18兆円とされ、いずれも全国10位の河川です。

　古くから中流部に治水ダムの建設計画がありましたが、住民参加型の川づくりと街づくりの機運の高まりの中、その計画は中止され、ダムに依存しない総合的な治水対策が2010年から20年間計画で進んでいます。

　総合的な治水対策の一つ目は、川底を掘り下げて川の断面を広げたり、堤防を強化して洪水を安全に流す河川対策。二つ目は、森林・校庭・公園・ため池などに雨水を貯める流域対策。三つ目は、洪水時に人命を守り被害を少

なくする減災対策。この三本の柱からなっています。また、河川工事においては、生物多様性を保全することが大切です。

すなわち、台風、集中豪雨、地震などの自然の力に対して畏敬の念を持ち、封じ込めから減災の思想へと発想の転換が求められます。防潮堤・堤防・ダムなどの土木技術への過信を戒めるべきです。近年多発する自然災害は、川の流路を狭め、河口部を埋め立て、市街地を拡大させてきた過去の多大なツケによるものといえます。大切なことは、水循環思想を高めて、降雨を流域や緑で受け止め、地下に戻す取り組みを徹底すべきことです。急激に進行している地球温暖化によって、大きな自然災害が発生する確率が高くなっています。ハードな対策とソフトな対策の両方が必要です。そこには、行政と市民の協働、市民力を活かした活動が求められていると思います。

津門川を活かしたまちづくり

津門川は、武庫川からの導水と山陽新幹線の六甲トンネルの湧水が阪急電車の門戸厄神駅付近で合流して、今津港から大阪湾に注ぐ、全長約7kmの二級河川です。兵庫県西宮北口駅北側に位置する、にしきた商店街、自治会、幼稚園の関係者は、まち中を流れる津門川を活かした「街づくり」に古くから取り組んできました。そこに神戸女学院大学も加わり、川の掃除、川に関心と親しみを持つための川祭り、クリスマス、七夕の飾りつけ、生物・環境調査など様々な活動を行ってきました。

津門川には、かつては同駅北側に高さ約2mの堰があり、アユの遡上を妨げていました。住民が兵庫県に陳情し、2003年に階段状の魚道に造り変えら

津門川の魚道の設置前後

れ、津門川のアユは新設魚道を利用して大阪湾の河口から遡上し、上流部の
阪急電鉄門戸厄神駅付近でも確認できるようになりました。

遡上アユの耳石鑑定

　しかしながら、専門家からは、海から遡上したアユである証拠がないと指
摘され、悔しい思いをしていました。そこで、2003年8月に魚道の約10m上
流で捕獲した3匹のアユを、東京大学海洋研究所の新井崇臣先生に耳石の輪
紋とSr/Ca比の鑑定をお願いしました。その結果、3個体とも稚魚期を海で
過ごし、汽水域を経て、津門川を遡上したアユであることが証明されました。
その時の地域住民の皆さんの笑顔が思い浮かびます。

　耳石とは、魚の頭部にある
平衡感覚器官の一部で、木の
年輪のように一日一本の輪
（日周輪）ができます。また、
海水中のストロンチウムの濃
度は約8ppm、河川中では海
水の1/100のため、耳石の中
心からのストロンチウム分布
を測定すると、湖産、海産、
人工産の正確な判定ができる
のです。

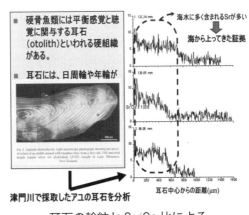

耳石の輪紋とSr/Ca比による
魚類の回遊履歴の解析

津門川塾

　寺子屋的な「津門川塾」は2005年3月にスタート。河川の水質調査、野生
メダカの保護育成、生物調査、下水処理場の高度処理の有効性評価、感覚的
な環境評価などを行なっている行政関係者、大学の研究者、市民が集まって
討議し、行動に移して成果を上げてきました。その具体例が2006年10月にス
タートした「津門川を活かしたまちづくり」です。高齢者や子供が安全・安
心に過ごして、水への親しみを高める一つの方策として、津門川右岸を少し
お洒落な遊歩道にすることを目指しました。地元の意見を集約して街づくり

の基本的なコンセプトを明確にし、具体的デザインを描いて行政にアピールすることによって具体化されました。

2006年3月、「にしきた商店街・津門川の自然を守る会」は、社団法人日本水環境学会から、地域住民による11年間に及ぶ魚道新設や水生生物の増加など、川の多様性の向上に寄与したことで「水環境文化賞」を受賞しました。

▷津門川の自然再生に向けての取り組み　　　　　　[2020年9月追記]

2018年12月5日、山陽新幹線六甲トンネル内での修繕工事に起因する大量のモルタルを含んだ強いアルカリ性の濁水が津門川に流入し、コイ、フナ、アユ、ナマズ、ウナギ、ボラ、ハゼ科魚類などの無数の死体が確認されました。

武庫川流域圏ネットワークでは、流域住民、近畿大学の淡水魚類の専門家、西宮市役所の職員の協力を得て、死の川となった津門川上流部に生物の命が復活することを願って生物調査を続けています。この水域では、自然再生のスピードが非常に遅く感じられます。津門川に流入する小河川や水路は水生動物の供給源としてあまり機能せず、アユ以外の水生動物は魚道を遡上しにくいと思われます。また、津門川は掘り込み状の河川で、大雨時には急流になり、生物が流出しやすい構造です。

2003年に河川内に造られた25カ所の水生植物育成地は、生物多様性の向上に役立つだけでなく、洪水時にはシェルターとなって魚類などの下流部への流出を防いでいます。この水生植物育成地の多くが老朽化して、壊れた状態で放置されています。

私達は、2019年7月に兵庫県知事と西宮市長宛に、魚道の一部改良、水生植物育成地の改修を要望しました。その後、この要望内容が兵庫県議会で認められ、その工事に着手されています。現在、私達は津門川の生物観察と、専門家の協力を得て詳細な生物調査を継続しています。人の手を少しだけ加えて、津門川の自然回復を待ちたいと思っています。

5

琵琶湖環境についての理解を深める

琵琶湖の魚たちの現状と回復への道

びわ湖の森の生き物研究会 事務局長 **藤 岡 康 弘**

► *2016.8.27*

琵琶湖の環境の多様性と生きもの

琵琶湖は主に南湖と北湖という二つ
の湖盆で形成されています。南湖は平
均水深が4mと浅くて、面積も54.5㎢
と北湖に比べ狭いですが、かつては湖
底が砂泥で形成され、東岸を中心に周
囲にはヨシ帯があり、また、水田地帯
が広がってクリークが網の目状に繋が

ホンモロコ（船本撮影）

っていました。湖底にはセタシジミやタテボシガイ、メンカラスガイなどの
二枚貝が多く生息するとともに、春から夏にはニゴロブナやホンモロコなど
のコイ科魚類が産卵のために北湖から押し寄せてきました。

一方、北湖は平均水深が43mで、50〜90mの深い水域が広がっています。
周囲を比良山系や鈴鹿山系に囲まれ、安曇川や姉川・愛知川など大きな川を
はじめ100本以上の川が流入しています。川には春から夏にかけて琵琶湖か
らアユ、ウグイ、ヨシノボリなどが、秋にはビワマスが産卵のために遡上す
る姿が見られます。河川の河口域周辺は、河川から運ばれた砂礫が堆積し、
瀬では秋になるとアユの産卵が行われるとともに、沖合の砂泥底はセタシジ
ミなど貝類の生息場所となっています。湖の周囲には琵琶湖と水路などで繋
がっている小さな沼が点在し、これらを内湖と呼んでいます。内湖の水深は
浅く、周囲にはヨシやマコモなどの抽水植物が繁茂し水鳥や魚たちの重要な
休憩や繁殖地となっています。

琵琶湖の沖合には水深30m以上の深水域が広がり、表層水温が30℃になる
夏でも10℃以下の冷水域が広く存在します。この水域へも酸素が冬の大循環
によって供給されるため、動物が生息するための溶存酸素があり、ビワマス

ホンモロコの産卵場所（船本撮影）

やイサザのような冷水魚の生息を可能にしているほか、ウツセミカジカやア
ナンデールヨコエビなどが周年分布しています。さらに、冬にはホンモロコ
やニゴロブナなどの越冬場所ともなっています。

琵琶湖の環境の変化

　琵琶湖の水は、基本的に瀬田川から流出して宇治川、淀川となって大阪湾
に注ぎこみます。1905年に大津市南郷に洗堰が設置され、また1964年にはそ
の下流に天ケ瀬ダムが建設されました。そのため、それまではウナギなど海
から琵琶湖に遡上していた生き物を通じた大阪湾との連続性が完全に遮断さ
れてしまいました。現在も琵琶湖でウナギ漁が行われていますが、全て種苗
放流により維持されています。さらに、水田開発のために1940〜1950年にか
けて内湖が干拓され、面積の85％が消失しました。さらに、外来魚（ブルー
ギルやオオクチバス）やオオカナダモなどの外来水草が1960〜1980年に増加す
るとともに、家庭や工場から窒素やリンなどの栄養塩が琵琶湖に大量に流入
して富栄養化が進み、淡水赤潮やアオコが発生するようになりました。

　琵琶湖の水質を守ろうと「せっけん運動」が起こり、1979年に「琵琶湖の富栄養化防止条例」が施行されます。また、この時期には主に下流府県の水需要のために琵琶湖総合開発（1972〜1997年）が実施され、琵琶湖の周辺には50km以上にわたり湖岸堤や水門が建設されるとともに、周辺水田では圃場整備事業が実施され、琵琶湖と内湖・ヨシ帯・水田地帯との連続性が分断される状況となって現在に至っています。

　1992年には新たな琵琶湖の水位操作が開始され、明治以降、基準水位に対して±0cmに維持されていたものが、春から夏にかけて大幅に水位を下げる操作に変更されました。現在、下水道が88％まで普及して、琵琶湖の透明度は徐々に増すとともに窒素濃度は低下して、水質は大幅に改善されつつありますが、逆に栄養塩の削減が生物生産の低下を招くことが危惧される状況も出始めています。

琵琶湖の魚たち

　琵琶湖の水は、海水に比較すると塩分をほとんど含まない淡水です。日本列島には淡水魚が約310種分布し、その内90種ほどが純淡水魚ですが、琵琶湖水系にはこの内14科66種の在来魚の生息が報告されています。この中の36種（55％）がコイ科魚類で、その他はドジョウ科（8種）、ハゼ科（5種）、サケ科（3種）およびナマズ科（3種）などです。

　琵琶湖だけに自然分布する魚類（固有種）は、ホンモロコやニゴロブナなど18種（亜種）とされています。コイ科魚類の多くが春から夏にかけて琵琶湖沿岸や内湖に生息して繁殖しますが、冬にはホンモロコやニゴロブナのように沖合の深層域に移動して越冬する種類も多くいます。ビワマスやイサザも琵琶湖固有種で20℃以下の冷水域で生活し、産卵期以外は沖合の深層域に生息しています。ビワマスの産卵は川に遡上して10〜12月に行われるため、川の連続性が特に重要です。一般的に、アユは秋に川で生まれ海で稚魚期を過ごして春に川に上って大きく育ちます。琵琶湖では、産卵期まで川に上らず湖内で生活するアユも多く、それらはあまり大きくならないためコアユと呼ばれます。ナマズ科魚類は3種が分布しビワコオオナマズとイワトコナマズは固有種です。ビワコオオナマズは全長1.2m以上になる大型の魚類です。

以上のように多種多様な魚類が生息する琵琶湖ですが、琵琶湖総合開発や圃場整備事業の影響などを強く受けて、それらの半数（33種）が現在では絶滅危惧種となり、琵琶湖の魚類は危機的な状況となっています。

琵琶湖の漁業

　琵琶湖に生息する豊富な魚介類を捕るため、これまで人々は魚類の生態に合わせて様々な漁具や漁法を開発または導入してきました。内湖・ヨシ帯や沿岸部で行われる筌・モンドリやタツベ漁、琵琶湖の沖合で行われる「小糸網」と呼ばれる刺網の漁、琵琶湖の湖底に網を沈めて船に曳き寄せる「沖曳網漁」と呼ばれる底曳網漁、湖岸で群れるアユを捕獲する「追いさで網漁」や、沖の表層に群れるアユを一網打尽にすくい取る「沖すくい網漁」など多様な漁業が四季を通して行われています。河川の河口部には簗が設置され、琵琶湖から川に遡上してくるアユやビワマス、ウグイなどが漁獲されます。

　琵琶湖で漁獲された魚介類は湖周辺で消費されるだけでなく、多くが大消費地であった京都へも運ばれて利用されました。また、鮮度の落ちやすい淡水魚を上手に利用するため、つくだ煮や「ふなずし」などの「なれずし」としての加工法が発達するなど、琵琶湖独自の多様な食文化が発達しています。

ふなずし（船本撮影）

琵琶湖の漁獲量の変化

　1883年から2013年までの130年間の琵琶湖の魚類の漁獲量の変化を見ると、1940年頃までは1000 t から2000 t の範囲で比較的安定した漁獲量を示していましたが、1950年以降に大幅に増加して1970年から1980年代には3000 t から3500 t に達しています。その後1990年代から急減して、2013年には1000 t 以下にまで減少しています。貝類は、1954年以降の漁業統計で見ると、1955年に8205 t と最高値となり、以降は大幅に減って2015年には43 t まで減少しました。

　琵琶湖の漁業者数は、1930年頃に１万2000人を超えピークとなりましたが、1970年代までに大幅に減少し、現在は1000人ほどになっています。琵琶湖には沖島という人の住む島があり、そこには今も漁業を専業に営む人々の生活があります。

琵琶湖の魚たちの回復への道

　多くの固有種が生息し、それら固有種を中心とした独自の漁業が発達するとともに、湖の恵みを巧みに利用した食文化が伝わる琵琶湖の自然とその暮らしが今も存在します。これらは世界遺産に匹敵する価値があるものと考えられ、できるだけ近い将来に世界遺産に登録申請すべきです。しかし、人々が湖周辺に暮らし始めて以降で最も琵琶湖の魚介類が減少していると考えられる現在、この危機を我々は乗り越え、再び生き物で賑わう琵琶湖に回復させなければならない責務を負っています。

　琵琶湖の生き物の減少原因はそれぞれ種によって大きく異なっています。このため、きめ細かく減少原因を解明してその対策を実施する必要があります。一方で、内湖や水田水域との分断のように多くの生物に影響を与えた原因もあるので、これへの対応は回復対策に大きな効果が期待できます。琵琶湖の生き物を回復させるためには、これまでの生き物の生活史を全く無視した開発を反省し、産卵場所と生活史の循環の回復と、産卵の場を形成する物質の循環の回復の対策を進めることが必要です。

森里湖のつながりを再生する環境自治と
琵琶湖の未来

前滋賀県知事 嘉田由紀子

► 2018.1.27

個人的背景と研究姿勢の起源

　私は埼玉県の養蚕農家の次女として育ったのですけど、当時の農家の女性は働き詰めで、結核になっても薬も買えない貧しい大変な状態でしたので、母からは、「食いぶちは自分で稼ぎなさい」と言われました。弱者への共感ということや、農業をやる中で自然の不思議というものも母から教わりました。

　中学校の関西への修学旅行で比叡山の延暦寺、琵琶湖の美しさに魅かれ、京都大学に入学しました。アフリカ探検をしてみたいと考えていた私は、女人禁制を押し切って京大探検部に入り、大学3年の時にアフリカに行きました。電気もガスも、水道も無い所に行って、コップ一杯の水、一皿の食べものの貴重さを実感して、自然の価値を見つめ直しました。ギリギリの生活を見た時、環境に対する人間の関わりの研究をすることを決意しました。しかし、日本にはまだ社会系の環境学を学ぶ場がありませんでしたので、アメリカのウィスコンシン大学に留学をしたのです。

　ところが、留学先の指導教官からは、「水（環境）と人間の共生という点では、日本はアフリカ、アメリカ、ヨーロッパ以上に優れている。1000年以上の歴史がある水田農業が水との共生の文化を作り出しているではないか。あなたは日本に帰って研究しなさい」と言われました。

　そこで日本に帰国して、環境社会学を学ぶために、まずは水田農村における水と人間の関わりの研究を始めたのです。1975年にアメリカで長男、1979年に次男を授かり子育てしながらできる研究ということで、琵琶湖周辺の多くの集落を回りながら、水と人間の関わり、恵みと災いについて徹底的に調べました。子どもや女性・家族の問題と仕事の両立を、身をもって体験しながら、水と環境の研究をするという二本柱でやってきたわけです。

　ちょうど博士課程が終わった時に、当時の武村正義知事が琵琶湖の環境汚

染の問題を社会学・人類学も含めて総合的に研究する琵琶湖研究所を作ってくださるということで、1981年秋、その準備室の社会学の研究員として採用してもらいました。

文理連携（生活知と科学知の連携を目指した琵琶湖研究所時代）

　1970年代の武村知事時代に琵琶湖に赤潮が発生し、せっけん運動が起こり、琵琶湖への関心が高まりました。リン入り洗剤の販売や使用の禁止などを盛り込んだ「琵琶湖の富栄養化防止条例」（琵琶湖条例）が制定されました。当時の滋賀県では環境政策が重要テーマでした。

　琵琶湖研究所での研究で、論文や書籍を書いても、水質汚染が酷いことだけしか伝わりません。一方で、自然科学の研究者や行政は縦割りで、それぞれの分野間での連携もすることはありませんでした。その成果は、社会科学的アプローチを含めた総合的な視点からの琵琶湖の環境改善には至りませんでした。そこで、私は地元に暮らす生活者の視点で調査することにしたのです。

　たとえば高度経済成長期以前、多くの地域では飲用をはじめ生活用水は琵琶湖にある共同桟橋で汲む水に頼っていました。ですから絶対に汚さない不文律がありました。「朝方早く飲み水を汲む。朝の8〜9時にはお鍋を洗う。日が高くなってから洗濯をする。しかし、おむつ・パンツを洗ってはいけない。また、お茶碗を洗った後に残った飯粒は、湖のジャコに食べさせて、そのジャコを我々がおかずにいただく」という大変衛生的な物資循環が成り立っていたということを知りました。

　し尿も屎と尿に分けて、絶対に川や湖には流さない。田畑の肥料に使うということが徹底されていました。また、湖に注ぐ川や堤防の管理を自ら行い、水害にも備えてきました。琵琶湖とともに生きる人びとの経験と知恵が存分に生かされ、琵琶湖固有の歴史が生まれ、環境との共存文化が醸成されていました。このような関係性を「近い水」と名付けました。

　この関係が一変したのは、第二次大戦後に河川管理や湖の管理を地域から取り上げ、国、県、市など、行政が行うようにしたことが大きな契機です。さらに高度経済成長や衛生指導などが重なり、琵琶湖や河川管理に住民の力が

1954（昭和29）年、写真：藤村和夫　　　　　1997（平成９）年、写真：古谷桂信
守山市幸津川（提供：琵琶湖博物館）

及ばなくなり、その結果、人と水の関係が薄れることで水質汚染が進み、次第に魚種や漁獲量が減少、瀕死の湖になってしまいました。上下水道の設置で便利になりましたが、生活者たちが水の管理ができなくなった「遠い水」になっていることに気づきました。

　徹底した聞き取り調査から見えた望ましい環境像とは、多種多様な生き物が生息し、生活の中で生きていた湖と川があり、子どもたちの遊び場としての水辺があり、自主的な水害対策と川・湖への愛着があることでした。人が周囲の自然を使い続けることで、自然に手を加えながらも、自然と調和した暮らしが成り立っていました。その場所で生活をする人びとの価値観や知識、社会的関係を重視して、生活者の立場から環境とのかかわりを探求する「生活環境主義」が求められるという結論に至ったのです。

琵琶湖博物館の建設

　琵琶湖研究所で「生活環境主義」をベースにフィールドワークをしていました。ミクロの"虫の目"で地域の現場を個別にしっかりと見て、マクロの"鳥の目"で滋賀県全体を捉えることの必要性を県民に訴えたいために、今までに得た情報を共有する場として1985年に琵琶湖博物館構想を提出しました。

　住民の皆さんと生き物調査などを行いその結果の展示もふくめて、11年後の1996年に開館しました。この博物館のテーマは、「湖と人間」ということです。琵琶湖に住む人たちが循環型の社会を歴史的に作ってきたことを知る入り口とフィールドワークへの誘いになり、多くの人々との交流を大切にして

います。

　生活者たちが水を管理していた「近い水」の暮らしぶりを情景再現して展示することで、「私もここにいた」「こんな生活を経験した」という「自分化」の呼びかけをしています。この博物館を出発点にして、人と琵琶湖のかかわりを現地で実際にみて欲しいと願っています。

滋賀県知事としての挑戦と実践

　2006年の滋賀県知事選で、三つのもったいない政策、税金のムダつかいもったいない、子どもや若者の自ら育つ力をそこなったらもったいない、琵琶湖の環境を壊したらもったいない、を日常の暮らし言葉で訴えて当選。

　特定政党の推薦を受けていなかったことで、マニュフェストで約束した政策の実現にまっしぐらに進むことができました。私が知事に手を挙げた時、「よそ者だから」「女だから」「学者だから」という三つの批判を頂きましたが、その批判を逆手に8年間、知事を務めました。「よそ者」だからこそ滋賀県の強みが分かり、無い物ねだりではなく、あるものを活かすことができたのです。「女」だからこそ、女性参画、人口減少社会のリスクと対策を見極めて、子育て政策に、滋賀という地方からの人口・家族政策を進めることができました。

　私は学者ですから、いつも「HOW（いかに）」とともに「WHY（なんで）」を問います。その政策が必要なのか、それだけのお金、この法令をつくって誰がどういうふうに喜ぶのか、満足度が高まるのか、自問自答しながら政策を進めてきました。徹底できたのは、自分が揺るぎない理論、つまり「WHY」を知る学者だったからだろうと思っています。

滋賀県知事としての環境政策

　戦後、琵琶湖の生き物には三つの受難がありました。一点目は、琵琶湖は戦後の食糧難の時に、内湖（琵琶湖湖岸の陸域に生じた湖沼）を干拓して農地化してしまったことです。これで、結果的には在来魚介類の産卵場所が失われました。二点目は1970年代の京阪神の水需要も考慮に入れた琵琶湖総合開発で、琵琶湖の水位変動に対応するためとして建設された湖岸堤によってヨ

シ帯の喪失や湖と水田・水路が分断されてしまったことです。そして三点目がレジャー用の外来魚類の不法な放流によって痛めつけられた琵琶湖の魚たちのことです。この受難を解決する一つとして、魚が上がれるように田んぼに魚道をつける「魚のゆりかごプロジェクト」として進めていきました。

　ムダな公共事業の見直しの観点から、河川環境を切断するダムではなく、河川や堤防の改修といった「流域治水政策」を進めました。地域にマッチした河川政策の実行で、六つのダムを凍結しました。

関西全域の皆さんに訴えたい琵琶湖の価値

　上下流連携の中での琵琶湖は、近畿1450万人の命の水源です。水を飲んで水源を思う「飲水思源」という言葉があります。蛇口をひねった時に、その水がどこから来るのか、是非考えて欲しいです。

　関東は大平野ですが、関西は盆地文化連合で地域ごとが違った個性を持っています。命や水にまつわる国指定文化財、すなわち薬師如来と観音に関するものは近畿圏に多く、特に滋賀と奈良が拠点になっています。昔から琵琶湖では、「水の浄土」の琵琶湖に沿って多くの寺社が建立され、今日も多くの人を惹きつけています。豊富な歴史資産の源でもある琵琶湖とその水辺景観が、「祈りと暮らしの水遺産」として日本遺産に認定されていますので、琵琶湖に多くの人が訪れて欲しいです。

　若狭湾岸の14基の原発は滋賀県や琵琶湖に近く、万が一、福島原発のような事故が起きてしまった場合、若狭から吹く風に乗って琵琶湖が放射能で汚染されることが心配です。琵琶湖の代わりはありませんが、電源の代わりはあります。電源の代わりを探していかないといけません。

　環境自治とは感性を活かして、自然を楽しみながら、バランスのある生態文化社会作りを実践することです。琵琶湖の多面的価値を知り、大切に守っていきましょう。琵琶湖は次世代に引き継ぐべき大切なものなのです。

琵琶湖の森の守り神

風の精イヌワシと森の精クマタカ

アジア猛禽類ネットワーク 会長 山﨑　亨

▶ *2018.10.27*

　日本の山岳生態系ピラミッドの頂点に君臨するイヌワシとクマタカの生態と真に効果のある保全対策を時間軸の視点 (植生の変化) から明らかにするとともに、国境を越えて渡りを行う里山生態系のシンボルであるサシバの保護プロジェクトから判明した繁殖地・中継地・越冬地の総合的な保全対策の重要性を空間軸の視点から紹介します。

(1) 時間軸の視点

猛禽類は人類のあこがれの鳥

　ワシやタカの仲間は精悍、勇壮、畏敬、威厳、高貴、壮大というイメージがあり、米軍軍用機の名称にもなっています。

　エジプトの天空神 Horus（ホルス）は、隼の頭を持つ成人男性像であり、猛禽類は古代から世界各地で神格化されてきました。

イヌワシとの出会い

　私は子どもの頃から生きものが好きで、虫つかみや魚つかみほどわくわくすることはありませんでした。中学生のとき「野鳥観察」に目覚め、1973年 NHK で放映されたドキュメンタリー番組「日本の自然　イヌワシ」が研究に向かう転機となりました。その生態を確認したくて、イヌワシが棲む氷ノ山に最も近い鳥取大学獣医学科に入学し、同年 5 月 5 日に氷ノ山スキー場近くで飛翔するイヌワシを目撃しました。これがイヌワシとの初めての出会いになりました。その後、当時まだ誰も知らなかった滋賀県内でのイヌワシの生息確認に努力し、1976年 3 月 24 日、ついに鈴鹿山中でイヌワシを発見。そして、1978年 5 月 7 日、滋賀県で初めてとなるイヌワシの繁殖成功を確認しました。以来、イヌワシとクマタカの真の生態を明らかにすることに人生を

かけてきました。

猛禽類とは何か

猛禽類は他の動物を捕食する鳥類で、世界で約320種（タカ、ハヤブサ、ハゲワシなど）、夜行性約230種（フクロウなど）が確認されており、さまざまな生態系に生息し、食物連鎖の上位に位置する生物です。

①形態：飛翔に適した身体構造をもち、卓越した飛行能力と、高度な視力（人間の約8倍）で獲物を見つけ、強靭な脚、驚異的な握力、そしてカーブした爪で捕殺します。鉤状の嘴は肉などを引きちぎるのに適した形状となっています。

②行動：単独行動が多く、生息環境に適した効率的なハンティングテクニックを有しています。

③繁殖性：産卵数は少なく、幼鳥の死亡率は高く、性的成熟まで長い期間を要します。寿命は長く、イヌワシ約50年、オオタカ約20年、ハヤブサ約10年などです。

④生態系における位置：食物連鎖の上位種であり、個体数は少ない。環境汚染物質が蓄積しやすく、環境変化の影響を受けやすい鳥です。

絶滅の危機にあるイヌワシ

日本での分布は主に本州中部以北です。ほとんど羽ばたかずに飛翔し、岩場の断崖に営巣します。アメリカやモンゴルのイヌワシは草原地帯で生活します。日本のイヌワシのハンティング場所は、山間部の自然開放地、冬季の夏緑広葉樹林、ギャップや林縁部の他、人為的開放地（伐採地、炭焼き場、茅刈り場、採草地）です。戦後の拡大造林政策やプロパンガス革命によって激変した日本の森林の現状が、イヌワシのハンティング場所を奪ってしまったのです。

日本のイヌワシは小型で、ペアでのハンティングをよく行い、大型のヘビを多く捕食します。卵は2個産みますが、ほとんどの場合1羽しか育ちません（日本は獲物の確保が困難なため、2番目の雛は1番目の雛につつかれて餓死してしまうことがほとんどです）。鈴鹿山脈では、かつて6ペアが見られました

が、今は1ペアのみで、まさに絶滅の危機にあります。戦後、大規模に植林された人工林が伐採されないため、ハンティング場所が激減したことが最大の原因です。

人工林を巧みに利用するクマタカ

クマタカは森林を巧みに利用して生活する大型の猛禽で、日本は東南アジアのクマタカ属の分布域の北限に位置し、九州から北海道まで広く分布しています。クマタカの翼は幅広くて短く、樹木の多い森の中を自由にくぐり抜けて飛ぶのに適した体型をしています。森林の大木に営巣し、手入れの行き届いている人工林にも適応します。餌生物は、ノウサギ、ヘビ類、ヤマドリ、タヌキ、カケス、リス、トカゲの他、多種類にわたる森の中小動物です。

これらの生物が多く棲む多様性の高い森林環境がなければ、クマタカは棲むことも繁殖することもできません。良好な自然環境が保たれていれば、概ね隔年で繁殖しますが、1回の繁殖で産む卵は1個のみです。この一つの卵を、親鳥は大切に育てます。雛の養育期間は長く、80日間ほどにもなります。クマタカは成熟した人工林にも適応してきており、鈴鹿山脈に生息するクマタカは1987年には37ペアが、2017年には43ペアが確認されています。

大切な森の維持管理

40年間にわたるイヌワシ、クマタカの継続的調査から、個体維持は両種共に、生息場所の植生に大きく影響されることが明らかとなりました。日本イヌワシ研究会の調査よると、1981年から2014年の33年間で、繁殖成功率は約55%から約11%まで漸次低下し、83カ所でイヌワシが消失しました。鈴鹿では6ペアが1ペアになり、2010年以降の巣立ちは確認されていません。なぜ絶滅の危機に瀕したのでしょうか。近年、森林が放置され、イヌワシのハンティング場所であった伐採地がなくなったことが主要因とみています。したがって、イヌワシを保全するにはハンティングができる多様性に富む森を再生し、適正に維持管理することが重要であり、クマタカについても同様のことが言えます。

（２）空間軸の視点
国境を越えて渡りをするサシバの保護活動

　アジアには121種の猛禽類が生息し、内55種が国境を越えて渡りを行います。渡りをする猛禽類の生息には、繁殖地、中継地、越冬地のすべての生態系が重要な役割を果たします。サシバは４月初旬から中旬に琉球列島や台湾・フィリピンから日本に飛来し、春から夏に大発生する小型の生物を糧に繁殖する、豊かで多様な里山を象徴する猛禽です。

　個体数減少の主な原因は里山での水田放棄地の増加といわれていますが、渡りの中継地、越冬地で違法な密猟が横行していることも判明しました。サシバの個体数を沖縄県伊良部島で継続的に調査した結果によると、1973年当時４万羽超であったのが年々減少し、2005年には１万羽に満たず、2006年に絶滅危惧Ⅱ類に指定されました。

　フィリピン・ルソン島北端にあるココヤシ林は、北へ渡る前の重要な採餌場所であり、ねぐら場所でもあったのですが、同時に住民の密猟場所でもあったのです。ここでは、毎年約３万8000羽ものサシバが記録されていますが、何と毎年少なくとも3500〜5000羽が密猟されていることが分かりました。

　2015年、地元の政府機関や大学、NGO等と共同でサシバ密猟根絶プロジェクトを立ち上げ、猛禽類保護の重要性の普及啓発（講演会、ワークショップ、密猟監視、市長、警察への啓発など）、科学的根拠の蓄積（渡りの実態調査、サシバの食性調査）、地域ぐるみのサシバ保護運動の展開（コミュニティでの密猟根絶意識の徹底）、地域経済へ重要な役割を果たしていることの周知（サシバはココヤシの害虫を捕食）、エコツーリズムなどを展開しました。こうした努力が実を結び、2017年３〜４月には密猟ゼロを達成することができました。2018年３月、Sanchez Mira市長の喜びの言葉です。

　「今、私達の市は、他のどの都市よりもサシバにとって安全な市であり、生き物を大切にする優しい市になることを誇りに思うようになったのです」

　サシバ、ハチクマなど渡りを行う猛禽類については、生活史を支える、国境を越えたすべての生態系の総合的な保全管理が不可欠です。これを実現するために大事なことは、アジアのすべての地域での人材育成と国境を越えたネットワークの構築です。

水循環に根ざした東近江市のまちづくり

東近江市森と水政策課 課長補佐 **山口美知子**

▶ *2017.8.26*

東近江市の歴史

　東近江市は東に鈴鹿山脈、西に琵琶湖があり、愛知川が市域の中央を、ま
た日野川が市の南西部を流れています。この両河川の流域には源流の鈴鹿山
脈から丘陵地、平地が拡がり、緑豊かな田園地帯を形成しています。東近江
市は平成17〜18年の1市6町の合併で誕生しました。このため、これまで分
断されていた源流から琵琶湖に至る河口までの流域政策を一体的に考えるこ
とが可能になり、「森と水政策課」の誕生にもつながりました。

　かつて、鈴鹿山脈の麓では豊かな自然資源を背景に縄文文化が興り、また
奈良時代から鎌倉期にかけて石工、鋳造、木造建築、機織りなどの技術者集
団により時代に先駆けた様々なものが作られました。中世には惣村自治が発

東近江市

展しました。江戸期には近江商人が「売り手よし、買い手よし、世間よし」という「三方よし」の理念のもとに行う商いは全国に名をとどろかせました。

このように広い空間軸と長い時間軸の上に今があり、この瞬間も未来をつくることにつながっています。

東近江市の経済環境

東近江市の GDP は5400億円と算定されていますが、市の予算規模は1/10の500億円程度にすぎません。消費やエネルギー代金として市外に流出するお金約1000億円のうち、再生可能エネルギーを含め、地産地消比率を1％上げれば、地域に10億円のフローが生まれます。東近江市には、その背景となる潤沢なストックが長い歴史の中で涵養されてきました。そのストックを「自然資本」、「人的資本」、「人工資本」、「社会関係資本」に分類すると、「社会関係資本」が充実していることがこの地の特徴です。「社会関係資本」のプロジェクトの具体例を紹介します。

菜の花プロジェクトは、食とエネルギーの自立を目指し、専門家や農業者、NPO、行政が連携して資源循環の仕組みを実現します。

「あいとうふくしモール」は、元気な高齢者が農家レストランで働き、24時間の訪問看護ステーション、ショートステイのサービスは地域の安心を支えています。

薪プロジェクトは、ナラ枯れなどで伐採された雑木の薪割り作業を様々な課題を抱える若者たちが進めています。

環境基本計画と「森と水」政策

鈴鹿山脈から琵琶湖岸までを一行政区内に含む特徴を生かして、具体的な政策立案を行うため、2015年に「森と水政策課」を設置しました。おそらくこのような名前の課は全国でも初めてではないかと思われます。環境の保全のみを考えるのではなく、環境と社会・経済を統合的にアプローチし、分断しない地域づくりを目指し、地域の課題解決と地域の活性化を目指します。地域資源の「保全と再生」や地域資源の「賢明な利用」、分野と世代を超えた「交流と学習」、環境と経済と社会を「つなぐ仕組みづくり」の四つの政策を

推進しています。

保全と再生

　かつての愛知川はアユの産地として多くの釣り人でにぎわいましたが、永源寺ダムができてからダムの下流で濁りが目立つようになり、訪れる人は次第に少なくなりました。ビワマスが遡上する愛知川を多くの人に知ってほしいと、関係者が取り組みを始め、ダム管理者が放水を配慮するなど、少しずつ変化が表れ始めました。始まったばかりの難しいテーマですが、流域全体の健全な物質循環と人の暮らしが共存する新しい地域の在り方を模索していきます。

賢明な利用

　市内の森林の70％を占める広葉樹林の資源量調査をもとに、大径材を家具に加工して市役所ロビーや子ども園などで活用を進め、家具加工を市内で実現する取り組みも始めています。鈴鹿山脈には変化に富んだ地形と、生物多

第2次環境基本計画

様性に富んだ生態系があり、この豊かな自然資本の上に積み重ねられてきた、自然と共生する知恵や歴史があります。自然とともに生きることの大切さを知ってもらうためのエコツアー、例えば鈴鹿山脈のピークを10個選定した鈴鹿十座の活用と山村の暮らしを知るツアー、昔の漁法を漁師から子どもたちに教えてもらうツアーなど、ほんの少し前まで当たり前にあった地域の暮らしの一端を体験し、未来を考えるヒントにしたいと考えています。

交流と学習

次世代に森や水に親しんでもらうイベント、すなわち「河辺いきものの森」や、鈴鹿山脈の麓の「愛郷の森」で子どもたちに木登り、薪割り、鳥・昆虫の観察、魚つかみの自然体験、ピザを焼き、イワナの塩焼き、大鍋でキノコ汁を作ったりして、暮らしの中に森や水の恵みが当たり前にあることに感謝し、本物のおいしさを実感してもらいました。

もう一つの大切な取り組みは「里山保育」です。幼稚園児に里山で様々なプログラムを体験してもらいます。生きものに触れ、集めた木の枝で様々なものを創造し、自ら考え行動するようになりました。

つなぐ仕組みづくり

東近江市は環境省が進める「つなげよう、支えよう森里川海」プロジェクトに参加し、鈴鹿山脈から琵琶湖まで一つにつながった町として、生命文明社会の創造を地域で具体化することに貢献したいと考えます。なかでも、自立する経済の仕組みづくりは、様々な地域課題の解決や地域の活性化には欠かせないものです。市民、地元の金融機関、行政が協働して立ち上げる「東近江三方よし基金」が提案され、2016年度にその準備会ができ、一口3000円の寄付には700名を超える賛同者がありました。現在は、公益財団法人化に向けて準備を進めています（2018年に公益財団法人化）。

空き店舗のリノベーション、空き家の拠点整備、再生可能エネルギーの普及促進、森林資源を活用した商品開発、里山保全活動、次世代への環境教育、経営できる農業の推進、若者の就労支援など、地域課題に「温かいお金」が地域で回る仕組みづくりを進めています。

6

陸と海の境界の役割を理解する

砂浜の保全と森里海連環

海の生き物を守る会　代表　**向井　宏**

▶ *2015.11.14*

砂浜の現状

　海は地球表面積の7割を、地球上の水の97%を占めます。陸と接する海岸から1万mを超える深海まで、海は様々な環境を持ち、そこに多様性に富んだ生き物を育んでいます。私たちも含めてすべての命の源は海にあって、海から生まれました。浅い海にも深い海にも生き物は溢れ、広がり、命の海をつくり出してきました。

　その中でも、陸と接する沿岸には、岩盤と風化などによって作られた砂や泥、礫などが交互に織りなす砂浜と岩礁の地形が存在します。そこに生物が棲み込み、サンゴ礁、アマモ場、ガラモ場、水中林などの特異な沿岸生態系が作られています。それらの形成過程において、河川は大きな役割を果たしてきました。

　日本列島は南北に長く、冷温帯から亜熱帯までの気候があります。そして、海の環境を大きく左右する温度は、南から北上する黒潮とそれから分枝した対馬海流の暖流と北から南下する親潮やリマン海流の寒流によって影響を受けています。暖流と寒流がぶつかり、複雑な海流や潮流を形成し、沿岸の環境に大きな多様性を与えています。これによって、日本列島の沿岸は、同じ干潟という生息場所でも、場所によってまったく異なった生物相を持っています。

　干潟、湿地、砂堆、砂州などの地形を形成するのは、主として河川によって運ばれる土砂です。現在、日本の砂浜や干潟は大幅に減少しつつあります。平均して日本全体の砂浜は、毎年3m程度後退し続け、砂浜がなくなってしまった海岸は無数に存在します。そして、海岸には延々とコンクリートブロックが立ち並ぶ異様な風景が日常化してしまいました。護岸やコンクリートブロックや離岸堤など、人工物に囲まれた人工海岸と半自然海岸は、日本の

海岸の過半におよびます。さらに、離島を除いて北海道、本州、四国、九州の四つの島とそれに繋がる島々に話を限定し、岩礁地帯も除くと、砂浜の人工海岸と半自然海岸を除く自然海岸は、わずか10%程度しか残っていないのです。

　国土交通省は、国土保全法などに基づいて、これら海岸の侵食対策として巨額の税金をつぎ込んでいます。砂浜の浸食を止めるために行われている対策は、人工突堤の構築、コンクリートブロックによる離岸堤や潜堤の設置、砂の搬入、サンドリサイクルなどですが、どれも原因を止める対策ではなく、対症療法でしかありません。さらに巨額の税金が費やされているのが実態です。

砂浜の浸食の原因は何か？

　地球温暖化による水位の上昇を原因と考える人もいますが、それは原因のほんの一部でしかありません。本当の原因は、陸上の生態系と沿岸の生態系の相互作用を無視した国土改変が行われてきたことです。

　日本の海の埋め立ては江戸時代から行われてきていますが、戦後の復興期を過ぎて、高度成長時代を目指した頃に最も大規模に行われました。政府は全国総合開発計画いわゆる「全総」を1962年に決定し、関東から東海、近畿、瀬戸内海、九州北部を太平洋ベルト地帯と称して、工業開発計画を推し進めました。主な浅海域は埋め立ての対象となり、海は潰されていきました。そして、埋立地には工場が建ち並び、汚染された水が海へ垂れ流されました。高度成長は日本人の物質的豊かさに寄与したといわれますが、多くの汚染水を垂れ流し、人々の健康を害し、そして海の環境を壊しました。その結果、海の生き物たちは何もいわずに消えていきました。それでも、物質的な欲望を満たしたい日本人は、さらなる欲望を膨らませて、自然を壊し続けています。

　森と海の繋がりは、河川を通した水や栄養塩などの物質と土砂の移動によって結びつけられています。これまで森と海の繋がりはもっぱら水と栄養塩について語られてきましたが、砂の移動も非常に重要な森里海連環の一面です。山から土砂が供給され、河川を通して海に流れてきます。それが漂砂と

して海岸を動き、砂浜や干潟を形成します。

　また、砂州もその過程で作られます。ところが、河川の貯水ダムや砂防ダムを建設したことによって、本来海に供給されるべき土砂がダムや河口堰、港湾の防波堤などの人工構造物によって止められてしまいます。ダムは河川の横断構造物で、水と砂の流れを遮断してしまいます。これが現在起きている砂浜や干潟の浸食の大きな原因です。つまり、森里海連環の断絶が起こっているのです。

巨大防潮堤から考える

　東日本大震災後の復興政策として、三陸海岸に巨大防潮堤が建設されています。この防潮堤は、ほとんど砂浜がある場所に造られます。砂浜のある場所は、海と共に生きる人間が住むために好都合な場所でした。そして、生態学的には陸の生態系と海の生態系という異なったシステムをゆるやかにつなぐエコトーンとしての役割を果たし、生物の多様性が高く、生産性も高い場所です。

巨大防潮堤建設（船本撮影）

　そこに造られる巨大な防潮堤は、東北の海とともに生きる人々の暮らしを押しつぶす結果を招くことになります。さらに深刻なことに、それが防災という名目で、日本全体に拡散しつつあります。本当にこれが人間の生活にプラスに働くのか、それともマイナスに働くのか、もっとすべての日本人が真摯に考えてみる必要があります。日本の海岸からコンクリートブロックをなくし、美しい海岸を取り戻すために、何ができるのでしょうか。

　北海道で環境アセスメントの委員を務めていましたが、国営諫早湾干拓事業の例を引き合いに出すまでもなく、縦割り行政や自然を考えない公共投資の行き着く先に危機感を覚えずにいられません。

「海の生き物を守る会」の設立と活動

　北海道大学を退職して、海の環境と海の生き物を守る活動をしようと考えて、2007年に「海の生き物を守る会」を立ち上げました。最近の人々は、身近に海がなくなったために、海への関心が低くなっています。都会の海はコンクリートに囲まれて水辺に近づくことができません。また、汚れてしまっていて、海水浴もできません。

　海がどのようなものなのか、海がどんなに壊されているのかも、実感する機会がほとんどなくなってしまっています。こんな事情から変えていかないといけないとの思いから、人々を海に連れ出すことから始めました。磯や砂浜や干潟の観察会を行っています。同時に講演会を行い、海の生き物の専門家の講義を聴き、海の生き物に実際に接するようにしてもらっています。

　それでも海への関心を持つ人は多くありません。その無関心が自然を壊す海岸の行政や海の公共事業の一方的なやり方を続けさせているのです。汚染だけが海を殺しているのではありません。海の生き物が生活する場所を奪われていることも理由の一つです。この結果は、人間に恐ろしい未来を約束すると思います。

　今、私たちの生存を助けてくれた海を持つ青い星を救い出すのは、私たちの義務であり、私たちが生き延びる最後のチャンスでもあるのです。

森と海をつなぐ河口域生態系を探る

北海道大学水産科学研究院 教授 笠井 亮秀

► 2015.9.26

はじめに

　沿岸域には河川を通じて陸上から様々な物質が流れ込んでいます。流れ込む有機物の中で最も多いのは、陸上植物由来の有機物です。森林の草木や落ち葉は、鹿などの草食動物やシロアリ、ミミズ、センチュウ、バクテリアなどの微生物によって破砕・分解されます。その一部は陸上生態系に取り込まれますが、残りは河川を通じて最終的には海まで流れ込みます。しかし、あまりに多量に海域に負荷がかかると、有機汚濁や富栄養化を招き、赤潮の発生や水中の酸素濃度が低くなる貧酸素化などが起きたりして、生態系に悪影響を及ぼします。その環境悪化を食い止めているのが、河口域に形成される干潟です。河口干潟には豊かな生態系が築かれています。河川によってもたらされる大量の陸起源有機物は、河口域生態系に取り込まれ、有効利用された後、その一部は食物連鎖を通して系外に除去されます。

　河口域生態系の中でも、近年特に注目されているのが二枚貝による水質浄化です。河口域の二枚貝は、水中の有機物を大量に濾過し、河口域および内湾の水質浄化に大きく貢献していると考えられてきました。しかし、水中の有機物には多様な物質が含まれているため、この二枚貝の水質浄化能力を評価するためには、その食性を明らかにする必要があります。

二枚貝の餌を推定する方法

　実はこれまでアサリやシジミは、海で増殖する植物プランクトンなどを食べていると言われていたものの、その食性はよく分かっていなかったのです。これは、二枚貝の食性を調べるといっても、捕食行動は観察できないし、消化管の中身を観察しても有機物の残骸であるデトライタスが多かったり未消化物が多く残存していたりして、何が含まれているかを特定できないといっ

た難しさが原因でした。しかし、もし二枚貝が植物プランクトンだけを食べているとすれば、陸起源有機物を除去して水質の浄化に役立つという理論は、成り立たなくなってしまいます。

　近年、動物の体内に含まれる炭素や窒素の同位体比は食べた餌の同位体比を反映するという法則に基づき、動物の餌の推定に安定同位体比分析が用いられています。二枚貝が生息する水域に存在する小さなサイズの有機物は陸起源有機物、植物プランクトン、海底に付着している底生微細藻類に大別されますが、これら3種類の有機物の同位体比は、一般に異なっていますので、これらと二枚貝の同位体比を比較することで、二枚貝がどの餌を最も多く消化吸収しているかを推定することができるのです。

二枚貝の餌は何か？

　二枚貝が生息している場所の水中懸濁物の値は、陸起源有機物の値に近いものになっています。これはその水の中には陸起源有機物が多く含まれていることを意味します。一方、アサリの同位体比は、陸起源有機物の同位体比よりも高く、植物プランクトンや底生微細藻類に近い値となっています。同位体比と有機炭素・窒素含量からそれぞれの起源を計算すると、懸濁物には約90％の陸起源有機物が含まれていますが、アサリの餌料源としての貢献度は10％程度と推定されました。つまり、水中には陸起源有機物がたくさん含まれているにもかかわらず、あまりアサリの餌にはなっていないのです。これはアサリが体内に取り込んだ有機物をそのまま消化吸収しているのではなく、その中の植物プランクトンや底生微細藻類を選択していることを示しています。アサリは案外グルメなのだということです。

　これと同様の分析を、アサリよりも低塩分域に生息しているヤマトシジミについても行いました。その結果、ヤマトシジミの同位体比はアサリとは異なり、陸起源有機物に近い値をとっていました。また、同位体比は上流側に生息しているヤマトシジミほど低く、下流側ほど高い傾向を示しました。つまり、上流側に生息しているヤマトシジミにとっては、底生微細藻類や植物プランクトンよりも、陸起源有機物の方が餌として重要なのです。

セルロースの分解過程

　植物プランクトンや底生微細藻類は、陸上植物に比べてタンパク質の含有率も高く分解もしやすいので、動物にとっては非常に栄養価の高い餌料で、生態系の上位へとつながりやすいと考えられます。一方、陸起源有機物は、そのかなりの割合がセルロースで占められています。セルロースは陸上植物の細胞壁を構成する主成分で、地球上、最もバイオマスの大きな炭水化物ですが、非常に分解されにくいという特性を持っています。

　植物は自らの体にセルロースをまとうことにより、容易に動物に食べられることを防いでいると考えることもできます。しかしセルロースの構成成分はブドウ糖なので、一旦分解してしまえば栄養源として利用しやすい物質です。草食動物が草木だけを食べて生きていけるのは、その消化管にセルロースを分解するための特別な酵素であるセルラーゼを持つ原生動物やバクテリアを寄生させているからです。木材を食べることで有名なシロアリも従来はこのような寄生生物のセルラーゼに頼っていると考えられていましたが、1998年にゲノム上に自前のセルラーゼ遺伝子を持っていることが発見されました。その後、葉を食べる様々な昆虫に加え、ミミズやセンチュウなども自前のセルラーゼ遺伝子を持っていることが続々と明らかにされています。

　そこで、陸起源有機物を栄養源として取り込んでいるヤマトシジミが、自前のセルラーゼを持っているかどうかを遺伝的に調べました。すると面白いことに、ヤマトシジミもシロアリのものと非常によく似たセルラーゼを持っていて、その活性も非常に高いことが分かりました。一方、アサリのセルラーゼ活性は微弱でした。これまでは、河川に入り込んだ陸上植物に由来するセルロースは、水底に棲むバクテリアなどの微生物が分解すると考えられてきました。しかし、ヤマトシジミも河口域で、森林におけるシロアリのような役目を果たし、水質浄化に貢献しているのです。

干潟の役割

　安定同位体比を用いたこれまでの研究結果を見ると、海で我々が目にする動物のほとんどは植物プランクトンや底生微細藻類を基礎とする生態系に入っており、陸起源有機物を直接利用できるのはシジミ類やゴカイ類など河口干潟に

生息するごく限られた生物のみです。多くの動物にとってセルロースを多く含む陸起源有機物は、餌として不適なのだと考えられます。森林からもたらされる大量のセルロースは、干潟に生息する動物によって適切に分解されれば、その後植物プランクトンなどに利用された後、生態系の上位につながっていきます。

しかし、干潟が減少している今日では、その多くは未分解のまま海に流れ込んでいます。河川を人体における消化管にたとえると、消化機能が低下したために未分解の栄養分がそのまま排泄されていることになります。その結果、沿岸域は貧酸素化などの環境悪化にさらされ、水産資源ばかりでなく地球環境にも重大な影響が及んでいます。大阪湾で底泥中の有機物の炭素同位体比を測定した結果からも、河口から約10kmまで陸起源有機物の影響が及んでいることがわかっています。これが淀川河口域付近の湾奥の貧酸素化を助長している可能性があります。干潟の再生は、地球という大きな生き物を本来の健康な状態に回復させるための重要なカギを握っているといえます。

最後に

私たち人間は、生態系によって提供される様々な資源とプロセスから直接的・間接的に多くの利益を得ています。このような利益は生態系サービスと呼ばれ、地球上の各地域の大切さを経済的な価値に換算して評価されます。生態系サービスには、食料や水などを生産・提供する供給サービス、気候などを制御・調整する調整サービス、レクレーションなどの精神的・文化的利益を提供する文化サービス、栄養循環や光合成に関する基盤サービス、多様性を維持し台風や津波などの不慮の出来事からの環境を保全する保全サービスがあります。そして驚くべきことに、河口域は、地球上のどの地域よりも高い生態系サービスを提供していると見積もられています。中でも栄養塩循環の価値が高いと試算されており、これは河口域の水質浄化能力が高いことを意味します。

大阪は淀川をはじめとする多くの河川とともに発展してきた大都市です。その河川や水の流れをないがしろにしたら、持続可能な未来は約束されません。大阪にもまだ自然は残されています。是非、自分で足を運び、自分の感覚で自然に親しんで、河川や海とどのように付き合っていけばよいのか、思いを馳せていただきたいと思います。

干潟の機能とその保全

アサリの役割

名城大学大学院総合学術研究科 特任教授　鈴 木 輝 明

► *2016.6.11*

トラフグと干潟

　愛知県の漁業ではアサリはよく知られた存在ですが、トラフグ、シャコ、トリガイなど全国１位の漁獲を誇る水産物もいろいろあるのです。愛知産トラフグは伊勢湾口伊良湖岬沖の水深30ｍ程度の砂礫底で春に産卵し、ふ化した稚魚は伊勢湾を北上し、６月頃には湾最奥の名古屋港内でも数センチの稚魚が多数見られるようになります。湾内で20㎝程度に成長した後、秋以降、水温の低下に伴って湾外（太平洋）に移動し、漁獲されます。

　現在、資源の安定化を図るために人工種苗生産・放流が行われていますが、より放流効果を高めるために放流後の生き残り率が最も高い場所を探索する研究が行われました。種苗生産した稚魚に特殊な標識を付け、遠州灘、熊野灘、伊勢湾内の９カ所から放流して、漁獲への加入を４年間にわたって追跡したところ、中部空港の近くの伊勢湾東部の干潟域に放流した稚魚の回収率は産卵場や漁場に近い遠州灘沿岸や熊野灘沿岸の外海よりもはるかに高いという結果が得られました。この要因は、内湾が豊かな餌場であるためだと考えられます。トラフグに限らず幼稚魚時代や産卵期を湾内の浅場で過ごす種が極めて多いのも、このような豊富な餌生物の存在が一番の理由です。

内湾の豊かさの源

　内湾に餌生物が豊富な要因は次の三つと考えられます。一つ目は、陸域からだけでなく、河川水の流入に起因する海水の密度差より生じる内湾固有の流れによって、外海からも豊富な栄養が常時湾内に供給されることです。二つ目は、干潟・浅場や藻場などの浅い海が発達していることです。これらの海域は十分な光が到達するため植物プランクトンや付着性微細藻類などの基礎生産が高く、酸素が常時豊富なため多くの動物群集の生息が可能になるこ

とから、栄養塩の回転速度が速く、常時高い生物生産が維持されます。三つ目は、湾口が狭いことによりこれら豊富な栄養塩類や魚介類の餌となるプランクトン類が外海に逸散せず湾内に貯留されることです。湾口が狭いという地形的特徴は、栄養塩類やプランクトン類が生息困難な外洋域に流出してしまう割合が低いことで、生物生産の面では長所以外の何ものでもありません。湾口が広いと、透明度は高く、CODなどの水質項目は低い状態に保たれますが、餌が少なく生物が生息しない場所になってしまいます。

　全国のアサリ資源が激減している中で、愛知県、特に三河湾は現在日本一のアサリ漁獲量を誇っています。アサリは一つの典型例ですが、伊勢・三河湾の水産資源にとって湾口が狭いことは、非常に都合の良いことなのです。

赤潮の発生の原因を明確にする

　夏季の植物プランクトン量の支配要因（平たく言えば赤潮はなぜ出るのか？）に関する研究が三河湾で行われたことがあります。その結果、陸域や湾口底層からの豊富な栄養塩供給により、潜在的には常に赤潮になりうる高い植物プランクトンの生産があるのですが、それらを摂食する動物プランクトン、イワシなどの魚類、二枚貝などの底生生物によって生産されると同時に消費され、結果として現存する植物プランクトン量は常時低い水準に押さえられているという機構が明らかにされました。赤潮になるか、ならないかは、植物プランクトンにかかる様々な動物群集の摂食圧の強弱によっているという事実です。

　すなわち、夏季の赤潮発生や、その後に起こる貧酸素化の拡大は、従来、河川や事業所からの多量の栄養塩類の流入による富栄養化に起因していると考えられてきましたが、この海では、真の原因はそれらを摂食するアサリなどの動物群集が著しく減少して生態系のバランスが崩れたことによるものなのです。

生態系の破壊の末路

　三河湾では1970〜1980年頃の間に、中部国際空港の2倍程度の面積、約1200haの埋め立てが行われ、干潟が失われました。その時期から赤潮発生や

魚介類に深刻な打撃を与える貧酸素化が拡大するようになりました。

　干潟の浄化機能を調べるために次のような分かりやすい実験をしてみました。人工的に培養した植物プランクトンの入った二つのビーカーを用意し、一つにはアサリを4粒入れ、もう一つは何も入れません。このビーカーを干潮から満潮までの時間に相当する6時間放置しておくと、アサリが入ったビーカーでは植物プランクトンによる濁りが消えて水が浄化されることが確認できました。

　三河湾の実際の干潟にチャンバーをあちこちに設置して、その中の水質の変化を測る実験において、1日に干潟1㎡で3.4〜3.5tの水がろ過されることが分かっています。

　水産試験場が行った過去の干潟の観測結果から計算すると、1200haの干潟では毎秒500〜1700tの水をろ過する機能がなくなったことになります。一方、三河湾の夏場の湾口で毎秒1200〜2600tぐらいの海水が交換されていることが測定されています。

　つまり、これらのことを一言で表現すると、1200haの干潟を埋め立て、そこの二枚貝を失ったことは、三河湾の湾口を閉じたことと同じ効果になるということです。

　また、アサリの稚貝は三河湾の特定の場所で発生して湾内全体に拡散していることが分かっています。アサリの幼生は、孵化後2週間程度は海水中を浮遊し、拡散していきます。アサリの幼生の発生場所が埋め立てられるとアサリ浮遊幼生の供給ネットワークが壊れ、湾内全体へのダメージが大きくなるのですが、幸い、三河湾では、そうしたアサリの幼生の発生場所が比較的多かったことに加え、干潟や浅瀬が残っていることで、生態系への壊滅的な影響を免れてきたのです。

干潟・浅瀬の造成

　陸域から流れ込む流入負荷としての窒素、リン、CODは水質総量規制によって大きく減っていますが、貧酸素化は縮小しないどころか拡大しています。この現象は、貧酸素化が富栄養化というよりは動物群集による植物プランクトンの消費が大きく減少したことによって、植物プランクトンの増殖が上回

蒲郡・竹島潮干狩り場（船本撮影）

るという事態が常態化し生態系のバランス
が壊れたからと解釈すべきです。つまり、
三河湾では埋め立てによる干潟域の消失が、
その場の水質浄化機能をなくすと同時に、
三河湾全体の浮遊幼生を供給する能力を無
くしました。これが三河湾の赤潮・貧酸素
化の主要因で、対策としては流入負荷の削減の見直しをすることと、生態系
の修復を優先させる必要があります。干潟・浅瀬をこれ以上潰さず、積極的
に造成することが必要なのです。

　1996年頃に沿岸漁業にかなりの危機感を持った全国の漁業者や漁業組合連
合会は、国や県、関係諸団体に対して、「漁業の強化」などを要望するのが一
般的でしたが、愛知県では「干潟・浅場の造成について」と題して提案書を
出しています。空港の建設などは費用対効果が説明しやすいですが、干潟・
浅場造成の提案に対するそれは見えにくかったため、当初は相手にされませ

んでした。時間の経過とともに、世代を超えてまでも持続的な効果があることが理解され、1998〜2004年に600haの干潟・浅瀬の造成が実施されました。これが実現した背景には、三河湾口に位置する中山水道航路の増深事業によって発生する良質な砂を使うことができたことがありました。

　これにより三河湾の各所で干潟・浅場の造成が行われ、それに合わせ漁業者による稚貝の移植放流も行われるようになりました。その結果、全国的にアサリの漁獲量が減少する中で、三河湾のアサリ出荷量は、全国の60％を占めるにまで増加しました。

内湾環境の修復に向けて

　陸域からの流入負荷動向にのみ注目し、内湾生態系の基本的構造や干潟・浅場といった極浅海域の生態系機能を過小評価してきたことが現在の貧酸素化の主因です。干潟を造成するには良質な砂が必要になります。河川が上流から海に運んでいた良質の砂が、ダムによってせき止められてしまっています。この砂を干潟・浅場の造成に使用できる工夫が必要です。豊かな海を実現するためには流入負荷管理や極浅海域の保全・修復について、縦割りを超えた真摯な論議と統一的行動が必須であり、そのために関係部局によってまちまちな沿岸域管理の目標や方針も再整理する時期なのです。

　最近の大学の水産研究・教育は、養殖技術などによる水産資源の確保や、そのための餌づくりなどの研究に偏っている傾向があります。そのことより大自然の正常な営みに着目して保全・再生することの方がより生産的です。いろいろな場面で、意見を戦わせるためには理論武装が必要です。そのためには、本来の生態学を若者に教育する必要があります。生態学は、生き物が生まれて、一生を終える過程の中で、どのような環境が必要なのか、それがどのように成り立っているのか、それを踏まえて現在の海はどのようになっているかなどを教えていかねばならないのではないかと思います。

干潟の小さな生き物たちの大きな役割

鹿児島大学学術研究院理工学域理学系 教授 **佐 藤 正 典**

▶ *2018.7.14*

干潟とは

干潟は陸と海の中間に位置しており、潮の満ち干（潮汐）により環境が大きく変化します。潮が引くと陸の一部となり、平坦な砂や泥の原っぱが出現します。そこにはエビ、カニ、貝、ゴカイなど多くの底生動物が棲んでいます。これらの多くは、比較的小型で、普段は砂や泥の中に潜っているのであまり目立ちませんが、干潟の生態系を維持し、沿岸漁業を支える大変重要な役割を果しています。

干潟は、海の中で最も生産力の高い場所の一つです。生態系の食物連鎖の土台となる光合成を行う底生微小藻類、海藻類、海草類などの生産者が干潟表面で太陽エネルギーをいっぱい受け取ることができます。

縄文時代から干潟は、貝類などを得る、とても大切な食料確保の場でした。干潟は、陸から流れこんだ豊富な栄養を吸収するフィルターの役割も果たしています。閉鎖的な湾で栄養がそのまま海に流れ込むと栄養過多になり、赤潮が発生して海底の酸素不足を引き起こす富栄養化状態になりますが、干潟はこれを防ぐ自然の浄化の場なのです。

有明海の干潟

日本は、瀬戸内海、東京湾、有明海などの大きな内湾や内海に恵まれていますが、内湾の多くの干潟が埋め立てられました。干潟が一番多く残っているのが有明海で、日本の全干潟面積の40％を占めます。有明海は干満差が日本一大きく、最大で約6ｍもあります。筑後川などから流れ込んだ泥と砂は強い潮の流れによってよく分離します。砂は河口近くに堆積し、泥は水中に容易に巻き上がり、上げ潮時の強い潮流によって湾の奥部に向かって運ばれます。引き潮時の潮流が比較的緩やかなために、湾奥部で泥が堆積し、そこ

に泥干潟が形成されます。有明海には泥と砂両方の干潟がよく残っています。

　有明海奥部では、大きな干満差による海水の攪拌作用で、泥の粒子が絶えず巻き上げられ、海水は強く濁っています。これを有明海の漁師は「きれいに濁っている」と言いました。それが本来の泥干潟の姿です。

　泥干潟の泥の粒子は栄養塩を多く吸着し、これが潮に巻き上げられることで、海水が強く濁ります。潮が引いた干潟は太陽エネルギーを吸収する天然のソーラーパネルです。1mm以下のミクロの底生珪藻が太陽光を受け光合成し、爆発的に増え「ミクロの大草原」になります。

　底生珪藻は、満潮時には泥の粒子とともに水中に巻き上がり、干潮時には粘液を分泌し滑るように自分で動いて表面に這い出て光合成をします。様々な動物の食物になり、干潮時にはムツゴロウやカニが食べ、満潮時には二枚貝などが海水をエラでろ過して、他の水中の有機物と一緒にこしとって食べます。

干潟の生き物

　ムツゴロウは底生珪藻を食べるハゼ科の魚で、1m四方に満たない縄張りの中で、体長10cm以上のムツゴロウが生きていけるのは、泥干潟の生産性が高いからです。干潮時に干潟の上で活動するムツゴロウに針をかけて捕るムツカケ漁は、江戸時代からの伝統漁法です。

　有明海の熊本寄りには広大な砂干潟があり、そこでは大きさ5mm程度の砂団子が一面に広がっています。これはコメツキガニやハクセンシオマネキなどが干潮時に砂の表面をすくい取って口に入れ、栄養分以外の砂粒を丸めて吐き出したものです。潮が引いた時にはムツゴロウやカニが活動し、それを鳥などが食べます。潮が満ちると、ムツゴロウとカニは巣穴に潜って休み、シオフキ、マテガイ、ハマグリなどの二枚貝が活動を始め、水中に巻き上がった有機物をろ過して栄養分を摂ります。アサリ1個体は1時間に約1ℓの水をろ過します。食べきれない餌は粘液で丸めて吐き出し沈殿させ、これをゴカイなどが食べます。

　干潟の一番陸に近い部分には、潮がかかっても枯れないヨシなどの塩生植物が生育しています。ここにも大きな水質浄化能力があります。この根もと

に貝やゴカイが生息しますが、こういうところは真っ先に埋め立てられ、有明海でも次第に減ってきています。

　陸の落ち葉や動物の排泄物などが分解されながら干潟に流入します。その栄養が干潟の生態系に取り込まれ、食物連鎖によって、最後は鳥のような大きな動物に食べられます。シベリアやオーストラリアから飛来する何万羽もの渡り鳥にとって、日本の干潟は重要な採食場です。

国営諫早湾干拓事業の問題

　諫早湾干拓事業の問題は、有明海だけではなく、日本全体の事柄です。諫早湾の泥干潟は1997年に堤防で閉め切られました。干上がった干潟からは大量のハイガイの死骸が見つかりました。ハイガイの殻は日本中の貝塚で見つかり、日本人が昔から日常的に食べていたことが分かります。現在では、その分布は有明海奥部にほぼ限られています。

　諫早湾を潮受け堤防で閉め切り、干潟をなくしたことが漁業被害をもたらしたとして、漁業者と国・長崎県との間で大きな争点になっています。干潟の持つ機能を考慮すれば、この事業が有明海全体に相当な悪影響をもたらすことは予想できました。しかもここには絶滅の危機に瀕した干潟生物が多く生き残っていました。生物学の研究者組織は、早い時点から事業の中止や中断、諫早湾の原状復帰、あるいは長期開門調査などを求める要望書を国や地元自治体に繰り返し提出してきましたが、ことごとく無視されてきた経緯があります。

　国営諫早湾干拓事業を巡り、潮受け堤防排水門の開門を強制しないよう国が漁業者に求めた請求異議訴訟の控訴審で、福岡高裁（西井和徒裁判長）は2018年7月30日、国の請求を認め、2014年1月の1審・佐賀地裁判決を取り消し、国に開門を命じた福岡高裁判決（10年確定）を事実上無効化する逆転判決を言い渡しました。確定判決に従わない国の姿勢を容認する異例の判断でした（その後、最高裁が2019年にこの判決を破棄し、福岡高裁に審理を差し戻しました）。

　諫早湾の問題は、国の無謀な事業が生み出したものです。長年の裁判で干拓事業の是非が論じられている最中に、国は強引に事業を進め、「水門開放」

の判決が確定した時には広大な干潟が農地に変わり、長崎県がその造成地を買い取り、入植者を募って営農が始まりました。漁業被害を放置したまま強引に農民を入植させ、「漁民と農民の対立」を作ったのは農水省と長崎県です。

　諫早湾干拓の当初の目的は優良な農地をつくるということでしたが、高潮を防ぐという防災目的が加えられ、最初反対していた漁師もだまらざるを得なかった経緯があります。防災という名目で巨大な潮受け堤防を海中につくることは、長期的にみて子孫の世代に大きな災いをもたらします。一つは大切な干潟をなくす環境破壊であり、もう一つは将来起こりうる大地震に伴う津波の被害です。海面下に作った低い土地である干拓地を維持するためには、長大な潮受け堤防を長年にわたって改修し続けなければなりませんが、その堤防のある場所の地盤は軟弱な粘土層が30mも堆積している海の中であり、一度大地震が起これば、津波や地盤の液状化に耐えることはできないと考えられます。

　韓国の順天湾では、諫早湾とほぼ同じ規模の干潟を保全し、環境教育の場として活用しています。そこでは干潟がなだらかな自然の堤防になっているので、コンクリートの大きな堤防は見あたりません。人間が一歩下がって、干潟を維持することが、自然環境と豊かな漁業を守ることになり、それが結局は長期的に子孫の安全を守る「真の防災」なのです。

ゴカイの研究から見えたこと

　日本の汽水域の干潟で最も普通に見られるカワゴカイ属の種は、従来単一種と考えられていましたが、最近の研究で、形態的によく似た3種が含まれることが分かりました。このうち2種は、日本に広く分布しますが、泥干潟に限って生息しているアリアケカワゴカイは現在、日本の有明海奥部と韓国の西海岸にしか分布していません。日本とヨーロッパの博物館に運良く保管されていた昔の日本の生物標本を調べた結果、このアリアケカワゴカイは、約50年前までは瀬戸内海、伊勢湾、三河湾などにも生息していたことが明らかになりました。このゴカイは、日本中の内湾で近年絶滅したのです。それが有明海の奥部にかろうじて生き残っているのです。その「最後の砦」を何とか守らないといけません。

湧き水が沿岸生態系を支える

福井県立大学海洋生物資源学部 教授 **富 永 　修**

▶ *2015.8.22*

地下水とは

　海洋の研究者は陸と海をつなぐ水というと、これまでは河川水のみを考え、地下水を思い浮かべる人はわずかでした。山（森）で涵養された雨水や雪は地層の空隙や岩石の割れ目を通って、途中に里地で湧出したり、井戸水として利用されたりしますが、大半は海に流出します。陸域から海域へ「見えない水」である地下水を通じて栄養が供給されているのです。

　地球上の水は海水が約97％を占めており、私達が普段利用している陸水はわずか３％に過ぎません。そして、陸水の中で最も多いのは氷河で、これらのほとんどは極地にあるため、人間はほとんど利用することができません。その次に多いのが地下水で、約820万 km³の貯留量があると推定されています。陸上の水といえば、河川水や湖沼を思い浮かべますが、貯留量としては地下水の３％程度にすぎません。地下水が他の陸水と異なるのは、その寿命が非常に長いという点です。寿命とは滞留時間のことで、雨が地中に浸透し湧出するまでの時間のことをいいます。地下水の平均の滞留時間は約600年です。オーストラリアには110万年という気の遠くなるような年齢の水が存在しているそうです（日本地下水学会・井田、2009）。このような水は、もはや石油などと同じ非更新的な資源といえるかもしれません。

　地下水には、地表面から最初の難透水層の上にある帯水層に飽和している不圧地下水と、二つの難透水層の間に溜まっている被圧地下水があります。住民が飲料水などによく利用している浅井戸から汲みだされる水は不圧地下水です。被圧地下水まで掘り抜くと一般的に地上まで地下水が吹き上げられ湧水となります。これは、水を詰めた風船に針で穴をあけると水が噴き出すのと同じ原理です。

地下水による陸域と海域のつながり

　先にお話ししたように地下水は長い時間地質中に滞留するため、栄養が蓄積されていきます。富山湾は海底から地下水が湧き出る海底湧水で有名ですが、河川総流量の30％弱にあたる大量の淡水が海底から湧出している可能性があります。海底湧水は海底層に蓄積している栄養塩も加わることで、さらに栄養を付加する効果が大きくなります。そのため、河川水と比較してリンでは同等、窒素は1.3倍量が海底湧水により富山湾に供給されているという試算もあります。

　2011年5月に福井県小浜湾の水深16mの海底付近で、塩分が低下し、植物プランクトン量の指標となるクロロフィル濃度がピークを示す現象を観察しました。海底付近で塩分が低下するということは普通では考えられないことから、淡水が湧き出ているのではないかと考え、海底湧水調査を開始しました。

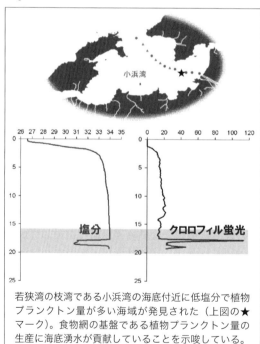

若狭湾の枝湾である小浜湾の海底付近に低塩分で植物プランクトン量が多い海域が発見された（上図の★マーク）。食物網の基盤である植物プランクトン量の生産に海底湧水が貢献していることを示唆している。

地下水の寄与

　さらに2012年には、浅海域での調査も始め、地下水に多く含まれる放射性同位元素のラドンを計測することで小浜湾内での湧水環境を調べています。海底湧水が水産資源の生物生産にどの程度寄与しているかを調べた例はほとんどありません。山形県遊佐町は岩ガキで有名ですが、その大きさと味は鳥海山の湧水によって育まれていると考えられています。このことは科学的に証明されているわけではありませんが、もし湧水が海の生物生産に貢献して

いるのであれば、海底湧水を利用した養殖に繋げることも可能です。植物プランクトンは食物連鎖の基盤になるものですが、小浜湾でみられた植物プランクトン量のピークが海底湧水と関連しているのであれば、上位の消費者にも寄与していることが考えられます。地下水が水産資源の生産に寄与しているかどうかという課題に対する解答を是非見つけたいと考えています。

　福井県の若狭地域は水の国と言われるほど水が豊かで、奈良時代から、お水送り・お水取りの儀式が続いており、小浜と奈良が地下水脈で繋がっているとの説があります。福井県小浜市は、北川と南川が貫流する沖積低地である小浜平野がひろがっています。その海岸沿いには、自噴の湧水場が多数存在し、豊かな水環境のシンボルとなっています。平成の名水百選に選ばれた福井県小浜市の雲城水は、船溜まりのすぐ横にある自噴井戸です。海岸のすぐ近くでも地下水に海水が混じらないということは、豊富な地下水量によって地下水脈の被圧が高いため、海底からの海水浸入が抑えられていることが考えられます。毎日多くの市民や観光客がここでペットボトルやポリタンクに水を汲んでいきます。

　小浜市の地下水は上水道 1 万㎥/日、融雪用 4 万㎥/日が利用されています。使用し過ぎると塩水化や海への栄養塩供給が減るため、地下水保全の重要性の再認識が必要です。小浜市では食のまちづくり条例の制定や水道ビジョンを策定し、市として地下水の有効活用の方向性を示しています。

　熊本市地下水調査では、水田の水張りが地下水の補給に繋がり、水田が涵養地となっているところが多いことが判明しています。また、愛媛県西条市地下水調査では、涵養域は中山川・加茂川ですが、河川流量の確保が地下水の保全に繋がるとしています。市民参加型の調査などを通して地下水保全の大切さを認識していただくことの啓発に繋がっています。

食を支える見えない水の力

　水の硬度は、水中のカルシウム塩とマグネシウム塩の濃度を炭酸カルシウムに換算した値で、日本は軟水が中心です。和食には軟水が必要で、これが日本の食文化に繋がっているのです。軟水は煮干しや野菜のような素材をベースにしたスープに、硬水は豚骨など肉系の素材をベースにしたスープに適

しています。

地下水と生物多様性との関係

　地下水は生物の多様性の確保にも貢献しています。福井県大野市にある本
願清水は、淡水型イトヨ（トゲウオの仲間）生息地の南限地として国の天然記
念物に指定されました。これは湧水のおかげで夏場でもイトヨの生息限界水
温である20℃以上にならないためです。また、北川の支流である中川では、
河床を２m掘り下げた河川改修の結果、湧水が流れ込み、夏季に近くを流れ
る北川よりも13℃近く水温が低い場所が現れました。その結果、冷水性のヤ
マメやスナヤツメといった魚が観察されるようになっています。さらに、三
方湖でも湧水が流れ込む湖畔では冬季の水温が湖内に比べて７℃ほど高くな
り、多くの魚の越冬場を作りだしていることがわかりました。このように、
山で涵養された地下水が里地の生物多様性に貢献していることも理解してい
ただければと思います。

7

海の生物への理解を深める

海の基礎生産

鉄の果たす役割

県立広島大学生命環境学部 准教授　**内藤佳奈子**

► *2017.10.28*

私の研究テーマ

　現在、私は「水圏環境における生物地球化学的な循環に関する研究」を進めています。海域における植物プランクトンの増殖機構の解明はその研究の一つです。本稿では、海の基礎生産に対する鉄（Fe）の役割を中心に、その利用形態に関する研究成果について紹介します。

植物プランクトンとは

　プランクトンとは浮遊生物を指す言葉で水中を漂って生活しており、小さなミジンコやエチゼンクラゲのような大きな生き物も含まれます。その最も微小なものは植物プランクトン（陸上の植物と同じように光合成を行う）であり、大きさは1mmより小さく、珪藻類、緑藻類、藍藻類などがあります。このプランクトンは世界では数万種が知られており、珪藻類だけでも2万種以上あります。その生態や生活史は多種多様で、どのような性質を持ったプランクトンなのか、その見極めはかなり大変です。この微小な植物プランクトンは海の基礎生産者として、物質循環の出発点になるという重要な役割を果たしています。

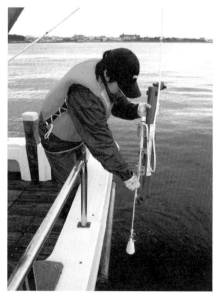

ニスキンX採水器での海水採取（神戸大学マリンサイト調査実習船「おのころ」）

食物連鎖と基礎生産

　植物プランクトンは動物プランクトンに摂取され、これを小型の魚が食べ、さらに大きな魚が食べます。この食物連鎖の底辺で支えているのが植物プランクトンです。つまり、植物プランクトンは、海の命を支える「基礎」の部分となるものです。また、光合成によって無機物から有機物を作ることから「生産」するという見方もできます。つまり基礎の生産であることから、この植物プランクトンの増える力を基礎生産力といいます。

植物プランクトンの栄養要求

　植物プランクトンの増殖には窒素、リン、ケイ素などの栄養塩類が必要であることは広く知られていますが、それに加えて鉄、亜鉛、マンガンなどの金属も極微量ですが必要となります。特に、鉄の欠乏は環境水中ではその増殖を制限する因子となっていることがわかってきました。

　一例を挙げると、鉄（溶存鉄）による渦鞭毛藻 *Heterocapsa circularisquama* の増殖実験では、塩化鉄(III)を 0、50、100、200、2000nM の 5 段階濃度で与えたとき、鉄濃度に応じて増殖量が変化し、窒素やリンが十分量存在しても鉄を添加しないと増殖しませんでした。鉄は、窒素同化や呼吸代謝などに不可欠なものなのです。

高栄養塩-低クロロフィル(HNLC)海域

　アメリカの科学者マーチンは栄養塩類（窒素やリン）が多いのにもかかわらず植物プランクトン量が少ない海域（HNLC 海域）では、鉄の欠乏が植物プランクトンの増殖量を制限しているのではないかと考えました。そして、1980年代に HNLC 海域で採取した海水を用いて鉄を添加する室内培養実験を行ったところ、顕著な植物プランクトンの増殖をもたらすことを確認しました。このことから、彼は HNLC 海域への鉄の供給量（おもに大気経由）の多少が植物プランクトンの生産量を左右し、それが大気中の二酸化炭素分圧に影響を与え、地球規模の気候変動をもたらすという、いわゆる鉄仮説を提唱したのです。

　鉄欠乏の根拠をより確かなものにするため、1993年以降、HNLC 実海域へ

の鉄散布実験が実施されました。そのうち、日本の研究者が中心となって実施した北太平洋亜寒帯域での鉄散布実験では、鉄を与えることによって珪藻を中心とした植物プランクトンが増え、その光合成作用により大気中の二酸化炭素濃度が減少する結果が得られています。現在では、海域での形態別の鉄分析法の開発が進展し、HNLC 海域における海水中の鉄の分布や供給過程について明らかにされつつあります。

植物プランクトンの鉄取り込み

　海水中での鉄の存在形態はサイズにより、①溶存態、②コロイド態、③粒子態の三つに大きく分類できます。一般に植物プランクトンは溶存態の無機鉄を利用していると考えられますが、鉄に関しては環境中ではその濃度は極めて低く（鉄は酸化して不溶性の鉄になりやすい）、海水中の溶存態の無機鉄の不足を補うための鉄の取り込み手段として、粒子態鉄および有機鉄の利用も視野に入れる必要があります。その解明のために私たちのグループが開発した人工の合成培地を用いて各種の存在形態の鉄を添加した培養実験を行った結果、植物プランクトンの種類によっては粒子態鉄や有機鉄も利用していることが解ってきました。海水中の鉄は有機配位子と結合して安定化し、その滞留時間が長くなると考えられます。有機配位子の実態は未だに明らかになっていませんが、陸上から河川を通して供給される腐植物質や微生物が産生するシデロホアなどの可能性が考えられます。また、海水中の鉄は光や微生物の活動によって $Fe(II)$ としても存在します。海水中の $Fe(II)$ の挙動についても注目しながら、植物プランクトンによる鉄取り込みメカニズムを解明していきたいと思います。

沿岸域再生の取り組み

　海域再生の取り組みとして、植物プランクトンの増殖に必要な鉄を供給するために開発された鉄溶出施肥材（キレートマリン）を利用して、広島湾と有明海で環境改善効果を調べました。このキレートマリンは、キレート剤（有機配位子）としてクエン酸を用いて鉄と竹炭を混合した施肥材です。持続的に環境水中に溶存態鉄を供給することから、干潟上の底生微細藻類の増殖を

促し、鉄を要求する微生物の増殖や活性を高めて堆積した有機物を分解し、干潟環境の改善とアサリの食物環境を改善することを狙って行った施肥実験です。

　これまでの実証実験結果からアサリの収穫量の増加やヘドロの減少など干潟環境の再生が確認されています。また現場海水を用いたキレートマリン添加ボトル実験からは、植物プランクトン増殖の有意な促進効果が確認されました。海水中の珪藻類の細胞密度を高める傾向が認められ、とくに羽状目珪藻を卓越させることが明らかとなりました。このことから、キレートマリンは、珪藻類の栄養元素供給源として沿岸域の基礎生産力を高めることができると思われます。今後は適用する環境水域の状況を十分に把握した上で、キレートマリンを散布することにより、沿岸海域の環境改善に貢献できると期待されます。

　植物プランクトンは世界の陸水域、汽水域、海水域に広く分布する水界の基礎生産を担い、私たちの食卓に上る魚介類を生み出す基盤となっている非常に重要な存在です。一方、人間活動の影響により海域に人為的な過剰の栄養塩類が負荷されると赤潮を形成し、漁業や養殖業に甚大な被害をもたらします。植物プランクトンの増殖のメカニズムを解明することは、私たちの身近な暮らしや地球環境の保全にも関わる基本的な課題と考え、今後もこの分野の発展に貢献できればと願っています。

海の森
海藻群落の生態と磯焼け

鹿児島大学水産学部 助教 **遠藤　光**

▶ *2018.10.13*

藻類・海藻・海草の違い

　藻類、海藻、海草という言葉は、混同されることが多いのですが、意味が大きく異なります。まず、藻類とは、光合成生物（広義の植物）のうち（狭義の）植物を定義する器官（根、茎、葉、花）を持たない生物と定義されています。また、藻類は、微細藻類（植物プランクトンなど）と、大型藻類に分けられ、大型藻類のうち海産の生物を海藻と呼びます。海藻は褐藻、紅藻、緑藻という三つの分類群から構成されます。一方、海草とは陸から海に帰化した植物のことであり、「うみくさ」と呼んで海藻と区別しています。

海藻の重要性

　海藻はまず重要な食料です。褐藻のコンブ類、ワカメ、ヒジキ、モズク類、紅藻のアマノリ類（海苔の原料）、テングサ類・オゴノリ類（寒天の原料）、緑藻のアオサ類（青のりの原料）、ヒトエグサ（青さのり）、クビレズタ（海ぶどう）などの海藻は、日本・中国・韓国では古くから食用とされており、近年は欧米でも健康食品として注目されています。さらに、餌料、肥料、化学成分（保湿成分のアルギン酸など）の原料としての需要も高まり、海藻の養殖生産量は世界的に増加しています。

　また、海藻は沿岸域において光合成を行い、有機物と酸素を生産する一次生産者としても重要です。海藻が優占する沿岸域の面積は植物プランクトンが優占する外洋域に比べて非常に狭いですが、その生産力（単位面積当たりの有機物生産量）は植物プランクトンよりも高いことが知られています。特に、コンブ目（マコンブやアラメなど）・ヒバマタ目（ホンダワラ属ヒジキなど）褐藻は生産力が高く、岩礁域に藻場を形成してメバルなどの棲み場、サヨリ、アオリイカなどの産卵場として機能し、岩礁域から脱落した藻体はブリ、マ

アジなどの稚魚の育成場になるため水産業にとっても非常に重要です。

なお、藻場には、⑴岩礁域にコンブ目のコンブ属褐藻が優占するコンブ場、⑵コンブ目アラメ・カジメが優占するアラメ・カジメ場、⑶ヒバマタ目のホンダワラ科褐藻が優占するガラモ場の他、⑷砂泥底に海草のアマモが優占するアマモ場も含まれますが、以降、藻場は⑴〜⑶のコンブ目・ヒバマタ目褐藻群落を示す言葉として使用します。

磯焼けの発生と持続

コンブ目やヒバマタ目褐藻の藻場が何らかの原因により著しく縮小すると、藻場に生活を依存する魚介類がいなくなり、漁業生産は減少してしまいます。これが「磯焼け」です。磯焼けの発生要因としては、高水温・貧栄養な海況条件と、ウニ類・植食性魚類の摂食活動、人間活動による要因（水質汚濁や海藻の過剰な収穫）が挙げられます。

海域別にみると、寒温帯（北緯約40度以北、東北地方以北）における磯焼け発生要因としては、高密度化したウニ類の破壊的な摂食活動が特に重要です。ウニ類が過去に高密度化した原因としては、ウニ類を捕食するラッコ、ロブスター、魚類が乱獲によって減少したことや、水温などの変化によってウニ類の幼生期の生残率が上昇し、大量加入が生じたことが挙げられています。また、宮城県北部沿岸の複数の地点では、2011年3月の東日本大震災の直後にキタムラサキウニが大量加入し、その摂食活動によってアラメの藻場が著しく縮小しました。震災後にウニが大量加入した原因は不明ですが、ウニの捕食者が津波によって流出した結果ではないかと推察されています。

一方、暖温帯（北緯40度以南）における磯焼け発生要因としては、高水温・貧栄養な海況条件と、植食性魚類（海藻を食べる魚類）の摂食活動が重要です。アメリカのカリフォルニア沿岸では、エル・ニーニョ現象によって例年より高水温・貧栄養な海況条件になるとコンブ目褐藻オオウキモ（ジャイアント・ケルプ）の藻場が縮小することが古くから知られています。また、近年の海洋温暖化が顕著なオーストラリア南東部などでは、高水温とそれに伴う植食性魚類の摂食活動の活発化が相まって藻場の縮小を促進していると考えられています。海洋温暖化が顕著な南日本においても、植食性魚類アイゴ、ノトイ

スズミ、ブダイなどの摂食活動が夏～冬に顕著に認められること、アラメ・カジメが多くの地点から消失したこと、それに伴ってアワビ類の漁獲量が減少したこと、残存しているホンダワラ属褐藻（ヒジキなど）も夏～冬の成長が抑制されていることが報告されています。

　磯焼けは一度発生するとその状態がしばらく持続することが知られています。磯焼けが発生した場所は生産力が低いため、海外では荒地（Barren ground）と呼ばれています。北日本の荒地では「無節サンゴモ」という石灰質で赤～ピンク～白色の紅藻がしばしば岩の表面を覆います。無節サンゴモはジブロモメタンという物質を海中に放出しており、この物質はウニ類の浮遊幼生（海中を漂っている）が海底生活に移行（着底・変態）を促進するため、荒地はウニ類の棲み場となります。このウニ類は新しく生えてきた海藻の芽を食べてしまうため、磯焼けの持続要因となります。

　一方、南日本の荒地では、無節サンゴモが覆っているとは限りませんが、ウニ類が多い点では北日本と類似しています。南日本における磯焼けの持続要因としては、ウニ類だけでなく植食性魚類の摂食活動も関わっているようです。

藻場の回復と磯焼け対策

　一方、磯焼けが発生した後、自然に藻場へと回復することもあります。寒温帯に位置するカナダのノヴァ・スコシア沿岸では、高密度化したウニ類の摂食活動によってコンブ目褐藻の藻場が縮小した後、荒地が持続しましたが、食物となる海藻が不足して栄養状態が悪くなったウニ類が病気によって大量に死亡した結果、藻場が回復したことが知られています。一方、暖温帯のカリフォルニア沿岸では、ラ・ニーニャ現象によって例年よりも低水温・富栄養な海況条件になった結果、オオウキモの加入が促進され、藻場が回復したことが報告されています。

　これらを踏まえると、磯焼け発生・持続要因を人為的に取り除くことができれば、荒地にも藻場が再生されるはずです。これまで、日本における磯焼け対策事業としては、ウニ類の駆除、藻場の網囲い、栄養添加、海藻の生殖細胞の供給などが行われてきました。

　ウニ類の駆除は、磯焼け発生・持続要因がウニ類のみである場合には非常に有効で、多くの成功例があります。しかし、駆除には多大な労力と時間がかかるため、駆除を促進するためにはそれが利益につながる仕組みが必要です。一方、荒地のウニは可食部である生殖巣の量が少なく、色も味も良くないことが知られていましたが、最近、そのウニの生殖巣の量と品質を短期間で改善する養殖技術が開発されました。この技術開発によってウニの駆除・利用が促進され、結果として藻場の再生も促進されることが期待されます。

　一方、植食性魚類の摂食活動に対する対策としては、藻場を網で囲うことが有効のようですが、広域への適用は困難であり、網を外した途端に摂食しつくされることもあります。植食性魚類でも漁獲・利用を促進するのが有効かもしれませんが、植食性魚類は一般に磯臭いこともあり、利用されていない地域が多いようです。植食性魚類の磯臭さを抑制した上で付加価値をつける方法が分かれば、漁獲・利用を促進できるかもしれません。今後の研究が急がれます。

　また、栄養添加に関しては、貧栄養な海域において窒素とリン、あるいは鉄を供給した結果、藻場が再生されたという報告がありますが、失敗例も多くあるようで、その原因としては、海藻の種類や海域によって添加すべき栄養塩の濃度やバランスが異なることが想定されます。また、最近の室内実験によって、海藻の成長に対する栄養塩濃度の影響は水温によって変化することが分かってきました。このことは、添加すべき栄養塩の濃度やバランスも水温に応じて変わることを示唆します。今後は、海藻種ごと、水温に応じて、成長を最大化する栄養塩濃度を明らかにし、藻場再生技術の高度化に貢献したいと考えています。

イセエビの不思議な生活史と稚エビ生産の道

三重県農林水産部水産経営課 課長 **松田 浩一**

► *2016.10.22*

イセエビの生態

　親エビは千葉県から長崎県までの太平洋と東シナ海の沿岸の岩礁地帯に生息し、小型の甲殻類や貝類などを餌にしています。産卵期は5〜7月で、卵はメスの腹部に付着して保護され、約1〜2カ月後に孵化します。卵から孵化した時は、フィロソーマ幼生と呼ばれる透明な平べったいクモのような姿で、親エビとはまったく違った姿をしています。岸から数百〜数千キロ離れた沖合で生息します。

　フィロソーマ幼生は、プエルルス幼生そして稚エビへと段階的に発育し、孵化から3〜4年で親エビになります。

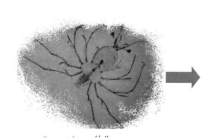
フィロソーマ幼生

プエルルスの脱皮殻(右)と稚エビ(体長2 cm)

イセエビ幼生の生活史 (一部)

日本におけるイセエビの漁獲動向と三重県の状況

　近年における日本のイセエビ漁獲量は、1200t前後で安定していますが、海域別に見ると傾向は異なり、三重県が属する太平洋中区（千葉県〜三重県）では高位安定であるのに対して、太平洋南区（和歌山県〜宮崎県）では増加傾向は見られず、東シナ海区（鹿児島県〜長崎県）では減少傾向です。

　三重県はイセエビの有数の漁獲県であり、過去10年間の漁獲量は178〜

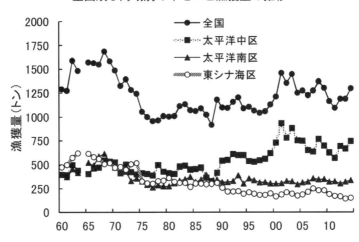

全国及び海域別のイセエビ漁獲量の推移

264t（平均220t）と高位安定で推移しています。また、その漁獲量は毎年、千葉県と全国第1位を競っていて、2014年における三重県のイセエビ漁獲量は264t（全国シェア20.3%）で、千葉県の259tより5t多い全国第1位になっています。

イセエビ資源に影響を及ぼす要因

　東シナ海区においてイセエビ漁獲量が減少している要因として、水温上昇に伴う藻場の消失などによって、イセエビの生息環境が悪化していることが考えられています。気象庁の調査では、東シナ海区の水温はここ100年間で1.55℃上昇しているとされています。実際にイセエビにとって重要なコンブ科やホンダワラ科の海藻からなる藻場は多くが消失していると報告されています。イセエビは、藻場に生息するエビ・カニ類や貝類を餌とし、また藻場は害敵から身を隠すことができます。藻場がなくなると、害敵からの逃避行動が未発達の稚エビ期の生残に大きな影響が生じると考えられます。

　三重県でも沿岸水温は上昇傾向にあり、一部の海域で藻場の消失が見られていますが、イセエビ漁獲量が多い県中部海域では比較的多くの藻場が残っています。このため、今のところは三重県のイセエビ漁獲は安定していますが、油断はできません。

　三重県の沿岸水温は気温と黒潮の流路に大きく影響を受け、気温が高くなると沿岸水温は高くなり、また黒潮が紀伊半島沖で大きく蛇行する場合にも沿岸水温は高くなる傾向があります。

　2013年に公表されたIPCC（気候変動に関する政府間パネル）の第5次評価報告書では、温室効果ガスの増加を最も少なくするシナリオにおいても、21世紀中頃には世界平均気温が1.0℃上昇すると予測されており、気温の上昇が続くことは避けられません。したがって、三重県の沿岸水温が今後も上昇する可能性が高いと考えられます。さらに黒潮の流路に関して、近年は紀伊半島沖で直進する傾向が強く、水温の上昇が抑えられていると推察されますが、今後、大きく蛇行した場合には沿岸水温が一気に上昇する可能性があります。そうなった場合には、三重県沿岸の藻場面積は東シナ海区と同様に大きく減少し、イセエビ資源も減少してしまうと危惧されます。

水産研究所におけるイセエビ研究の目的

　イセエビは「三重ブランド」に認定されているように、三重県の重要な水産生物であり、その安定生産のための技術開発は、水産研究所の重要な研究テーマです。水産研究所では、将来にわたってイセエビが安定的に生産されるように、卵から生まれたフィロソーマ幼生を人工飼育して稚エビを生産し、その稚エビの放流によってイセエビ資源を底上げするための研究を実施しています。稚エビを人工的に生産し、ある程度成長した稚エビを放流することで、藻場の減少などの環境変化にも対応可能となり、また沖合からのプエルルスの来遊量が減少した場合でも資源添加に寄与できると考えています。

幼生期飼育の研究と今後の課題

　飼育用水槽の中でフィロソーマを飼育するには五つの問題がありました。一つ目は、フィロソーマ同士の長い脚が絡み合って死んでしまうこと、二つ目は成長に伴って共食いが多くなること、三つ目は疾病の発生で、定期的な抗生物質の使用による疾病の防止が不可欠であること、四つ目はプエルルスになるまでの期間が長く飼育コストがかかること、五つ目は幼生期の適切なエサがわからないことでした。これらの問題に対し、飼育水槽内に恒常的な

上下方向の水流を発生させるクライゼル水槽を導入することによって水流がフィロソーマを分散させ、このことで幼生同士の手足の絡み合いを防ぎ、共食いも減少させることができました。また、薬剤を使用しないで飼育することや、幼生期のエサはムラサキイガイの生殖腺とアルテミアの併用が適していることをつきとめ、稚エビになるまでの飼育技術の向上を目指した結果、2014年に飼育した人工種苗25体を翌年に放流し、そのうち1体が天然海域で良好に成長して、人工稚エビの有用性が確認できました。三重県水産研究所においてイセエビ幼生の飼育研究が始まって80年

クライゼル水槽を用いたイセエビ幼生の飼育

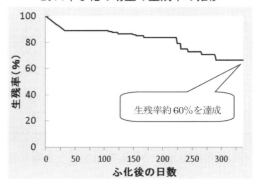

目のことであり、この時の感激を忘れることはできません。

　稚エビを安定的に生産し放流によってイセエビ資源を底上げすることができれば、プエルルス来遊量が黒潮の流れに左右される不安定性や、温暖化の影響による藻場の減少などの環境変化に対応できることになります。今後も研究に一層の努力を続ける必要があります。

有明海の不思議な生き物のルーツ

京都大学大学院農学研究科 助教 **中山耕至**

► *2016.7.23*

同じ魚種であればどこの場所でも同じもの？

　ある魚の分布範囲を図鑑で調べると、「北海道南部から九州南部」などと書いていたりします。しかし実際には、その範囲の中で一様に生息しているのではなく、同じ種の中でも分布が不連続で、いくつかの半独立的な集まりに分かれていることがあります。そのような場合、各々の集まりを個体群（地域個体群）と言います。個体群はその地域の中で代を重ねていくため、そこの環境に適応した特徴を示すようになることもあります。

　地域個体群が生じる要因として重要なのは、歴史的な海面の変動です。氷河期（約260万年前から1万年前までの期間）は寒冷な氷期と温暖な間氷期が繰り返す時代であり、氷期には陸上に氷床が発達することにより海面が低下、間氷期には氷床が溶けて海面が上昇というように、沿岸の様子が著しく変化しました。それに伴い、魚の分布も不連続になったり繋がったりを何度も繰返し、各々の地域で個体群が生じたと考えられます。

有明海はどんなところか、どんな魚がいるのか

　有明海は面積1700㎢、平均的水深は20m、干満の差が非常に大きく、干潮時には広大な干潟が広がります。筑後川が流れ込む湾奥を中心に濁度が高いのも特徴です。そのような環境に対応し、日本では有明海でしか見られない「特産種」がいます。魚類では、ムツゴロウ、ハゼクチ、ワラスボ、ヤマノカミ、エツ、アリアケシラウオ、アリアケヒメシラウオの7種が知られています。

　特産の魚類が何種類もいるのは、日本沿岸では有明海だけです。分布が限られているため7種全部が絶滅危惧種であり、なかでもシラウオの仲間のアリアケヒメシラウオは筑後川下流域のわずかな範囲でしか見られない魚です。エツやハゼクチなど、絶滅危惧種でありながら、地域の重要な漁獲対象種と

ムツゴロウ

ワラスボ

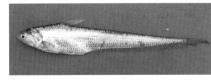

エ ツ

アリアケシラウオ

なっている魚がいるのも特徴的です。魚以外でも、軟体動物のヤベガワモチ、動物プランクトンの *Sinocalanus sinensis*（シノカラヌス・シネンシス）等、多くの有明海特産種がいます。研究の進んでいないグループに、未知の特産種がもっと多くいる可能性もありますが、諫早湾の締め切りなどにより、未知のまま既に絶滅してしまったものもおそらく存在すると思われます。

有明海特産種はいつ、どこから来たのか

なぜ有明海にはこれほど特産種が多いのでしょうか。有明海の特産種は、日本では有明海にしかいませんが、同じ種や近縁の種が中国大陸沿岸にいることが知られています。例えばムツゴロウは有明海のほか、中国や韓国にも住んでいます。朝鮮半島から中国北部の黄海や渤海は、大きな干満差、広大な干潟、高い濁度など、有明海とよく似た海域であるため、そのような環境を好む生物が共通して住んでいるわけです。

しかし、現在有明海は大陸側とは対馬海峡によって隔てられており、ムツゴロウが中国・韓国と行き来できるわけではありません。すなわち有明海のムツゴロウは大陸側からは独立した個体群ということになります。過去の氷期には海面が100m以上低下して、対馬海峡がほぼ閉じてしまい、朝鮮半島から九州の沿岸が繋がった状態となっている時がありました。この頃にその地域に分布していた生物が、その後再び海面が上昇して日本と大陸が分かれた

時に、物理環境がよく似た有明海に取り残されたのが、有明海特産種の起源と考えられます。このような分布の生物を大陸遺存種といいます。魚だけでなく、カニ類やゴカイ類、貝類、動物プランクトンなど、様々なグループが有明海に残りました。特産種の魚類が特産種のプランクトンを食べるような関係性があるため、生態系を丸ごと切り取り移植したような状態とも言え、田中先生は「大陸沿岸遺存生態系」と呼んでいます。

有明海の特産種は現在でも韓国・中国と同じものなのか？

このように、有明海の特産種、すなわち有明海の個体群は、大陸側から一部が分かれて日本に残ったものですが、両者の間で行き来がなくなってから少なくとも1万年以上が経過しています。現在でもそれらが同じものなのかどうか調べるためにミトコンドリアDNAやマイクロサテライトDNA分析を行ってみると、ハゼクチやヤマノカミ、エツ、ワラスボなど、いずれも有明海個体群では異なる遺伝的特徴を示していることがわかりました。長期間にわたって交流のない個体群は、徐々に互いに異なるものとなっていくのです。それがさらに積み重なると、将来的には異なる「亜種」や「種」となる可能性もあります。有明海の個体群は、歴史的に形成されてきた、新種の卵のようなものと言えます。たとえ中国・韓国に同じ名前の魚が生息していても、それらを有明海に移植放流してしまうと、長期間にわたる進化的な歩みを台無しにしてしまう危険があります。有明海の特産魚類はいずれも絶滅が危惧される種ですが、移植放流による増殖は決して行ってはならないことがわかります。

有明海の現状と今後について

有明海はかつて「宝の海」と呼ばれていました。しかし漁獲高は1970年代後半〜1980年代前半をピークに、1980年代後半からは減少が著しく、現在では深刻な事態に至っています。要因として、1997年の諫早湾締め切り、1985年完成の筑後大堰建設、過大なノリ養殖、赤潮や貧酸素水塊の発生など様々な事象が考えられていますが、おそらくは多くの要因が複合的に作用しており、どれか一つの問題が決定的に悪影響を及ぼしているということではなさ

有明海筑後川の干潟 　　　　　　　黄海の韓国・江華島の干潟

そうです。それだけに特効薬的な解決策を期待することもできず、地道な改善を積み重ねていくしかないのではと思われます。

　「宝の海」というのは、本来は有明海の歴史とともに形成されてきた生物多様性や、特産種を漁獲し利用する地域文化なども含めた有明海の総体であるはずです。しかし、有明海の沿岸住民をはじめ多くの人々の社会的関心が海から離れてしまっては、有明海の将来に関する議論において、ノリの生産や干拓地のことなど、どうしても産業的な話題が中心となり、意見表明も経済的な利害関係者が目立つことになります。NPO法人SPERA森里海の諸活動や本講座などの積み重ねを通じて、有明海の自然に親しむ機会を少しでもつくり、有明海に対する知識を持ちその環境と生物に共感を示す人を多くしていくことが重要なように思っています。

海はクラゲだらけになるのか？

大発生の謎

広島大学生物圏科学研究科 特任教授　上　真一

► 2018.7.28

クラゲについて

　海水浴でクラゲに刺された人は多いでしょう。「エチゼンクラゲの大発生で網が破られた」とのニュースを見たこともあるでしょう。水族館のクラゲコーナーでは「泳ぐ姿が美しい」と癒されたことでしょう。中華料理店では「コリコリしたクラゲの前菜が美味しい」と言う人もいます。クラゲには人間にとって善悪の両面性が存在しています。

　日本最初の歴史書である『古事記』（712年）に、まだ形の定まらない日本の国土を「久羅下（クラゲ）が漂っているようだ」と記述しています。746年の木簡に「備前国から食用クラゲの貢ぎ物があった」との記録があり、クラゲは昔から日本人にとって馴染み深い存在であったようです。中国でも昔から正月や結婚式などの慶事にクラゲを食べる習慣があり、中国でのクラゲの需要は非常に高く、今では養殖も行われています。

クラゲとはどんな生き物か

　クラゲはゼラチン質動物プランクトンで、湿重量を基準にすると、体は約1％の有機物以外は全て海水で成り立っています。動物分類上では、刺胞動物門（クラゲ類）と有櫛動物門（クシクラゲ類）に属します。世界で3000種、日本では200種が存在します。カンブリア紀（5億年前）より地球上に存在し、化石も発見されています。地球環境に順応して今日まで生き延びてきました。深海にも、溜池などの淡水にもいます。

　代表的なクラゲの特徴は大発生と刺すことです。例えば、ミズクラゲは大発生しますが、刺されても痛くありません。一方、アカクラゲは、大発生し、刺されるとかなり痛いです。ユウレイクラゲも刺します。エチゼンクラゲは大発生し、世界最大級のクラゲです。ビゼンクラゲは食用になります。カツ

オノエボシとアンドンクラゲはお盆後に出て、刺されると極めて痛いです。カラカサクラゲとツリガネクラゲは、爪先ほどの極小型のクラゲです。クラゲの毒針の入った細胞である刺胞は固い皮膚を持たないクラゲの防御・生存手段の一つで、刺すことで敵を撃退したり、餌生物を麻痺させたりするなどの働きをします。

中国上海の魚市場におけるクラゲ商店。クラゲの種類、部位（傘、口腕）、産地などにより値段が異なる。クラゲの単価はキンコ（干ナマコ）より安いが、一般の鮮魚より高い。中国ではクラゲは薬効があるとされており、非常に人気のある食品で、品薄状態。世界中からクラゲを買い入れている。日本の有明海産のビゼンクラゲは中国では最高級品である。

クラゲは大発生したり、刺したりするなどの悪い面がある一方、食用になるという良い面もあります。ビゼンクラゲは中華料理の食材として最高級のクラゲとして有名です。日本でも昔から食べられていて、現在、有明海でビゼンクラゲが大発生し、漁獲、加工されて中国へ輸出されています。宝の海と言われた有明海では、ビゼンクラゲだけが大発生し、貝・エビ・カニ・魚類の漁獲量が激減していることが最大の問題です。

クラゲは塩とミョウバンに漬けた加工クラゲをスライスし、真水に晒して塩分を取り除いた後、醬油・酢・胡麻油などで味付けして食べます。中国では新鮮なクラゲを酢などで味付けして生で食べます。フカヒレ、ホシナマコなどに次ぐ高級食材で、鮮魚より高く、品薄状態で、ビゼンクラゲが養殖されています。

世界のクラゲの漁獲量は、推定120万トンで、中国、東南アジア、インド、メキシコなどが中心です。

オワンクラゲが持つ緑色蛍光タンパク質は、生命科学や医学の基礎研究に役立っています。ノーベル化学賞を受賞された下村脩博士は、発光の秘密を究明するのに、十数年間で約100万匹のオワンクラゲを採集したと言われています。

クラゲの大発生——クラゲは世界征服を狙っている？

　1990年ころより、日本の沿岸域ではクラゲの大発生が問題となっています。エチゼンクラゲは、1920年、1958年、1995年と間隔を置いて大発生しましたが、2002年から2009年の間は毎年のように大発生しました。そこでクラゲ大発生の原因を究明する大型プロジェクトが設立され、日中韓国際共同研究も進められました。エチゼンクラゲの寿命は1年未満、メデューサ（親）から生まれて、プラヌラ→ポリプ→ストロビラ→エフィラ→メデューサと変化します。3月〜5月ごろ中国黄海沿岸で赤ちゃんクラゲのエフィラとして放出され、夏〜秋季に対馬海流にのって成長しながら日本海を北上し、津軽海峡を抜けて太平洋岸へと漂流します。

定置網に大量入網したエチゼンクラゲ

　エチゼンクラゲ大発生の原因は次のようなクラゲスパイラル仮説として考えられます。中国の近代化に伴う人間活動の高まりが、中国沿岸域の環境悪化を引き起こしています。農業生産向上を目的とした化学肥料の使用量の増加は沿岸域を富栄養化させ、植物プランクトンを増加させ、動物プランクトンも増加させます。それらは普通には魚などの餌になりますが、その魚を人間が漁業活動を通してどんどん捕獲しているので、クラゲの天敵がいなくなり、クラゲにとってエサが豊富にある理想的な世界が広がることになったのです。

　広島大学クラゲ研究チームは日本と中国を往復する国際フェリーに乗船し、黄海や東シナ海の若いエチゼンクラゲを目視観測し、そのデータに基づいて毎年のエチゼンクラゲの発生規模予測を行っています。毎年6、7月に発生予報し、水産関係機関を通じて漁業者に知らせています。それにより事前対策が可能となり、漁業被害の減少に貢献しています。例えば、事前対策の一つとして、定置網にクラゲ排出機能のついた対策網を使用することで、網が

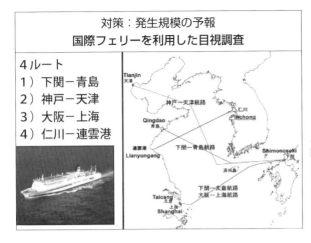

<table>
<tr><td colspan="2" align="center">対策：発生規模の予報
国際フェリーを利用した目視調査</td></tr>
</table>

4ルート
1）下関－青島
2）神戸－天津
3）大阪－上海
4）仁川－連雲港

エチゼンクラゲは春季に中国沿岸域で発生するので、日本に来る前の若いクラゲを国際フェリーのデッキ上から目視観測し、毎年のクラゲ発生量を継続的に調査している。

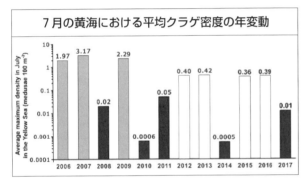

7月の黄海における平均クラゲ密度の年変動

7月の黄海におけるエチゼンクラゲ密度は、2006、2007、2009年において圧倒的に高く、これらの年は日本の沿岸漁業は甚大な被害を受けた。一方、黒色のカラムで示した年は、エチゼンクラゲによる漁業被害はほとんどなかった。モニタリング調査によりクラゲ被害軽減対策は格段に進んだ。

壊滅的に破壊されることなく、ある程度の漁獲が望めるようになりました。

　一連のクラゲ研究を通して日本の沿岸漁業を守ることに貢献でき、それにより総理大臣表彰を受けたことは研究者としてうれしいことでした。

魚溢れる海に!

　世界各地でクラゲの異常発生があり、しかも有毒クラゲも増加しています。クラゲの増加原因を作っているのは人間活動ですから、今の経済至上主義の考え方や社会制度を見直す必要があります。クラゲだらけの海は本来の豊かな海ではありません。海には魚が溢れていなければなりません。

海に潜り魚類の心理をひも解く

京都大学フィールド科学教育研究センター舞鶴水産実験所
所長准教授　**益田玲爾**

► *2015.10.10*

「魚類心理学」とは

　魚の行動や生態についてのいろいろな疑問を実験心理学的な手法で明らかにする研究分野を「魚類心理学」と呼んでいます。

　「心理」とは大きく「情動」と「認知」とに分けられます。「情動」とは、怒り、不安、安心といった喜怒哀楽です。それより上位のものとして「認知」、つまり学習と推理があります。学習と推理では、推理の方がより高度です。魚に推理することはちょっと無理だろうと思います。しかし魚にも学習能力はあります。魚は繰り返し学習することで、それまでに経験の無いこともできるようになります。輪くぐりなどがそうです。

　それに魚には情動もあります。エラの動きが早くなってくると「どきどきしてるな」と分かります。そうやって、魚の気持ちになって考えるということが、魚類心理学の一つの視点です。

　原則として、食用になる魚類を対象にして、フィールド調査と室内実験で研究をしています。稚魚を放流して成長したら漁獲するという栽培漁業が進んでいますが、放流した稚魚の生残率を高めるために魚の行動学から解決を試みています。

「群れ」の研究

　多くの魚にとって、群れ行動が生き残っていく上で重要な役割を果たします。しかし、魚は生まれてきてすぐに群れを作るわけではありません。

　シマアジは1尾の雌が数十万の卵を産み落とし、その1粒の直径は1mmほどしかありません。生まれてくる仔魚は卵の中で丸まっています。生まれた直後の仔魚は眼も見えず、海水の中を漂っているばかりです。孵化後30日ほどすると、ひれなどが完成し、ようやく魚らしくなり、稚魚と呼ばれるよう

になります。

　シマアジは孵化時の全長は3mm程度で、孵化して2日齢（3.4mm）までの仔魚は水槽内に一様に分散しますが、3日齢（3.5mm）になると眼の網膜が急激に黒化するとともに、光のある方向に近づくような行動（光走性）が発現します。また、泳ぐ性質が全長4mm頃に発現し、これによって明所にパッチと呼ばれる濃密な集中分布を示すようになります。

　一方、本格的に群れを形成するのは孵化後30日齢、全長15mmからです。群れの形成は、実験水槽内に仔稚魚を収容し、上方からビデオカメラで撮影し、画像中での個体間距離や頭位交角（個体同士がなす角度）を測定することによって確かめることができます。さらに、群れ形成の萌芽的段階として、視覚による相互誘引性が、群れ形成の直前、孵化後25日、全長12mmで発現することが分かりました。

　各種の走性は、視覚や側線感覚などの感覚器の発達と対応しています。感覚器からの情報を処理する能力、すなわち脳神経系が十分に発達して初めて群れを作れるようになります。脳神経系の発達を阻害して、群れを作れないような魚はできないだろうかという発想から、餌に含まれるドコサヘキサエン酸（DHA）に着目しました。

　DHAは脊椎動物の脳に多く、摂取により学習能力が高まります。しかし、海にいる魚は自分でDHAを合成することができず、常に餌である他の魚や動物プランクトンから摂取することになります。実験によって、DHA欠乏の稚魚では相互誘引行動は発現せず、群れの形成もないのです。

定例潜水調査

　季節変化と長期的変動を調べるため定点継続潜水調査を行っています。調査対象魚種はカタクチイワシ、カワハギ、ハオコゼ、クロダイ、イシダイ、メバル、イソカサゴ、ゲンロクダイ、クロホシフエダイなどです。イシダイの学習能力は7cm前後の幼魚が最も高く、複雑な環境で学習能力が向上します。京都の舞鶴湾での出現個体数ランキングではマアジが1位、30年前にいたブリは見掛けず、南方系の魚が増加しています。

高浜原子力発電所冷却水の影響

　福井県高浜原発の温排水の温度は周囲に比べ 7 ℃高く、排水量は毎秒230
㎥で、由良川流量の 5 倍に達します。原発が立地する音海湾の水温を 2 ℃押
し上げています。高浜原子力発電所の2012年 2 月20日の停止に伴い、南方系
のソラスズメダイ、ガンガゼ、ギンイソイワシなどが死滅、2 カ月後にはム
ラサキウニが出現しました。電力会社は温排水の環境影響はないと言ってい
ますが、現実には影響はあります。

津波の後の海を潜る

　気仙沼の「森は海の恋人」代表の畠山重篤さんの要請で、気仙沼市舞根湾
周辺において、2011年 5 月から 2 カ月に 1 回の頻度で、湾内 4 カ所で潜水に
よる魚類調査を行っています。津波という大規模な攪乱の後に生物がどのよ
うに回復してきたかを確認することが目的です。

　津波というのは、波というより泥の流れです。時速数十㎞の泥が押し寄せ
て、引いていく際に、本来そこにいた魚が陸に打ち上げられたり、沖に流さ
れたりして空洞状態になるのです。

　津波直後に潜った時は、海底全体が泥で覆われ、アサヒアナハゼの幼魚な
どの小さな魚が点々といる程度で、基本的に海藻も魚もほとんどいませんで
した。海の砂漠状態で、津波残骸物、樹木、魚類やアワビの死骸しかありま
せんでした。

　震災から半年後には、茶色だった海の色が緑色になってきました。寿命の
短い小さなハゼであるキヌバリが爆発的に増え、2 年後にはアナジャコが見
られ、海藻も生え始めました。津波から 2 〜 3 年目にかけて、これまで宮城
県で記録のなかったオジサンなどの熱帯性の魚種がいくつか見つかりました。
北方系の大型捕食者が不在であったため、海流に運ばれてきた南方種が生き
残ったと考えられます。

　3 年後には北方系のハナジロガシ、トゲカジカ、フサギンポ、ヌマガレイ
などが増えました。4 年目には北方種が回復するとともに、アイナメの繁殖
が確認されました。北方系の大型種が復活した 4 年目以降、南方種はほとん
ど見られなくなりました。

5年目にはエゾアワビ資源の回復の兆しも認められました。魚の個体数・種数は2年目で一定数に達し、種数の上では回復したことから、海中は陸地に比べ回転速度が速く、生き物達の回復は早いことが分かりました。

津波の影響が最も大きかった湾奥の地点での魚類の回復は、他の地点と比べて遅くなってい

津波から3年半後の舞根湾で見られたフサギンポは北方系の魚

ます。以前は砂地だったところが、津波で削られ泥に覆われ、アマモなどの海草が生えにくいためです。逆に、湾の外側はもともと波当たりが強い岩場だったために、津波が去った後にすぐにきれいになって回復が早かったことが分かっています。

潜水調査を続け、年を経るごとに、魚の種類が増え、数が増え、今はそれらが大きくなってきたというように、少しずつ変化がありますが、やがて季節にしたがって、毎年同じようなことが観測できるようになったら、それが一つの完成系です。

海が教えてくれる

京都の舞鶴湾では、1カ月に2度潜っていますが、魚の種類ごとに、ある年はメバルが多く、ある年はタイが多いといったように、その振る舞いは違いがあります。しかし、総種類数、総個体数というのは、それほど大差がありません。気仙沼でも、ある段階からそれが見えてくると思うのです。それを確かめることが、私の仕事の一つだと思っています。

また、いろいろな調査を通して得られた情報を公開して、人々が将来に関わることの判断をする時の材料にすべきだと考えています。私たちは、つい数年、数十年という時間のサイクルでものを考えがちですが、本当は千年サイクルで考えて、今どうするかを決めるべきだと思います。海は、そういう時間の流れを教えてくれる場所なのです。

8

恵み豊かな海を取り戻す

瀬戸内海における里海づくり30年の歩み

NPO法人里海づくり研究会 事務局長　田中丈裕

► *2018.4.28*

NPO法人里海づくり研究会議

　巨大な浄化機能を持つ干潟の減少、魚貝類の産卵・育成の場である藻場の減少は生物多様性の劣化や漁獲量の減少という沿岸漁業の危機を生みました。その対策として「里海」の復活が急務となり、2012年に大学、公的研究機関、民間企業の研究者や技術者などの多様な分野の人たちが個性的な集団を構成し、NPO法人里海づくり研究会を設立しました。漁師の知恵と科学を結び合わせることを目的に、岡山県備前市の日生(ひなせ)の海を中心的なフィールドとして活動しています。

「里海」とはどんなところか

　「里海」は九州大学の柳哲雄先生が提唱した概念で、人が手を加えることで、生産性と生物多様性が高くなった海を指し、瀬戸内海で生まれ、日本発の世界語として広まりつつあります。多くの学識者がそれぞれの定義を述べていますが、集約すると「森と海のつながりが基調となっている海」であり、水産資源の持続的利用が可能な海ということになります。

　かつての漁師たちも「漁業は海のおこぼれを頂戴する産業」という考えを持っていて、その言葉には海への畏敬の念がよく表れています。漁場・資源を守るためには、健全な生態系の中に生物多様性の確保が大切で、江戸時代には「磯は地付き・沖は入会(いりあい)」という日本独特な漁業慣習がありました。沿岸は地元に住んでいる者で管理し、沖合は共同で使うということです。つまり、日本の漁師には自分たちの漁場は自分たちで管理する、海の守り人という意識があり、これが里海活動のベースとなっています。

日生の里海の主役、アマモとは

　沿岸域には、海域や水深、底質によって、アマモ場、アラメ・カジメ場、ガラモ場、コンブ場などの藻場が立体的に存在しています。

　アマモは、細長い葉と地下茎からなり、砂泥域に地下茎を伸ばして生育する雌雄同株の多年生の種子植物です。葉は細長く、先端はわずかに尖り、5〜7本の葉脈（維管束）が葉の先端から基部まで平行に走っています。葉の縁には顕微鏡的な鋸歯は見られません。種子による繁殖と地下茎から新芽を出す栄養繁殖を行います。花は6月頃に咲きます。アマモの名は、地下茎を噛むと甘みを感じることに由来し、植物名としては日本一長い「リュウグウノオトヒメノモトユイノキリハズシ」という別名を持っています。

　アマモの群生は、多くの魚種が産卵場や保育場として利用し、稚魚期を過ごすため、「海のゆりかご」と呼ばれています。さらにアマモ場には、光合成による酸素の供給、漁業資源のストック、魚介類の餌場、栄養塩の吸収、二酸化炭素の固定を通じた餌料供給、懸濁粒子や沈降物の捕捉分解など多くの機能があります。

日生町のアマモ場再生活動の展開

　岡山県南東部に位置し、兵庫県との境に接している日生は、小型機船底びき網漁業、小型定置網漁業、流し網漁業、カキ養殖業などが盛んな漁業の町です。日生の海は元来環境に恵まれ、多様な生物が生息する豊かな漁場でした。しかし、瀬戸内海全域に及ぶ戦後の干拓や高度成長期の沿岸埋立てにより藻場などが消失し、河川からの生活排水流入などの影響で1940年代後半から80年代にかけて

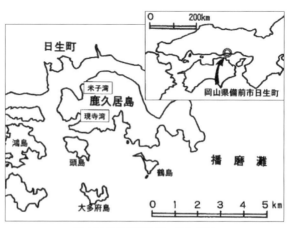

岡山県備前市日生町の地先海域

アマモ場（船本撮影）

漁獲量が大幅に減少していきました。その対策として人工的に育てた稚魚の放流を何度も試みましたが、一向に魚の数は増えませんでした。この状況の中で、アマモ場の再生が必要だと漁師たちが声を上げました。1940年代まで約590haあった日生のアマモ場は、1980年代には12haにまで激減し、その後さらに減少して僅か5 haになりました。

　漁師たちは岡山県の水産試験場に直談判し、アマモの育成技術の開発を依頼しました。そして試験場でアマモ種子の採取技術が開発されると、漁師19名を含む26人がアマモ場の再生プロジェクトを立ち上げ、1985年から種まきを開始しました。夏のうちにわずかに残るアマモから花枝を摘みとり、秋になるとそこから丁寧に種を採取して選別し、アマモ場を育てたいエリアまで船を出して種をまきます。そんな地道で手間のかかる作業を漁の合間に手弁当で毎年繰り返しました。しかし、なかなか根づくことはなく、少し生えても翌年には消えてしまいます。何年経ってもアマモが広がっていくことはありませんでした。

　種をまいてもアマモが育たない原因が海の底質悪化にあることが分かり、改善のため思いつく限りのことを試し、最も効果があったのが「カキの殻」でした。カキ殻を海底にまくとアマモの種が根を張りやすく、また底面のヘドロの巻き上げを防ぎます。さらに、アマモ場近くにカキ筏を設置すると、カキが水中のプランクトンを食べることで水の透明度が増し、アマモの成長

を促しました。こうした試行錯誤と地道な
努力をする中で、1997年7月に台風9号の
来襲により20haまで回復したアマモ場が全
て失われました。このような苦難を乗り越
え、現在までに1億粒の種をまき、250ha
にまで回復するのに30年を超える年月を要
したのです。アマモ場が繁茂することで、

部分拡大

アマモの種子（船本撮影）

生物の多様性が復活し、モエビやアイゴが増えて漁獲にも成果が形になって
跳ね返ってきました。また、1〜2年おきに豊凶を繰り返していたカキ養殖
生産が5年連続で高位安定が続き、アマモ場の重要性が浸透していきました。

　しかし、新たに困った問題が顕在化してきました。大量に漂流するアマモ
の流れ藻が海面の20〜30cm下を流れるため、船のプロペラに絡まり航行の妨
げになり、海岸や港に漂着した流れ藻の臭いが一般住民の迷惑になり始めた
のです。

　これには、日生中学生が救いの手を差し伸べてくれました。実は総合学習
で以前からカキ養殖の体験漁業をしており、漁協がアマモの漂流の話をした
のがきっかけになり、3学年約200名の子供たちが、漁師たちの船に乗り込ん
で沖に出て、流れ藻の回収をしてくれているのです。これは同時にアマモ種
子の採集にもつながり、播種に必要な種子は花枝を摘み取らなくてもすべて
流れ藻を回収することで賄うことができるようになりました。

新たなステージへ

　2016年6月3〜5日、日生の地において、「第9回全国アマモサミット
2016 in 備前」が開催されました。最終日の6月5日のクロージングイベン
トにおいて、地元の子供たちや高校生たちと発表した大会宣言の骨子です。

　「森里川海の繋がりを基軸に、全国のまち・学術・NPOのネットワークを
さらに広げ、里海・里山・まちが繋がる『備前発！ 里海・里山ブランド』を
必ずや確立して発展させ、自然と人が共生するための有るべき姿を実現し、
国内外に広く発信し続けることをここに宣言する」

　今まさに新たなステージに踏み出したところです。

鹿野に暮らし、鳥取の海に生きる

鳥取県漁協本所 漁政指導課兼福部支所長 古田晋平

▶ *2017.7.8*

私が暮らす町「鹿野」

　私は25年前、鳥取市内から人口わずか4000人余りの鹿野町に移り住みましたが、若者の流出が絶えなかった当時、町役場の職員から「何がよくてこんな不便な田舎町に？」と不思議がられました。それから僅か5年ほどで町の周辺に団地造成が始まり、主に鳥取市内から多くの家族が移住し始め、また観光客が町内を散策する光景が定着してきました。「鹿野」は戦国大名亀井茲矩が治世30年、経済と文化両面でよい政治を行い、領民から大いに慕われました。今も「かめいさん」と呼ばれ、町の人びとの生活規範として生き続けています。ＪＲも国道も通わない小さな城下町ですが、町民だけでなく、訪れた人を引きつける不思議な魅力がありますので、ぜひお出で下さい。

鳥取の海に生きる

（1）栽培漁業とは

　1981年に鳥取県栽培漁業センターの開設とともに研究員に、2003年には所長に就任し、栽培漁業の持続可能な高水準漁獲の実現を目指してきました。当センターで生産技術を開発してきた魚介類は、ヒラメ、アワビ、サザエ、バイ、アユ、イワガキ、ワカメ、アラメ、キジハタ、マサバ、アユカケなど多岐にわたります。

　栽培漁業技術の体系には「種苗生産技術」と「種苗放流技術」があり、前者は飼育環境、飼料、疾病、種苗の質、大量生産、省力、省コスト、施設設計などを研究・開発して事業化します。後者は、資源・生態調査（分布、移動、成長、飼料生物）の結果から生き残り率を高めるための放流技術を開発します。

（2）放流技術開発実践例（ヒラメの場合）

初期の頃の放流稚魚は、放流後約1週間で放流海域のヒラメ1〜2歳魚やマゴチに捕食され全滅でした。しかし、同じ場所にいる天然稚魚は食われないことから、天然稚魚と人工稚魚の摂食時の離底時間、遊泳コースなどを調査し、両者の行動パターンの比較から、人工稚魚は放流後1週間くらい捕食されやすい行動をとることが分かりました。また、従来の稚魚放流時期6、7月にはアミ類の分布が少なく、摂餌率が低いため被食率が高いことが分かりました。そこで、アミ類の多い4〜5月に放流し、6月に全長10cm以上の大型稚魚に成長すれば、沖合に拡散し漁獲高の向上につながると推測されました。放流時期を4〜5月に変更した結果、回収率は放流時期が6〜7月の場合は1〜2%でしたが、4〜5月放流では5%に上昇しました。謎の多い海の生態系を相手に戦っていた頃、田中克先生から多くの示唆をいただき、今やヒラメは漁港市場の定連ともいえるほど多く出荷できるようになりました。

(3) 放流に頼らない豊かな海づくり（イワガキの場合）

イワガキ幼生が着生し易い環境を作るために、天然岩礁に付着しているフジツボなどを人力で除去しています。鳥取県のイワガキは売り上げ年商1億円にもなる重要な商品です。漁協では、2005年から岩ガキのブランド化に取り組み、県内で採取された"天然岩ガキ"に「夏輝」というブランド名をつけて販売しています。また、その中でも下殻が平らで全体的に外観が平べったい"ヒラガキ"の殻長が13cm以上ある高品質のものに、ブランドラベルをつける取り組みを行っています。このラベル付き岩ガキは、水揚げされるカキの内、わずか1割程度しかなく希少価値が高く、夏輝ブランドの主役といえます。

2011年10月に第31回全国豊かな海づくり大会が鳥取港で行われ、天皇皇后両陛下に鳥取県の栽培漁業を説明する機会に恵まれ、貴重で名誉な体験でありました。

(4) 海の葉っぱビジネスで限界漁村よ、甦れ

鳥取県の漁業就業者は、1993年から2013年までの20年間で1978人から1320人へと2/3に減少し、年齢構成も高く、40歳以下が極めて少ない現状です。

この状況で託されたミッションは「漁師がもうかり、漁協が潤うしかけづくり」をせよということでした。

　鳥取県西部の沿岸は、中国地方最高峰の大山（だいせん）（1729m）の裾野に広がる岩礁（転石）海岸を主漁場とする、県下でも最も豊かな磯場に恵まれています。しかし潜水を主体とする漁業は厳しく、漁業者の高齢化や後継者不足で水揚量は減少傾向にありました。

　そこで目を付けたのが、漁場に広がる豊かな「藻場」でした。「アカモク（ホンダワラ科の一年草）」は、県下でもこの沿岸地域に最も豊富にありますが、これまで地元の漁師たちに邪魔者扱いされ、食用や販売の対象にされない、いわゆる「未利用海藻」でした。現在では、アカモクは食物繊維（フコイダン）や色素（フコキサンチン）が極めて豊富で、カルシウムなどのミネラル分も豊富に含む健康食品として注目されています。組合員の自宅の小さな加工場で試行錯誤の末、販売可能な商品を作ることに成功し、健康海藻として、対面販売、NHK鳥取放送局の特集番組放映、新聞報道などで知名度アップを図った結果、売り上げは2015年約500kgから2016年3ｔになり、2017年は6ｔの予約があります。漁業者の新たな収入源になり、今後の収益拡大も期待できるので、全国的知名度の向上やさらなる商品開発努力をしていきます。

（5）鳥取に海女漁の復活を

　私に託されたセカンドミッションの事例をもう一つ紹介します。　鳥取県の海岸線の中程に位置する「夏泊」（なつどまり）は、県内では唯一、古くから海女漁が盛んな漁村でした。その歴史は400年以上にもなります。ひと頃は30人近くもいた海女さんたちですが、　ここでも高齢化が進み、ついに数年前に解散してしまいました。ところが、鳥取県平井知事が全国海女振興協議会で「鳥取県も海女振興する」と宣言し、鳥取県漁協に積極的な対応を求めてきました。さっそく、漁協ホームページに「海女募集」をアップしましたが、夢と希望に胸を膨らませて応募してきた女性を受け入れる漁村は、ありませんでした。

　そもそも「海女」とは、単に「潜水漁業をする女性」ではなく、船頭や漁獲物の荷揚げ、加工を担う家族たちからなる「生産ユニット」なので、たった一人でやってきても漁村の人びとが戸惑うのは当然です。

　相談を受けた私は、夏泊からはるか30km離れた鳥取砂丘の東端にある小さな漁村「岩戸」を勧めました。ここは海女がいたこともなければ、素潜漁の現役漁師もおらず、しかも県下の漁村でも最も高齢化が進んだ、いわゆる「限界漁村」です。しかし、近年、鳥取砂丘の海岸を守るための長大なコンクリート構造物「人工リーフ」が海面下に設置され、そこに芽生えた豊かな磯場資源が未利用だったこと、そして何より経験豊富で優しいお爺さん漁師たちがそろっていたことに可能性を見出したからです。

　2015年度に一人の女性の研修を開始。さらに2016年度には彼女を師匠にもう一人の女性の研修を始めました。彼女たちの収入源は素潜で獲れるイワガキやサザエ、ワカメなどですが、それだけでは到底生活できません。特に海が時化る冬には漁に出ることができません。そこで、冬に冬眠状態となる漁港内を活用したワカメ養殖を開始しました。さらにこのワカメを夏泊の伝統製法で加工した「絞りワカメ」の生産や、「海女ブランド」を活かした販路開拓を始めました。そもそも、全国的にも素潜漁だけで生活できる海女さんは皆無に近いと思われます。海女とは、もともと、漁村の主婦の副業なのです。しかし、岩戸漁村に芽生えた若い海女さんたちは、これを生活の糧にと考えているため、定着にはさらなる収入源が求められます。それぞれが自らの漁船を操り、素潜漁に止まらず、バイ籠漁やコウイカ籠、一本釣など、多様な漁業と独自の販路を持つ「超海女」を目指して奮闘中です。

おわりに

　鳥取県や漁協は、漁業後継者の育成のために手厚い支援を続けています。しかし、それでも沿岸漁業者の減少は止まるところを知りません。「漁師では食っていけん」「魚がおらんようになった」といった「諦め」が漁村を覆っているからです。しかし、そんな中でも、息子を後継者に、数千万円の年収を生み出しているスーパー漁師がいます。また、変わりつつある海の環境に応じて減る魚もいれば、増えつつある魚や未利用の水産資源がまだまだあるのです。栽培漁業で培った鳥取の海での技と漁師たちとの信頼関係を頼りに、鹿野に暮らしながら、今しばらくは、鳥取の海に生きる人々に寄り添う日々が続きそうです。

英虞湾における里海づくり

三重県水産研究所 主任研究員 **国 分 秀 樹**

► 2016.1.17

英虞湾沿岸域における遊休地の増加

　干潟や藻場は、水産生物の産卵や保育場として沿岸域の生物生産を支えると同時に、海域の正常な物質循環機能を担う重要な役割を有しています。しかし、明治以降、産業活動の急速な発展に伴い、全国で4割以上の干潟や藻場が姿を消しています。干潟や藻場は、生物生息機能、物質生産機能、水質浄化機能、親水機能の四つの機能を持っています。英虞湾に「豊かな海」を取り戻すためには、これまでの流入負荷削減に加え、過去に消失した干潟や藻場を再生し、本来海域が有していた機能を取り戻し、海域の生物生産を増進する取組みが必要になります。

　近年、全国の沿岸域の埋立地や干拓地には、社会情勢の変化により、今では利用されずに放置された沿岸遊休地が多数存在しています。

　この沿岸遊休地は、わが国の真珠養殖発祥の地英虞湾においても、多数存在しています。干拓により一時は耕作地として利用されていましたが、現在は耕作放棄地として全く利用されずに放置されています。英虞湾では、江戸

英虞湾（船本撮影）

時代後期から戦前にかけて食糧増産を背景に地域住民によって水田干拓が行われ、70%以上の干潟や藻場が消失しました。かつて毛細血管のように入り組んだ湾奥部にあった干潟が消失し、英虞湾は血管が詰まってしまった状態に至っています。さらに、現在では社会情勢の変化によって、干拓地の90%以上が遊休地と化しているのです。このような場所が英虞湾に485カ所あり、延べ154haにもなります。

潮受け堤防による生態系と物質循環系の分断

英虞湾の干拓されていない干潟と干拓地周辺の干潟について代表的な場所を複数選定し、季節ごとの底質と底生生物の特徴を調査しました。干拓されていない干潟は砂泥質で有機物含有量が多く、陸域からの栄養流入も豊富にあることから、懸濁物食性から肉食性までの多様な生物が豊富に定着し、個体数や湿重量も高い値を示しました。一方、英虞湾内に最も多く存在する干拓地の潮受け堤防前面の前浜干潟では、陸域からの流入物質が潮受け堤防内に止まるため、底質は砂礫質で有機物含有量（COD）は低く、硫化物（AVS）も低レベルで相対的に貧栄養でした。その結果、底生生物は海水から栄養を得る懸濁物食者が主体であり、生物個体数は干拓されていない干潟に比べて明らかに少ない状態でした。また、干拓された潮受け堤防後背地の遊休湿地では、水の交換が悪く、底質の有機物含有量と硫化物が非常に高い値を示しました。過栄養で還元的な底質環境となっているため、生物相は干拓されていない干潟と比較し著しく貧弱でした。

干潟が消失することで、その場に生息する生物が減少するだけではなく、干拓地を塩害から守るために建設された「潮受け堤防」により、陸域から海域への栄養供給が妨げられ、干拓地周辺の生物生産が貧弱になるという現象が起きていることが明らかになりました。こうした実態を背景に、生物生産性豊かな「里海」として英虞湾を再生するために、地域住民と行政、沿岸域の関係者が協働して干潟再生を開始しました。

地域住民と連携した干潟再生

三重県水産研究所では、国立研究開発法人科学技術振興機構のサポートを

潮受け堤防の水門開放による干潟再生

受け、干潟再生事業を2009年10月より開始しました。その場所は、かつては干潟でしたが、1960年に塩害などから干拓地を守るために建設された潮受け堤防と干拓地の間にある約2 haの未利用の調整池です。その時点では陸域からの有機物が大量に堆積して富栄養化し、生物はほとんど生息していませんでした。その潮受け堤防の水門を開放し、干潟再生を試みました。

　あわせて地域住民の方々に干潟再生効果を実感してもらうため、生物観察会や生物調査、アサリの放流、海草の移植、アオノリ養殖などの再生活動を地域住民や行政機関と協力して定期的に実施しています。また県や市の水産や農業行政部局をはじめ、国立公園を管轄する環境省とも、将来の事業化へ向けた検討も開始しました。時を同じくして英虞湾全域を包括する志摩市では、2008年3月より漁業者や自治会、NPOや教育機関など約40の多様な主体から構成される「英虞湾自然再生協議会」が組織され、2010年4月からは、志摩市総合計画において、里海づくりと干潟再生を市の重点施策として位置づけられるなど、志摩市を中心に沿岸域の統合的管理を実施する基盤が整いつつあります。

　干潟再生の結果、海水導入前では、イトミミズやユスリカなどの汽水性で富栄養化した場所に生育する生物が6種類、湿重量で7.2 g/㎡しか見つからなかったのに対し、干潟再生6カ月後には、ボラ、ハゼ類、スズキの稚魚や、ウミニナやケフサイソガニのような移動性の生物を中心に20種類が再生干潟に見られるようになり、アサリの稚貝も出現しました。開始2年で生物は35種、湿重量で852 g/㎡が出現しました。徐々にですが、周囲の自然干潟と同様の生態系に戻りつつあります。また、再生干潟においてアサリの定着や良好なアオノリの生育も確認でき、周辺の漁業者からは、「干潟再生後、海の環境が改善した」という意見が寄せられるなど、地域住民の理解も得られつつ

あります。

沿岸遊休地再生の課題

　一度失われた干潟を再生することは容易ではありません。科学的には沿岸遊休地に海水を導入することで生物の豊かな干潟へと再生できることが実証されつつあります。しかし、実際に沿岸遊休地を干潟に再生するためには、多くの課題があります。

　一つは我が国の複雑多岐にわたる沿岸管理の問題です。沿岸遊休地を干潟に再生するには、県や市の農業、建設、水産環境部局をはじめ、自治会や漁協などとの連携が不可欠です。また、潮受け堤防の水門を開放した際には海水が後背地に浸入しやすくなるため、災害対策も考える必要があります。干拓された農地には、休耕地であっても所有者が存在し、干潟に再生するには所有者の理解も必要です。このような課題を解決していくためには、研究機関や水産行政単独では限界があります。今後干潟再生の実現に向けて、統合的沿岸域管理の視点に立ち、目指すべき海域像を共有し、地元住民と行政が一体となった取組みが必要になります。

真の里海の再生のために

　英虞湾では第2、第3の干潟再生も実現できました。地元志摩市と環境省とが連携し、地元企業が賛同し、CSR（企業の社会的責任）を目的に自社所有の沿岸遊休地の再生に着手し、徐々に再生の輪が地域に広がっています。

　我々は決して過去の干拓を否定するものではありません。食糧増産を背景とした湾奥部の干拓は、その時代の人間生活に必要であったことは理解できます。ただし、現在はその当時からは社会情勢も大きく変化しているため、その時代に合った施策を順応的に選択する勇気が必要だといえます。沿岸遊休地の有効利用法の一つの選択肢として干潟再生があります。今後はこの干潟再生を湾内485カ所存在する同様の沿岸遊休地に展開する活動につなげていきたいと強く思います。今日お話ししたような問題をクリアできなければ、真の里海「英虞湾」の再生にはつながりません。地道な活動ではありますが、できるところから取り組んでいく必要があります。

日本発「里海」を世界に広げる

広島大学 名誉教授 　松　田　　治

► *2016.11.12*

里海と瀬戸内海

　里海の語感は、「なつかしさ」さえ感じさせますが、実は、この言葉は比較的新しいのです。里海が沿岸域の環境保全や資源管理の場に登場してからまだ20年足らずです。しかし、この間に人が海と密接に関わりながら豊かな海づくりを目指す里海の考え方と里海づくりの実践は、国の内外で着実な広がりをみせています。里海の考え方は、国内で様々な行政施策に取り入れられているのみならず、Satoumi として国際的にも関心を呼んでいます。「日本発、瀬戸内海そだち」とも称される里海は、瀬戸内海の環境保全の歴史とも関係が深いのです。

　「瀬戸内法」制定40周年を2013年に迎えた瀬戸内海は、2015年には「瀬戸内法」改正とこれに基づく国の基本計画の大幅改定を完了し、歴史的に見ても重要な転換期を迎えています。それらの背景として、瀬戸内海がかつて高度経済成長期の公害時代に「瀕死の海」を経験したことがあります。

　その後、「瀬戸内法」の制定をはじめとする様々な仕組みや取り組みにより、水質はかなりの程度に改善されたものの、アサリの激減やノリの色落ちが頻繁に報告されるようになりました。「きれいな海」をまっしぐらに目指してきた瀬戸内海の再生は、人と自然の共存のもとに「豊かな沿岸海域」を目指す里海づくりの時代を迎えました。

管理方針の大転換

　2015年2月末に国の瀬戸内海環境保全基本計画の大幅改定が閣議決定されると、これを裏づける形で同年9月末には国会で改正「瀬戸内法」が成立しました。法律と基本計画のこれまでにない大幅な改定がセットでなされたことになります。2016年秋には、これらを具体化する関係府県による新たな府

県計画が策定され、新たな施策がいよいよ実施に移される運びとなりました。

今回の改定の趣旨は、「きれいな海」から「豊かな海」を目指す大転換です。公害、富栄養化時代の「瀬戸内法」制定以来、水質的に「きれいな海」はかなりの程度に実現されました。近年、大阪湾を除く瀬戸内海では、海水中の全窒素（TN）、全リン（TP）濃度の環境基準達成率はほぼ100%に達しています。一方で、自然の海岸線や藻場・干潟は減少し、漁獲量も減少して、瀬戸内海の本来の豊かさは失われ、「貧栄養化」の影響が新たな課題となってきました。そこで、今回の制度改変では、従来の規制型の水質保全からより積極的な水産資源の確保や環境の保全・再生などに軸足が移され、瀬戸内海を「多面的価値および機能が最大限に発揮された豊かな海とする」ことが改正法の基本理念にも明記されました。生態系と物質循環を重視する里海の考え方が大幅に導入されたといえます。

豊かな里海を目指して

国の基本計画は、改定前の「水質の保全」と「自然景観の保全」の2本柱から、改定後は「水質の保全および管理」、「自然景観および文化的景観の保全」、「沿岸域の環境の保全、再生および創出」、「水産資源の持続的な利用の確保」の新たな4本柱に変わりました。新制度では、「瀬戸内法」の"守備範囲"が大幅に拡大し、分野・省庁横断的な取り組みの重要性が格段に増しています。さらに、「湾・灘ごと」、「季節ごと」の状況に応じた方策が重視され、地域における里海づくりとともに科学的データの蓄積や順応的管理など新たな方策が導入されました。

今回の方向転換は、瀬戸内海が東京湾や伊勢湾にも先駆けて「ポスト総量負荷削減時代」に入ったことを意味しています。新たな方向性は定まったものの、目指すべき山は高く大きく、「豊かな里海」を目指す新たな目標は単に過去の時代に戻ることではありません。多面的な「海の恵み」（生態系サービス）の総体を、今までになかったレベルで最大化することです。

「豊かな里海」の実現には、栄養塩の供給、基礎生産から高次生産に至る生物生産力を担う健全な物質循環と、その「場」に当たる多様な生物生息環境の確保が必要です。これからは、専門家のみならずあらゆる立場の人が、力

を結集して多様な連携と工夫をする価値が大いにあります。多くの方々の立場に応じた多様な連携と参画を通じて瀬戸内海全域に「豊かな里海」を実現し、さらにはそれを内外に広めていかねばなりません。

里海づくりの動き

　里海づくりに関連して、瀬戸内海環境保全知事・市長会議（知事・市長会議）が2004年より動き出しました。当時、私が会長を務めていた瀬戸内海研究会議の協力も得て、2005年には里海をキー・コンセプトにした「瀬戸内海再生方策」をとりまとめました。これに基づいて、知事・市長会議は瀬戸内海の「豊かな里海としての再生」（生物多様性の確保と水産資源の回復）と「美しい里海としての再生」（美しい自然とふれあう機会の提供）を進めることとし、2007年には大署名運動を展開して140万人以上の賛同署名も集められました。この動きは漁業関係者の動きとも連動し、瀬戸内海関係漁連・漁協連絡会議（漁連・漁協連）は「真に豊かな海の再生」を目指すための七つの要望事項を明らかにし、2012年には「新瀬戸内海再生法の整備に向けて」（パンフレット）をとりまとめました。国の「21世紀環境立国戦略」が2007年に閣議決定すると、取り組むべき施策の一つである"豊穣の「里海」の創生"を受けて、環境省はモデル海域で里海創生支援事業（2008−2010年度）を実施し、里海ネット（ウェブサイト）や里海づくりの手引書も作成しました。この手引書では、瀬戸内海における特長的な里海づくりの取り組み、山口県椹野川流域から河口干潟をつなぐ取り組みや岡山県備前市日生町におけるアマモ場の再生活動などを取り上げています。一方、農林水産省は農林水産省生物多様性戦略（2007年）で「里海・海洋の保全」と「森川海を通じた生物多様性保全の推進」を取り上げ、これらが全国各地の環境・生態系保全活動支援事業、水産多面的機能発揮対策事業や漁場保全の森づくり事業などにつながっています。

　里海づくりの新たな動きとしては、全県レベルや全市レベルでの推進例が生まれています。香川県は、"かがわ「里海」づくり"ビジョンをとりまとめ、「わたしたちは、瀬戸内海とどう関わっていけばよいのか」、「目指すのは、人と自然が共生する豊かな海」といったテーマを分かりやすく示して、2013年に公表しました。全県域を対象とした公的な施策の一環として、海ごみ対策、

エコツーリズムなどが積極的に推進され、里海大学も開校され、これらが次第に周辺府県にも拡がることを期待しています。

里海の国際発信

里海は、今や国際語「Satoumi」になり、世界に広がりつつあります。欧米では自然環境や資源の保護・保全と利用・開発を空間的に分ける考え方が主流であったのに対し、里海では保全と利用を同一空間内でも調和させようとする新たなコンセプトが提示されています。海洋保護区（MPA：Marine Protected Area）の在り方などでも、里海のコンセプトが国際的に重要課題となってきたのです。さらに重要な点は、近年の沿岸域管理に関する国際的な新たな潮流と里海の考え方の親和性にあります。つまり、国際的には Integrated Coastal Management（ICM：統合的沿岸域管理＝沿岸域の総合的管理）、Ecosystem Based Management (EBM：生態系管理) や Community Based Management (CBM：地域主導型管理) が、近年の重要な流れです。里海はこれらのいずれとも親和性が強く、里海は、国内における「水質管理中心主義から生態系管理へ」の方向転換や「法律中心から地域主導型合意形成へ」の変化にも概ね対応しています。また流域圏を通して里山と里海をつなぎ森里海を一体的に捉える考え方は、「海域の単独管理から陸域を含む沿岸域の総合的管理へ」の変化によく合致しています。Satoumi に関する国際会議も頻繁に行われるようになりました。国際機関による Satoumi に関する英文出版もなされています。CBD（国連生物多様性条約）事務局からは日本の Satoumi に関する英文研究報告が出版され、国際連合大学からも "Satoyama-Satoumi and Human Well-Being" が刊行されました。

里海の概念の有用性として、国際的評価も高まっているように、環境や資源の保全と利用を持続的に調和させる点があり、また、実践としての里海づくりには身近に豊かな海を実現する点があります。最近、里海の考え方は一般社会の中でも市民権を得つつあり、全国紙の社説で「里海創生」が「海を身近にするチャンスに」として取り上げられました。里海と Satoumi を世界に広げることによって、世界各地の沿岸域に豊かな海と豊かな地域社会が持続的に実現することを期待したいと思っています。

日本漁業再生への道
瀬戸内海を例に

国立研究開発法人水産研究・教育機構 理事 **鷲 尾 圭 司**

▶ *2019.1.26*

明石の漁業

　兵庫県明石市の林崎漁協（漁師三百数十人）の職員を17年間やってきました。明石ダイやタコはブランド品で有名ですが、明石ダイは全水揚げ量の1％、タコで7％と両方合わせても8％です。その他ヒラメやスズキなど全部合わせても10%ちょっとしかありません。中心になるのはノリの養殖です。明石ノリ（兵庫県瀬戸内海側）は佐賀県に次いで日本で二番目の生産量です。ノリの水揚げ金額は全体の約7割を占め、次にチリメンジャコにするイワシで、その次がイカナゴです。

主要水産物 イカナゴ

　今から30〜40年前、瀬戸内海は赤潮が多発して「公害の海」といわれていましたが、実は魚の宝庫でした。1980年代に瀬戸内海は1km四方の海で20t、大阪湾は60tあまりの魚が獲れました。この時の世界平均は1tです。その頃、イカナゴのくぎ煮は瀬戸内海の漁村の他では食べる人はあまりいませんでした。イカナゴは大きく育ったもの（約10cm）は主に養殖魚の餌でした。香川県、愛媛県、九州の養殖地帯に送り、タイやハマチの餌になっていました。イカナゴを食用として高く売ろうと考え、小さいイカナゴ（3〜5cm）に注目しました。3月の新子を佃煮にすることを思いついたのです。漁協の女性部と相談し、漁村料理として昔からある新鮮なイカナゴの醤油炊きを考えました。試行錯誤して、現在の味付けで作ったイカナゴのくぎ煮が好評となり30年間で広く普及しました。

　最近、イカナゴの不漁が続いていますが、それは獲り過ぎではなく、環境の変化で減ってきているのです。地球温暖化で海水温が2℃上昇し、現在は年間の水温が10〜30℃の範囲になっています。イカナゴは水温18℃を超える

と砂中に潜って仮眠（夏眠）する習性があり、高水温化で早くから砂中に潜るようになってしまいました。また、そこから出てくるのも遅くなり、泳いでいる期間が短くなるので仮眠から覚めても痩せているのです。その後、体力回復ができないまま次の産卵に向かうので当然卵数が少なくなります。また、冬場、かつて水温が8℃まで下がっていた時にはイカナゴの天敵は紀伊水道に移動していましたが、現在の10℃では定住し、生まれたての小さいイカナゴを捕食してしまい、資源量が減ってきています。今後のイカナゴ漁は非常に心配です。

主要水産物 ノリ

　明石はノリの養殖が盛んですが、十数年前から色落ちが発生し、黒いノリができなくなりました。原因は瀬戸内海が浄化され過ぎて、ノリの生育に必要な窒素やリンなどの栄養塩が減少し、海が痩せてきたからです。色落ちしたノリは売れなくて困りましたが、ラーメン屋に需要が生まれました。豚骨ラーメンに添えるノリは色落ちしたものでも構わないのです。明石のノリは色落ちしていてもスープの中で溶けず食感があっておいしいといわれます。

　明石は潮流が速く、堅いノリになります。佐賀県の有明ノリは風味が良くて柔らかいのです。ノリの序列を相撲番付にたとえると佐賀県が横綱、明石は前頭三枚目から五枚目くらいです。

　このような明石のノリでもたくさん売るために、30年前、あるコンビニと提携しておにぎり用ノリとして売り出しました。コンビニのおにぎりは機械でノリを巻くので、有明海の柔らかいノリは破れやすく適しませんが、明石のノリは堅く破れないので商品としての成長が期待できました。ところが熊本県が堅いノリを明石より安く作り販売したので成功しませんでした。

　次に考えた作戦は、お付き合いのある肥料問屋から聞いた不思議な風習、節分に巻き寿司を食べることでした。巻き寿司なのでノリは堅いほうが良いのです。今度は別のコンビニに恵方巻を持ちかけたところヒットし、今では日本中に広がりました。実は節分に恵方巻を一本、丸かじりで食べることは、30年前に私が仕掛けたのです。

水産大学校での取組み（教育方針など）

　水産大学校は毎年200名程度の学生が入学します。今年も５倍近い競争率の人気でした。コンビニと小さなスーパーが１軒ずつしかない本州の西の果てにある、こんな所に今時若い人が来るのかなと思ったら、入学式の前日に３割の新入生は釣り竿を抱えてやって来ました。まさにこういう環境が天国だという学生さんが集まります。練習船を使って海の男を育てていますが、かつては一学年に１～２人しかいなかった女子学生が今は２割もいます。

　田舎に立地しているので、漁業や自然に向き合うのには良い環境です。入学して最初の５時間は私が授業を担当しています。大半の学生が水産の世界に持っている「魚を獲って売るだけ」のイメージを払拭することにその時間を割きます。毎日、釣りができるというだけではつまらないことを認識してもらうようにしています。

　水産の世界は、例えば水産加工会社での仕事を考えてみても、漁船などで漁業資源を獲ってきて漁港に水揚げして、加工、冷凍、流通など経済や政治の問題まで含めて考えることが非常に多くあります。

　漁業生産では生物多様性の確保などの環境を考えることも重要です。今、回転すし屋ではサーモンとサバの人気が高いです。しかし人間の都合で特定の魚種ばかり獲っていると、海は非常にもろい環境になってしまいます。明石の海も春夏秋冬、水温20℃の温度幅の中に様々な種類の魚が扱える環境を維持しなければいけません。海岸に砂浜があり、磯浜があり、干潟があるのは当たり前なのに、大阪湾沿岸はコンクリートで固められてしまいました。このような環境では大阪湾に元気が戻ってきません。バランスのとれた環境作りをする必要があります。学生は環境問題に関心を持って、時には仕事の一環として環境への奉仕活動にも参加してくれます。

　海産物の安定供給や安全安心も大切なことです。単に売れればいいというものではありません。安全で信頼してもらえる商品を出すことが大切です。また、高級魚ばかり扱うのでなく、経済的に厳しい人にも買ってもらえる大衆魚を提供する責任もあります。

日本漁業の再生

　我が国のこれからの水産事情は大変だということで、政府は漁業法を改正しました。しかし、その改正内容には深刻な問題もはらんでいます。昔は全国津々浦々に漁業協同組合があり、それは目の前の海を自分たちの責任で守っていこうとする漁業制度でした。それが変えられ、企業が参入してもよいことになりました。これまでのように地域が生きるためにではなく、都会の投資家が利益を得るためのものになりつつあります。日本全体を考えれば、それらは経済活動として GDP も押し上げますが、地域に反映されるようにはなっていないと思います。

　新しくできた資源管理の制度では一船ごとに漁獲量の年間割り当てが与えられ、成績が良ければその枠を増やすといいます。寡占化が進み一網打尽に獲られた魚がエサや肥料に使われ地域の食材からどんどん離れていくことが心配です。高知県仁淀川の沖合でウルメイワシの延縄釣りで、1匹ずつ獲った鮮度の良いものが刺し身用として宅配便で届きます。一網打尽にすれば1匹10円にもならないのが、200〜300円にもなるのに、法の改正でこのような漁の仕方が配慮されなくなりました。

　豊かになった日本の食生活の中で、好まれるものはイワシよりサーモンやマグロなど生態系ピラミッドの上位の魚です。上位の海産物は栄養価値が高いのでおいしいと感じます。しかし、健康面を考えると食物連鎖の下位の魚も食べることがおすすめです。国は魚の養殖を推奨していますが、これらに必要な餌として大量の下位の魚が浪費されます。今のように漁獲が減ってきた時にこれでよいかの再考も必要です。

　しかし、漁業者も獲るだけではだめです。物としての価値だけでなく、付加価値を付けることに知恵を絞らないといけません。明石のノリは十数年前からひどい状態が続きましたが、ここ2〜3年は随分良くなってきました。それは、成長の遅い品種に変えたからです。栄養が少なくてもゆっくり育てると、それなりに黒い丈夫なノリが採れ、収益性もよくなりました。

　長期的に持続可能な漁業生産を維持するためには、地域に密着した環境管理とそれに適応した漁業を周辺住民とともに守っていくことが重要です。

9

海とのふれあい・文化・地域活動を知る

加賀海岸緑化の普遍的価値
世界遺産を目指して

NPO法人加賀の森と海を育てる会 会長 大　幸　　甚

► 2017.5.27

加賀海岸の地形と歴史

　加賀市は2005年10月に、旧加賀市と江沼郡山中町の合併により誕生しました。その市域は、大聖寺川と動橋川の2水系の流域から成りたち、山地から日本海沿岸にまでわたる多様で豊かな自然を有しています。

　加賀市の地形は、低地、台地、丘陵山地に大別されます。北側は日本海に面し、台地と丘陵が分布するとともに、砂丘が広がっています。市域中央の低地は潟を埋め立てた三角州地帯です。大聖寺川と動橋川に挟まれた中央部は標高が高く、南側は山地が卓越し、標高100m以下のなだらかな丘陵帯の前山に続いて、標高1300mに及ぶ火山性の山地が広がります。また、大聖寺川・動橋川の両河川沿いには河岸段丘が卓越します。

　加賀の地には平安時代から栄えた歴史があり、北前船の活躍時には航路の

加賀海岸に広がる海浜植物群落（船本撮影）

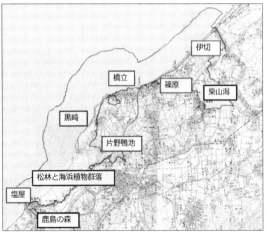

伊切
橋立
篠原
柴山潟
黒崎
片野鴨池
松林と海浜植物群落
塩屋
鹿島の森

加賀海岸の位置と範囲　総延長16.4㎞、面積42.95㎢（海域含む）

要所でもありました。往時の面影を残す豪邸の集落もあり、九谷焼など文化面でも豊かな土地です。

砂丘を松林に変える

　加賀海岸は加佐の岬から黒崎海岸を経て、片野海岸へと続いています。約4㎞の松林があるゆるやかなカーブと上り下りのある自然遊歩道です。かつてはその一帯は手のつけられないような砂丘地帯でした。現在の加賀海岸は人が関与しなかったら存在しておらず、自然と人間の共同作業によって生まれたものです。冬の強い季節風という自然の猛威を防ぐには、自然の力に対処する手段としての砂防林の育成が必要とされ、松林の造成が藩政時代からくり返し行われてきました。

　海岸中央部の大聖寺上木町には、「江戸中期、耕地参百八拾反、百五拾戸の地区が飛砂襲来で弐百反の耕地と主な集落が埋まり、耕地百八拾反、七拾戸に減り、多数が出村地区に避難した」という被害記録が残っています。この海岸一帯の住民は、それほど飛砂の被害に悩まされていました。飛砂、潮風から住民の生活と農作物を守るため、1911年に国が砂防計画を立て、本格的に砂防事業に着手し、クロマツの苗木が770万本植えられ、現在の松林ができました。当時植栽されたクロマツは樹齢100年以上となって、立派にその機

181

海岸の奥にある松などによる砂防林（船本撮影）

能を果たしています。海岸線の純白の砂丘と松の緑が調和し、1974年には自然休養林の指定を受け、サイクリングロードや遊歩道もできています。

蘇った生き物たち

　7月の満月の夜の海辺では、今では全国的に激減した海と陸を往復するアカテガニの大集団が幼生を放出する様子を見ることができます。クロマツ林の海側に広がる砂浜には、ハマゴウ、ネナシカズラ、イソスミレなど絶滅危惧種を含む多くの海浜植物がベルト状の群落をなしています。イソコウモリグモ、ハイイロクモバチ、カワラハンミョウなどの多数の昆虫類、タヌキやキツネなどの哺乳類、爬虫類、両生類と、加賀海岸は多様な生き物の生息地となっています。人工の片野鴨池周辺の湿地はラムサール条約登録湿地に指定されており、カモ類やオジロワシなどの鳥の楽園となっています。黒崎周辺では海岸に面した凝灰岩丘陵にハナショウブやユキワリソウの群生を見ることができます。また、黒崎の「黒」とは鉄のことで、海水に鉄分が豊富に供給されるので海藻がよく茂り、黒崎のワカメは宮中に献上されていました。魚類が産卵によく集まる所で、橋立漁港はかつて北前船の港として栄えた所で、北前船の資料館があります。

三つの地域の違い

　塩屋から片野地区の特徴は、冬に寒い季節風が吹くため、砂防植林が必要

となる地域です。江戸時代には一晩で4.5mの砂が積もったと歴史書に書かれています。海浜植物群落、鹿島の森、片野鴨池周辺の湿地があるため、500種以上の昆虫が生息しています。片野鴨池は約10haの池で、元禄時代に新田開発のために作られました。毎年11月から2月をピークに数千羽のガン・カモ類が飛来し、ラムサール条約にも登録されています。カモが飛来するようになり、狩猟の環境整備のため植林や造成を行ないました。自然を壊すことなく続いてきた坂網猟と田んぼは湿地の「賢明な利用」として評価されています。

　片野から橋立地区の特徴は、凝灰岩丘陵地帯で、ユキワリソウなどの高山植物が生育しています。凝灰岩と表面の土砂の間に水がしみ込み、地下水となって海に流れ、その地下水によって原生のハナショウブなど、多様な植物群落ができあがっています。海には藻類や魚類、貝類が多数生息し、繁殖の場となっているので、海のビオトープにしたいと考えています。

　尼御前岬から伊切地区の特徴は、塩屋から片野地区と比べ季節風はそれほど強くないため平地での植林が可能で、江戸時代の植林が成功した地域です。また、尼御前から加佐の岬にかけては、謡曲「実盛」で有名な斎藤実盛（さねもり）関係の史跡が多く、篠原の戦場の跡であり、終焉の地でもあり、塚や首洗い池が残されています。

今後への期待

　市長時代に小学校の校舎前庭にビオトープを作りましたが、今では各地からたくさんの見学者が来られます。日本各地でも見習って、こうしたビオトープを作って欲しいと思っています。

　加賀海岸の海岸林は生態が安定して以降、哺乳類や爬虫類、両生類が20種、昆虫500種、鳥類が340種、クモが8種の生息が確認されています。加賀海岸は、人間が250〜300年以上もかけて、知恵工夫で世界有数の生物多様性に富んだ地域を生み出し、自然以上に自然な海岸森として、永久に残すべき人類の英知の証と考えています。日本ならびに世界の都市で、その土地に応じた生物多様性地域を作るためのモデルケースとして、世界遺産に登録されるべき存在ですが、実現には残念ながらまだ時間がかかりそうです。

丹後の海を守り地域を創生する

NPO 法人丹後自然を守る会 代表 **蒲 田 充 弘**

▶ *2017.7.22*

活動のきっかけ

　京都府北部の与謝野町に生まれ、学校卒業後、京都市内でデザインと服飾関係の仕事に従事してきました。子供が生まれると、豊かな自然に恵まれた自分の故郷で育てたいと考え、家族で与謝野町に帰りましたが、目に付いたのは汚れた海でした。景勝天橋立の内側にある阿蘇海は外海との水の入れ替わりが少ない内海で、塩分濃度は低く、昔からクロダイなどが産卵に入ってきて稚魚が育つ豊かな海でしたが、生活排水の流入による赤潮発生や、ダイオキシンなどの流入による化学汚染で、昔の阿蘇海とは大きく変わってしまっていました。そこで、阿蘇海を以前の状態に戻そうと、2003年に NPO 法人丹後の自然を守る会を設立し、活動を始めました。

ふるさとの海をきれいにしたい

　京都から故郷に戻った16年前、この地域では家庭の使用済み天ぷら油を生活排水と共に海に流していて、その結果、阿蘇海は魚など生物が棲みづらい状況になっていました。すぐに、各家庭を回り使用済み天ぷら油を回収することを始めましたが、地域の人々の理解を得るまでがなかなか大変でした。行政や各家庭に地道に呼びかけました。回収を始めた当時、回収量は1カ月20ℓほどでしたが、その後次第に地域の理解が進み、丹後地方1市8町で1カ月500ℓにもなりました。回収した廃油は自宅に設置した小型のバイオディーゼル燃料製造装置で軽油に再生し、バイオ燃料としてパッカー車などに使用されています。これまで川や海を汚していた廃食用油がバイオ燃料になり、環境にやさしいシステムが構築できました。

　「天ぷら油を回収し燃料化する」活動がさまざまなテレビ番組で紹介されてから、この活動が丹後地方全体に広がり、廃油回収量は月1万ℓにもなり、

製造したバイオ燃料は農家が使う耕運機にも使用されるようになりました。小学校の環境教育に取り上げられると子供たちから保護者に伝わり、ふるさとの海、川を汚さないようにする気運が町全体に広がっていきました。

　下水道施設が普及したことも大きな追い風になり、阿蘇海は綺麗になり始めています。環境が改善されるとともに、アサリなどの貝がとれるようになりました。また、コハクチョウが飛来し、エサをついばむ光景が見られるようになってきています。

小・中学校の環境学習や地域イベントへの参加

　小学生への環境教育では、使用済みのてんぷら油がバイオディーゼル燃料製造装置によってバイオ燃料に生まれ変わることを、実物を見せて理解を進めています。また、廃油を再利用せずに川や海に捨てるとどうなるかを、いろいろな選択肢を与えて考えてもらうなどの方法で環境教育に取り組んでいます。中学生への環境教育では、阿蘇海を守るために自分たちに何ができる

かを考えてもらう授業を年3回実施しています。海辺の生き物調査や微生物がヘドロを分解する様子を観察し校内で発表してもらうなどの手伝いをして、学校の環境学習に協力しています。

　また、地域イベントにも積極的に参加しています。2008年には自然公園ふれあい全国大会において、バイオ燃料で動く発電機を展示、また京都環境フェスティバルではレーシングドライバー片山右京氏に京都のバイオ燃料の優秀さをアピールし、レース用車両に使用してもらう働きかけをしました。

バイオディーゼル製造装置（船本撮影）

シロサケの遡上と保護活動

　阿蘇海湾奥に流れ込む野田川には昔からシロサケが遡上し、今から1300年も前に、丹後から奈良朝に納めていたことを示す木簡も見つかっています。近年、野田川でシロサケの遡上が確認されました。由良川で放流したシロサケが迷い込んだのではないかとの意見もありましたが、春には阿蘇海でサケの稚魚が発見されたことから、天然のサケと考えられます。このような伝統のあるふるさとの川を守っていくために地元住民、大学生たちに協力してもらいシロサケが遡上を始める前に、川を清掃しています。

　野田川流域の下水道普及率は、川下は90％程度ですが、上流は60％程度と遅れています。シロサケ保護の名目で、下水道普及率を高める働きかけをしています。また、野田川清掃作業に参加する学生から一人1000円の参加費をもらい、公民館に宿泊してもらっています。そこで地元の人々と、川のこと、サケのこと、環境のことなどを語りあい、地域住民と学生が一つになって活動しています。大学が行う地域活性化のゼミに参加する学生もいて、彼らの感想は、「実践的に活動できるし、地域の課題がよく見える」と好評を得ています。

　シロサケ産卵を記録し、専門家に見てもらうと、天然のシロサケが遡上する様子を記録した本邦初めての記録とのことで、新聞社に知らせ報道してもらいました。子供たちや町民にも見てもらい、また与謝野町長には、シロサ

産卵後、いのち尽きたサケ（船本撮影）

野田川に遡上したペアのサケ（船本撮影）

ケは与謝野町の宝であり、観光ビジネス以上の価値あるものにしようと働き
かけています。このような活動は行政主導ではなく、民間レベルで盛り上げ、
進めていかねばならないと考えています。

国際ボランティア協会と協同で阿蘇海の清掃・カキ殻撤去

　阿蘇海で盛り上がるくらいに付いたカキ殻を取り除くことは、潮の流れを
良くするために大切な作業で、体力的に厳しいので国際ボランティア協会に
100人ほどの若者の派遣を要請しています。全国から若者が泊まり込みで地
元の人々と交流しながら作業に励んでくれています。撤去したカキ殻は農家
に販売し、桑畑の肥料にしています。撤去しただけではカキ殻はごみですが、
肥料にすることにより循環型になります。このような仕組みを実際に経験す
ることは、学生にとって良い原体験になると思っています。地元の方々や学
生を巻き込んでいくことを、これからも継続的に続けていきます。

海と遊び、海を守る

旅館海月 女将／海島遊民くらぶ 代表 　江崎 貴久（き く）

► 2017.6.10

伊勢志摩の魅力を伝える

　昨年創業130年を迎えた鳥羽の老舗旅館「海月（かいげつ）」の５代目女将を、23歳の時に継ぎました。当時、この街の観光は、大型の観光施設が並び、お土産店に旅館やホテルなどすべてが利便性を追求し、「紋切り型のスタイリッシュさ」を売りに、都会を追いかけているように感じました。

　伊勢志摩は伊勢志摩国立公園として、戦後初めて国立公園に指定された場所です。私はその国立公園を舞台に仕事をし、旅館の女将をしているときもあれば、ツアーガイドをしているときもあり、また、いろいろな会議などに出させていただいています。さらに、最近大学に通い、ドクターコースで観光と漁業についての研究をしています。観光と漁業がいつの間にかすごく離れた存在になってしまい、やはり観光の中で漁業をある程度理解した人がいないと、この先進めていけないと思って、今研究をしているところです。立場はそれぞれに違うのですが、すべて同じ仕事だと思っています。何をしているかと言えば、日本の魅力、伊勢志摩の魅力を伝えることであり、人を幸せにする仕事をしています。

「らしさ」と「ならでは」

　子どものときから、近所の海で気軽に釣りをするのが楽しみだったのですが、ここに観光に来た人はそれができません。それができるようにしてあげたいと思って始めたのが、修学旅行生向けの「釣り体験」です。釣り体験から、離島のすばらしさや、ありのままの鳥羽の魅力を修学旅行生だけでなく、伊勢志摩地域を訪れるお客様に利用していただけるツアーとして、「海島遊民くらぶ」を企画し、ガイドの仕事がスタートしました。

　観光とは、「光を観る」と書き、その国や地域の「光を示す」もので、「幸

せを感じる」ことです。まず、みんなで自分たちの豊かさを感じようということで始めました。「光を観る」の光とは何なのかというと、「らしさ」と「ならでは」と考えています。「らしさ」というのは「地域資源」で、そこに「ならでは」という「光る仕掛け」をして、そして初めてこの地域の魅力を伝えることができ、これが観光資源になっていきます。この法則がとても大事だと考えています。

　この法則に基づいて企画した例を三つ紹介します。海ホタル見学とワインを楽しむ大人向けナイトツアー「ほたる＆海ほたる観賞とワインを楽しむツアー」、地元の鮨屋など数軒を回り店長他から生の話を聞く「鳥羽の台所つまみ食いウォーキング」、自然を守るルール、漁民への配慮を学ぶ「無人島たんけんプログラム」です。

「感幸」から「成幸」へ

　伊勢志摩サミットでプレスツアーの手伝いをしましたが、単なる観光ＰＲでは世界に発信されず、社会問題とか経済問題に結び付いたものでなければならないことを再認識しました。例えば、鳥羽沖の答志島に残る寝屋子制度や、特別な魚市場などの漁民の暮らしぶりです。伊勢神宮のおかげ横丁で、昔ながらの作り方にこだわる漬物屋や、鰹節屋の生き様も、女性が漁業に活躍する海女の実態などもそうです。

　跡継ぎのないままでやめてしまう漁師さんやお店がいっぱいあります。地域振興に力を入れてきたツアーの活動が盛んになっても、地域でやめていく人が増え、参加する人が減っていきます。結局は、なかなか課題が解決していかないという現実に直面しました。この豊かさとか、絆が深いということは、地域にとって重要なことですが、それだけでは地域活性化というのは持続しません。メディアにも取り上げられ、集客交流が賑わいを作ることで、一瞬は地域活性化につながり、盛り上がります。何かいい空気になってくるのです。でも、それだけでは持続しないことも実感しました。

　観光は、幸せを感じる「感幸」と考えましたが、最終目的じゃないなと気づきました。震災などがあって思ったことは、その逆だと。「観光によって、もっとみんなを幸せにしていく」という積極性が、私たちのプロジェクトの

中になかったということに気づきました。もちろん幸せを感じるということは大事ですが、これはファーストステップにすぎません。「私たちは観光をもって幸せを成す」という「成幸」を目指さなきゃいけないというところに気づき、もっと能動的にやっていこうとの考えに至りました。

地域貢献

　鳥羽の産業構造では、1次産業、2次産業、3次産業のバランスが悪化し、どんどん1次産業が小さくなっていることが大きな問題です。なぜなら、この地域の場合は、それまで漁業と観光を軸にやってきました。そして、お客様はおいしいものを食べることを目的に来てくれます。おいしいものとは魚介類なので、魚介類を獲る人がいなければ、観光が成り立っていけるはずがありません。ここが一番問題だと感じています。

　「海島遊民くらぶ」は、そもそも「大好きなもの」というところから成り立っています。大好きなものとは、「地元の人たち」、「地元の食材」、「地元の自然」の三つです。大好きなので、先ず「みんなに知ってほしい」と思います。みんなに知ってほしいと思うので、「商品づくり」が必要になります。それと、「ずっとあり続けてほしい」という気持ちから「地域貢献」につなげていくという、この二つの柱からできているのが、「海島遊民くらぶ」の活動で、ツアープログラムです。「商品づくり」は外の世界とつながっているところなので、マーケティングになります。

　「地域貢献」については、いいことを地域のために奉仕してやってあげるという感じがありますが、自分たちの地域の経営資源を確保していくための活動なので、長期のビジョンとして大事なことだと位置づける必要があります。そうしないと、余裕があるときにしか取り組まなくなり、しんどくなれば、やめてしまうという悪循環に陥ってしまいます。そのため、地域貢献をしっかり自分たちの将来の経営資源の確保と位置づけています。

島っ子ガイド

　そもそもの観光の役割というのは、お客様と地域の魅力をつなぐということで、観光でお客さんが来られて、お金を払ってくれるというだけの話では

ありません。観光というのは、本当にいろいろな幅広い効果を生み出す可能性があります。その一つの例が、これからお話しする「島っ子ガイド」です。菅島のお母さんがある時、「よそから来る子たちは、本当によく挨拶をしてくれる。逆にうちの島の子たちはよそに行ったときに、こんなに挨拶ができるんやろか、と心配になる」と言われました。学校の先生に聞いたら、島の子たちは「すごく素朴でいい子たちだけど、知らない人に会う経験がすごく少ないので、なかなかコミュニケーションが上手に取れなくて、中学生になって本土に通うときに友達作りにちょっと苦労する」ということでした。「そうなんや……。じゃあ、先生何か一緒にやろうよ」ということで始めたのが、「島っ子ガイド」という取り組みです。

　島の子どもたちにガイドボランティアをやってもらっています。初めは不安そうな表情をしていた子どもたちがガイドボランティアをやって帰ってきて、その日の出来事を生き生きと話すのを見て、保護者がとても感動し、協力的になり、どんどん島の人たちが自主的に変わりました。島っ子ガイドのときは、島の皆さんがふるまい汁をしてくれたり、自分たちのつくった干物を試食で出したりしてくれるようになりました。

　大人が変わったので子どもたちもさらに変わりました。最初の頃は、ガイドを始める子たちが島について何も知らなかったのに、今ではすごくいろいろなことを知っています。これは、親や島の大人が、子どもたちが小さいうちから島っ子ガイドになるために島のことを意識して教えるようになったからだと思います。また、強いメッセージ性のあるガイドシナリオも作ってくれるようになりました。この「島っこガイド」の取り組みが今すごく注目を浴び、他地域へも広がりを見せています。

　観光の使い方というのは、お客さんが来ておもてなしするという一過性の経済活動だけではなく、地域の将来を形成するために創造的な発展をさせることです。「おもてなし」は「以て為す」ということです。実際に何を為せるのかを地域で考えながら継続していきたいと思います。

神宿る宗像の海づくり

「海の鎮守の森プロジェクト」の挑戦

宗像鯱の会 代表 **養 父 信 夫**

▶ *2018.12.8*

はじめに

　福岡県宗像市の宗像大社の神官の家に生まれ、1986年に大学を卒業とともに東京の会社に就職しました。その生活の中で驚いたことは、東京では山の姿が見えないこと、海が汚いこと、地面がコンクリートで固められ土が見えないこと、川がコンクリートの三面張りなど、宗像にはないものを多く見ました。

　結婚してまもなく1995年1月17日に阪神淡路大震災が起こり、また地下鉄サリン事件に遭遇し、都会での生活にリスクを感じました。このような環境で12年間サラリーマン生活を続けましたが、残業も多く疲れる日々でした。20年前に「グリーンツーリズム」という言葉に出会い、このことにすごく惹かれ、35歳の時に独立して都市と農村をつなぐグリーンツーリズムを広げる会社を開始しました。「九州のムラ」を元気にする活動を展開しています。その活動の一端を紹介します。

宗像について

　福岡県の福岡市と北九州市の中間に位置し、大島村、宗像市、玄界町が市町村合併してできた、人口が9万6000人の漁業が盛んな都市です。宗像は、中国大陸や朝鮮半島に最も近く、外国との貿易や進んだ文化を受け入れる窓口として、重要な位置でした。4世紀後半から9世紀末まで続いた、航海安全に関わる古代祭祀遺跡が残されています。

　宗像大社は広島の厳島神社を含む全国6200末社の総本山です。天照大神の三柱の御子神(三女神)がまつられ、田心姫神は沖津宮、湍津姫神は中津宮、市杵島姫神は辺津宮におまつりされて、この三宮を総称して「宗像大社」といいます。沖ノ島は三女神をまつる宗像大社の一部として、島にまつわる禁忌

や遙拝の伝統とともに、今日まで神聖な存在として継承されてきました。

　2017年7月に「神宿る島」宗像・沖ノ島と関連遺産群」として沖ノ島、小屋島、御門柱、天狗岩、沖ノ島遙拝所、中津宮、辺津宮、新原・奴山古墳群の八つの構成遺産からなる世界文化遺産に登録されました。しかし、世界遺産登録に際して、当初 ICOMOS（国際記念物遺跡会議）は沖ノ島と周辺の三つの岩礁のみに普遍的価値を認め、他の四つの構成資産を除外した形で登録を勧告しました。

　登録までに時間がなく、逆転登録の難しさが囁かれましたが、世界の人たちが理解できるキーワード、Spiritual（霊性）、Animism（精霊信仰）、Ecology（生態学）を強く訴えることで、ユネスコの理解を得て宗像大社全体が登録されることになったのです。沖ノ島は神職だけ上陸することが許される神域で、観光客が上陸できるわけではありません。海上から眺めることしかできません。多くの世界遺産は観光ビジネスが先行する中で、ある意味、観光に流されない世界遺産になっています。

　宗像三神は宗像の神様であり、漁師が三神を守ってきました。海の環境も宗像七浦の漁村の人々が守ってきました。しかし近年、沿岸漁業を取り巻く環境は厳しく、鐘崎は以前アワビ漁などの海人漁を中心に潤った漁村でしたが、近年は磯焼けで不漁が続き、立ち行かなくなってきています。世界遺産に登録されたのを契機に、持続可能な環境・観光地域づくりを目指して、鐘崎を起点に海の環境を守る地域をつくる活動に取り組んでいます。

宗像国際環境会議

　宗像の世界遺産を守ってきたのは地元の漁師ですが、その漁師を取り巻く環境は磯焼けや大量の漂着ゴミへの対応など、非常に厳しい状態にあります。漁師を支援し、海の環境問題を考える場として「宗像国際環境会議」を2015年に立ち上げました。年に1回、夏または秋に3日間開催しています。そこでは、海の再生活動として、地元の福岡県立水産高校が実施していた竹魚礁作りを応援する取り組みや海岸の漂着物清掃を実施しています。また、次世代のグローバルな視野を持った人材を育成するプログラムとして、宗像国際育成プログラムを年8回実施しています。元東京理科大学教授黒田玲子先生

に塾長を、協力企業担当者に講演などをお願いしています。

　最初の2年は東チモール大統領、気候変動に関する政府間パネル（IPCC）議長、スウェーデンの海洋担当大使などグローバルな方々によりハイレベルな協議がされましたが、現実の問題から遊離した議論が目立つ結果となりました。そこで、夏に1回行う環境会議の構成メンバーを宗像市、観光協会、漁協、宗像大社、地元のNPOの環境団体、協力企業、地元水産高校、九州大学とし、行政、民間、大学と産官学協働の実行委員会を立ち上げました。

　環境会議の一つの力としては情報発信力があります。世界遺産に連動するとメディアも注目し、特番を組んだりします。我々はそれと連動し、海の環境問題を世界に発信しています。環境会議の活動は、環境省の中井徳太郎（現環境事務次官）や地上資源経済圏を提唱する日本環境設計株式会社の岩元美智彦さんの講演、「世界遺産から始まる新たな挑戦！」シンポジウムを実施しています。また、竹魚礁作りや漂着ゴミ清掃のフィールドワーク、海女さんの公募による後継者づくり、などの活動を展開しています。竹魚礁作りは、魚付き林を守る取り組みの一環で、宗像では山の竹林害が多く発生しているので、その竹を活用しています。中国、韓国、東南アジア諸国で川に流されたプラスチックゴミが宗像の海岸にも漂着しています。今後は、CO_2の排出を抑えた観光振興としての自転車を活用し、海岸線の漂着ゴミを拾いながら、周遊するようなプランも造成中です。

海に沈めた竹魚礁

宗像鯱の会

　今年、寅年生まれの同期生３人で宗像市鐘崎に"宗像鯱（しゃち）の会"を立ち上げ、観光、環境、地域づくりの組織を確立し、次の世代につなげようとしています。観光、環境で経済活動が成り立ち、世界に対して宗像をどのように売り込むか、訪日客を宗像に取り込む仕組みづくりをしています。上海の観光グループの受け入れや、パリでのジャパンフェアでPRしています。

　環境保全活動の経費は、最初の３年間は行政からの交付金でやりくりできますが、３年を過ぎると自立して賄っていかないといけません。そのため、環境会議の事務局機能として、次の３項目を計画しています。一つは、「海の鎮守の森基金」を創設し、行政主導で進めてもらう取り組み。次に、民間の大手企業のSDGsの取り組みを、宗像を舞台とした環境テーマを提案していくことで、企業のリソースである人・物・金を活用する取り組み。最後は鯱の会の活動による観光・環境で経済活動が成り立つようにする取り組みです。

　さらに、これからの社会に情報発信する活動を拡大するために、日本財団に四本柱で支援を申請しています。一つ目は、海の中の環境調査を予算化し九州大学に調査をしてもらい、ゆくゆくは海藻でお花畑を作って観光につなげていく「海の植物園プロジェクト」。二つ目は、九州大学がある企業から譲ってもらったイリジウム通信機能を持ったブイを流し、どこから漂着ゴミが流れてきているのかの実際のデータを集める「海の足跡プロジェクト」。三つ目は、中学生から大学生までに海の環境保全のための提案を出してもらい審査し、予算化し、人や技術を支援し次の世代を育てる「海の甲子園」。最後は、海女さんからヒアリングした環境のキーワードと押し藻で本を作り、販売、環境活動に活かす「海の環境読本」です。

　これらに加えて、育成プログラムを強化して、さらに社会への情報発信を強めていく予定です。企業、自治体、地元商売人それぞれが、それぞれの役割を果たしていくことにより、継続的に海、砂浜、ひいては川、里山、森の環境保全を行っていける仕組みを作り上げていきたいのです。環境問題に対する取り組みは、長い年月をかけて続けていくことが大事です。だからこそ、地元でしっかりと実行していかなければならないと思っています。

瀕死の海、有明海とともに生きる人々

映画監督　井 手 洋 子

▶ *2018.2.24*

蠢く命、宝の海
<small>うごめ</small>

　瀕死の海、有明海といわれますが、広大な干潟にカメラを向けてムツゴロウなどの様々な干潟の生物を観察していると、改めてその魅力に心を奪われます。故郷の海、有明海の魅力を再発見するとともに、一方で、沿岸地域の農漁業や生態系を脅かす様々な問題が渦巻いている現実に直面します。複雑に絡み合った問題の解決は容易なことではありませんが、映像ディレクターとして有明海沿岸の農漁業や研究に携わる人々との出会いを重ねて実情をお聞きし、それを多くの方々に映像として届けたいと思っています。

「有明海一番」を目指す海苔師たち

　有明海は、今では海苔養殖が盛んですが、私の故郷鹿島の漁師さんたちは、かつては、夏はアゲマキ貝、冬はカキを採って生活する人が多かったです。こうした漁師はガタボウと呼ばれます。今も潮が引くと黒々とした広大なカキ礁が見られますが、今日では専業のガタボウさんは数人しか残っていません。

　多くの漁師さんは海苔養殖を生業としています。海苔は家内工業ですが、高額な乾燥設備を必要とします。海苔はその品質を細かくチェックされて等級区分されます。佐賀県では「有明海一番」というブランド海苔を作っています。公募で選ばれた30人の食味検査員が味わったり、特殊な検査機械を通して七つの「おいしい海苔の評価基準」をクリアしたものが「有明海一番」のブランド海苔を名乗ることを許されます。評価基準は、うま味のもととなるタンパク質含有量が50％以上、香りレベルが「優」以上、口どけが食感測定値40回以内のやわらかさ、うま味（おいしいものであること）、色・ツヤ・形の美しいもの、一番摘みの初物、海苔の育成環境を限定できることです。ブランド海苔である「有明海一番」は、高値がつくので、海苔師たちは、この製品をつくることがモチベーションになっています。

赤潮

　近年、海苔漁師を悩ませているのが、赤潮による海苔の色落ちです。海苔の黒い色は、海水に含まれる栄養塩、中でも窒素分が重要で、栄養塩の濃度が低くなると、海苔の黒い色は保たれなくなり、海苔の色落ちという現象が発生します。

　海苔の色落ちの原因の一つは赤潮です。2000年には、リゾソレニアという珪藻プランクトンの大量発生によって大規模な赤潮が引き起こされました。2014年の1月には、アステリオネラ、スケレトネマ、ユーカンピアという珪藻プランクトンが増殖し、海苔の成長に必要な栄養塩がこうした珪藻類によって消費され、貧栄養状態になりました。

諫早湾締め切り後の有明海

　諫早湾の潮受け堤防締め切り直後から毎年、有明海に生息する生物に関する調査を続けている科学者の中に、元長崎大学教授の東幹夫先生と静岡大学教授の佐藤慎一先生がおられます。諫早湾潮受け堤防内側の調整池では、毎年夏になるとアオコが発生します。毎年、東先生たちがその底質調査を実施されていますが、底泥の中にはほとんど生き物が確認されません。アオコにはミクロシスチン（肝臓毒）という有害物質が含まれています。こうした問題のある調整池の水が、大量に雨が降るとその都度、排水門を開けて、外の諫早湾へ排水されます。そのことで、有明海の海苔養殖に甚大な被害をもたらしています。ノリの色落ちや芽流れ現象に排水が影響していると多くの漁師は言います。

有明海の再生を願う漁師たち

　海の異変が続いていて、有明海の漁師は海苔だけでなく、魚が獲れない、貝が採れないと深刻な被害を受けています。再生を願う漁師たちが訴訟を起こしています。異変の原因の一つだと考えられる、調整池からの汚濁水の排水による被害を防ぐために、諫早湾の潮受け堤防の排水門を開けて、調整池に海水を入れようというのがその漁師たちの主張です。開門して調整池の汚れた淡水が海水の流入によって物理化学反応を起こして水の浄化が起こると、海はどのように変化するのか、排水による被害がなくなる可能性などを調査すべきという漁師たちの意見は、裁判で認められ、漁師側が勝訴しました。

しかし、国は裁判所が命じた3年間の準備期間を経て開門するという確定判決を守らずに今日にいたっています。国は、開門するかわりに多額の税金を投じて海の再生策を講じてきましたが、めぼしい効果は見られていません。

有明海のアサリとアゲマキ

諫早湾内では、アサリの漁場復活のために、海底に酸素を注入するための装置を載せた台船が2基、海上に設置されて、毎年夏場に3カ月程稼働しますが、その効果は定かでありません。不足するアサリの漁獲量を補うために、補助金を使って中国産の稚貝を購入して散布している現実があります。かつて佐賀ではアゲマキが大量に獲れて地元民の貴重な栄養源になっていましたが、今日ではほぼ絶滅しています。県当局は、20年前からアゲマキの復活を目指しての取り組みが続いていますが、一度絶滅した生物の再生には甚大な努力が必要であることがわかります。

若い漁師たちによる海上デモ

私のふるさと佐賀県鹿島市には後継の若い海苔漁師がたくさんいます。2017年の年末のこと。調整池からの大量排水の影響を受け、ノリの色落ちが発生しました。これまでデモなどと全く無縁だったのですが、自分たちで何とかしたいとの思いから、30歳代の若い漁師たちが漁協幹部の反対を押し切って、諫早湾に50～60隻の船を集結させて大量排水反対の抗議活動を行いました。

最後に

カメラを通して初めて、有明海の自然の素晴らしさと奥深い魅力、厳しい現実をつぶさに知りました。地元の人でも、海の仕事をしていなければ魚や貝がとれなくなったことを知りません。ましてや海や山から遠く離れた都市で暮らす人たちはなおさらです。

故郷の海がどうなっているのか、知りたくて始めた撮影ですが、沿岸の漁業者や農家の方々と出会い、彼らの仕事や暮らしを見て学んだことを製作中の映画に託しました。今、有明海は瀕死状態ですが、そこでたくましく生きる人々の姿にこそ希望があると信じています。

離島の暮らしを世界に紹介する

ナガサキアイランズスクール・小さな世界学校 代表 **小 関　哲**

► *2016.6.25*

平戸での子供時代、海外そして再び平戸へ

　長崎県は複雑な海岸線がもたらす豊かな自然に恵まれ、また近代以前に諸外国との外交窓口を担ってきた歴史から、人間・自然の両方について学ぶにあたり極めて優れたフィールド（教材・キャンパス）であると言えます。かつて多くの異国船が行き交った平戸城下町に生まれ育った私は、少年期には季節の魚貝を素潜りで獲る楽しみに夢中になり、夏休みには一日の半分以上の時間を海中で過ごし、父親の酒の肴や晩御飯のおかずの調達役を担っていたものでした。

　私の父は1980年代前半、米国テキサス州で技術者として働いており、私も１歳から４歳になる直前までアメリカで育ちました。しかしある日、両親は「自然の豊かな場所で子供たちを育てよう」と決意し、会社を辞めて母の故郷である長崎県平戸市にて新しい生活を築くことになりました。父は小さな英語塾を経営しながら「読売新聞」の平戸支局長を兼任し、アウトドアスポーツ、郷土史探究、国際交流などいくつもの関心分野をま

松浦史料博物館（旧藩主屋敷）から平戸城を望む

平戸城下町（船本撮影）

平戸城下町（船本撮影）

たいで、母や仲間たちと共にとても楽しそうに平戸での生活を満喫していたように思います。

　近年、都会から若者が各地の小さな町や村へUターンやIターンし、様々な活動や事業を立ち上げているケースが増えています。思えば1980年代、「アメリカ帰りのエンジニア」のキャリアを捨て平戸での子育てを選択した当時20代後半の私の両親も、現在の「地方移住ブーム」の少し早い先駆けだったのかなと、私は彼らの当時の選択を今あらためて有難く感謝しています。

　その後、両親が願った通り私たち兄弟は平戸の豊かな自然と人情に恵まれて幸せに育ち、それぞれ10代後半からは都会や海外で教育を受けたものの、20代後半に「まるで鮭が故郷の川に導かれるように」故郷へと戻りました。弟は現在プロのハンター兼ジビエ料理人として平戸の山中にカフェを営み、私は海外や日本の若者に「日本の田舎が秘める21世紀的価値」を日英2カ国語で紹介する教育プログラムの提供者として、平戸での暮らしを大いに楽しみ生活しています。

アメリカの教育団体から「世界一」の評価を獲得

　2007年、アイゼンハワー元大統領によって創設された世界最大級の教育旅行組織「ピープルトゥピープル」が派遣するアメリカの高校生、約360人を受け入れる機会がありました。約1週間の滞在中、彼らは一般家庭にホームステイして地元漁師や農家と共に漁や田植えを経験し、地域の子供やお年寄りと交流を深め、「古き良き日本の暮らし」を堪能しました。長崎では被爆者の体験を聞き、長崎の高校生や大学生と「これからの平和」について語り合うなど、単なる観光とは一線を画したこのプログラムは、同団体がこの年世界48コースに約2万7000人の学生を派遣した中で最も高い評価を受け、「世界第一位の国際教育プログラム」として表彰されるということがありました。当時27歳の私を中心とする若いチームが平戸や小値賀島という世界的に無名

な地域にて「各国の旅行会社が作る教育旅行商品」より高い評価を得る教育プログラムを作ったということが国内外でちょっとしたニュースとなり、その後各地の大学や団体、NPOなどからお仕事や講演に呼んで頂く機会が増えて、本日皆さんとのご縁に至ります。

平戸・イギリスで与えられたもの、日本の教育に欠けているもの

当時まだ20代の若者に過ぎなかった私が一連の「国際的に通用するプログラム」を発想・構築・運営することができた要因は二つあると考えています。①平戸という豊かなローカル世界にて様々な「本物」を体験する少年期の蓄積があったこと、②16歳から留学したイギリスのユニークな国際学校(UWC)にて良質な国際経験を積み、英語で「自分のことば」を語れるようになっていたことです。

1995年、平戸での豊かな少年期を経て佐世保市の高校に進んだ私は、まるで戦前を彷彿とさせる一部教員の理不尽な暴力や、あまりに過剰な受験ストレス、またその被害者である学生間に蔓延する陰湿ないじめや同調圧力など日本の教育現場に存在する様々な矛盾や幼稚さに、大きな失望と憤りを感じていました。「このような場所で自分の最も多感な数年を浪費する訳にはいかない」と中退を決意した私は必死に資料を集め、ある日雑誌で知ったUWCという夢のような学校を目指して1年間の猛勉強を行い、幸いにも合格して16歳の夏に渡英することができました。

UWCは第二次大戦後に生き残ったヨーロッパの教育界有志により「次世代の国際リーダー」を養成するため設立された国際教育機関です。毎年各国から数人の若者を選抜し、奨学金を与えて世界12校のキャンパスで2年間の高度な国際人教育を無償で提供します。世界の政財界人が理事職を務め、私の在校当時の名誉会長はネルソン・マンデラ氏でした(日本では経団連を事務局として奨学生が募集されています)。

私が学んだイギリス校は12世紀の古城が校舎で、世界中から350人の仲間が集まっていました。世界の政治経済など幅広いテーマについて時には夜を徹して語りあったり、地域の消防・救急やNPO活動の第一線を有資格者として担ったりするなど、学生は皆若者らしい感性や理想主義を存分に発揮し

ながらそれぞれの興味・関心を追求していました。恵まれた環境で勉強する中、どの国の若者も「自分たちは社会に存在する様々な暴力や矛盾、差別と闘うためにここで学んでいる」という意識や使命感をとても強く持っていました。ところが帰国後の日本では、例えば京都大学のような比較的優位とされるポジションにいる若者ですら、「世の中をもっと良くしたい」という意識が驚くほど希薄に感じられました。

21世紀世界に通用する「何か」のヒントは足元にある

　もっと言えば日本の若者の多くは「自分の人生は自分の良心が示す方向にデザインすることができる」というそもそもの認識や自信、その基盤となる自己肯定感や時間・精神的余裕というものを充分に与えられないままに子供時代を過ごし、諸外国の恵まれた若者と比べて大きく何かが不足している状態のまま「社会という殺伐とした戦場」に放り込まれているようにも感じられました。

　これから日本は厳しいグローバル競争の中で経済規模の縮小や地球規模の環境問題・感染症などへの対応、また非常に繊細な舵取りが必要とされる近隣諸国との衝突回避など、「きわめて高度なサバイバル能力」を求められる不安定な時代に突入していきます。そんな中、私は視野の広い両親のおかげで平戸で豊かな少年時代を過ごし、そこで培われた感性と行動力をもって早い段階で海外経験と国際コミュニケーション能力を習得し、「21世紀という時代を生きる人間」として必要な一定の「教育」「リテラシー」を自らに与えることができたと感じています。

　これからの時代、日本は一刻も早く「たかだか20世紀後半の日本人組織でしか通用しない」古い教育や因習を「アップデート」していくことが急務ですが、私はこれからの激動の21世紀を日本人が生き抜くための貴重なヒントは海外のみならず「足元にこそある」と信じています。日本の津々浦々に営まれてきた「嘘の少ない暮らし」に宿る知性を現代的文脈で再構築することのできる若者が一定数を超えるとき、日本の未来は再び明るくなる可能性がまだあると信じ、私も親の代から続く「バトンリレー」を楽しみながら頑張りたいと思っています。またいつか平戸で皆さんとお会いできる日を楽しみにしています。

ポレポレ野外調査はおもしろい

石垣島でのベラ科魚類の摂食に関する機能形態学的研究

高知大学 名誉教授 **山 岡 耕 作**

► *2016.9.10*

　京都大学大学院に進学の後、南の海に棲息するベラ科魚類の摂食に関する機能形態学的な研究を始めました。石垣島などへ採集に行き、得られた試料を調べたところ、ベラ科魚類の一部の種には、頭部の咽頭装置に関して、魚類では全く知られていなかった筋肉骨格系の発達がみられることを発見しました。この特異な発達は、魚類がたくさん集まるサンゴ礁という生態系の中で生き残るために、他の魚が食べないサンゴなど硬い食物を餌にするために進化したと考えられます。食物となる硬い貝殻や造礁サンゴの骨格を噛み潰し、消化吸収をしやすくするための構造です。因みに、ベラには胃はありません。

　このように、科学者としては、これまで地球上に生きた人類の誰もが見たことがない事象を発見することが、とても楽しみなことと思っています。

タンガニーカ湖でのカワスズメ科魚類の摂食行動調査

　博士課程に進学後、研究対象をベラ類からカワスズメ科魚類に変更しました。京都大学理学部助教授川那部浩哉さんを中心とした調査隊の一員となり、1979年度に6カ月と1981年度に7カ月、旧ザイール共和国（現コンゴ民主共和国）の南キブ州ウビラに滞在し、タンガニーカ湖固有のカワスズメ科藻類食者20種の摂食行動を潜水により観察しました。タンガニーカ湖は南北600km、大地溝帯に発達した長細い湖で、最深部は水深1470m、湖水はアルカリ性が強くpH 9のため、毎日潜っていると髪の毛が脱色され、全員茶髪になってしまいました。

　1981年の調査の際には、ケニアのナイロビからザイールのウビラまで1500 kmの陸路を、自分たちでランドクルーザーを運転して調査地に移動しました。アミン大統領追放後のタンザニア兵で溢れたウガンダ国内を無事通過するこ

とができたのは、当時日本学術振興会ナイロビ駐在員だった京都大学総長山極寿一さんたちのご支援のおかげでした。

タンガニーカ湖産カワスズメ科魚類の藻類食者の場合、藻類と言ってもコンブやワカメのような大きな藻類を食べるのではありません。岩の表面にまるで絨毯のように生える1～2㎜の短い糸状藻類と、それに付着する珪藻類が中心になります。岩の表面全体にあるので、食べる場所を選択する必要はなく、より効率的に食べるという機能に特化できます。

水中で観察すると、食べ方に2種類あり、一つは、広い歯帯を岩面に押し当て、数回口を開閉し糸状藻類に付いた珪藻を食べる摂食行動、もう一つは、大きな歯からなる顎歯列を岩面に連続的に「コツンコツン」と当て、糸状藻類を噛み切る摂食行動です。前者の摂食行動では、口の開閉速度と、一旦口を岩面に押し当てた際に口が離れるまでに何回口の開閉を行なったかの値に、種間で差が認められました。アフリカ大湖沼群におけるカワスズメ科魚類の爆発的進化の原因は、彼らが多様な食性を開発したからだと言われてきましたが、本研究により、何を食べているのかという食性ではなく、どのように食物を得るのかという摂食行動の多様性が重要であると指摘しました。

また、魚類の左右性の発見も、我々研究チームの成果の一つで、魚には左利きと右利きがあるのです。魚は体の後方50度が見えませんが、それ以外は見えています。スケールイーターという魚は、狙う相手の後方50度の位置から襲うと気づかれにくく、このとき口を開く方向は真直より、左か右に偏向していた方が有利であることを知っています。

湖底400㎡に区画を示すために1カ月かけて張ったロープが盗まれるハプニングもありました。3カ月かけて10㎝以上のすべての石の分布図を作り、潜水観察を続け、どこにどんな魚がいるかの詳しい分布調査地図を作成しました。その結果、20m×20mの範囲に38種類、7000個体が生息していることが分かりました。帰国して生態学研究室の西平助教授に報告すると、このような生態学の研究には予算はつかないけれど、地道な調査をすることが大変重要だと言われました。

ビクトリア湖での固有種の絶滅

　現在のビクトリア湖は約1万年前にできた水深100mほどの浅い湖で、東から西に流れる川が火山活動でせきとめられてできた湖ですが、魚の進化の研究には面白いフィールドで、シクリッドというカワスズメ科魚類の仲間が数百種棲息していました。ところが、漁業生産の向上を目指し、ケニアの政府漁業機関が湖には生息していないナイルパーチをここに放流したため、固有種のシクリッドをはじめ多数の淡水魚がナイルパーチに食われてしまい、多くの種が未記載のまま絶滅しました。生態系はバランスが大切で、人間の都合で自然を変えるとそのバランスが崩れ、予想外のしっぺ返しを食らうことになるので注意が必要です。日本では、ナイルパーチが白身の魚として輸入され、給食や市販の弁当等で知らずに食べられています。

高知大学でのマダイ稚魚の生態に関する調査

　マダイの初期生活史において、プランクトン生活から着底した後のマダイ稚魚の生態に関する知見がほとんどないことに気が付き、高知大学就職後、眼前に広がる土佐湾で潜水調査をしようと思い立ちました。

　調査の結果、マダイ稚魚は縄張りを持つことが分かりました。したがって、天然マダイがいる場所に人工種苗を放流しても、すでに縄張りを持つ天然マダイに追いやられ定着できません。放流前に、放流予定海域に天然マダイ稚魚がいるかいないかを確認する必要があります。しかし、チダイとの共存は可能です。マダイは主に海底にいる甲殻類をエサにします。チダイも縄張りをつくりますが、食物は主にプランクトン性の動物が多く、マダイと競合しません。チダイのいるところにマダイの放流は可能です。

フィリピンでの黒潮源流域調査

　2004年に新設された大学院黒潮圏海洋科学研究科に異動し、魚のことばかりやるのではなく、日本にとって極めて重要な存在である「黒潮」に関連した「自然と人間の関係」についても考えるようになりました。このことを探るためには、下流域である我が国周辺ばかりでなく、黒潮源流域の情報を知る必要があるのですが、ルソン島東岸、特に東北岸の情報は全くありません

でした。沿岸に1500m級のシェラマドレ山脈が縦走し、道もない地域であるため、ほとんど諦めていました。

　しかし、海洋冒険家の八幡暁さんと知り合い、2010年度から12年度の3年間にシーカヤックで現地を訪問し、約250名の零細漁師の方に話を聞くことができました。その中でビックリさせられたのが、彼らの収入は月収で2000円から3000円くらいだったのに、約9割の方が「現状で幸せ」と答えたことです。日本人の常識からすると、経済的にある程度稼げないと幸せは得られないと考えますが、彼らは違うのです。我々は、フィリピンの田舎の粗末な家に住む人たちを見て「なんて不幸な人たち、かわいそうに」と哀れみがちですが、そう単純な話ではありません。また、「あなたの生活で最も大切なものは何か」という質問に対しては、同じく約9割の方が「家族」と答えています。これらの結果からは、黒潮源流域の豊かな自然に暮らす人々は、「家族を大切にしながら、貧乏ながらも幸せに生活している」という一般像が浮かんできます。私たちが考えているより、人間の幸せにとって、自然の持つ意味は大きいのかもしれません。

海遍路と今後の取り組み

　「海遍路」は海の"お遍路"で、2011年から3年かけて四国を一周し、漁村や生物の現在を切り取る海旅をしました。その後、宮城県、有明海、相模湾と巡りました。まだ始まったばかりですが、人力のシーカヤック、ノーアポで漁村を訪問する方法は、漁師さんと我々の間の心理的障壁を低くすることは確かです。海抜0mの視点から地域に生きる人々と出会い、暮らしを学び、記録することができます。

　精神科医の加賀乙彦氏が"何故自然が必要か"について書いておられます。都市に生活しているとお金さえ出せばなんでもできるという傲慢さが出て、知らず知らずの内に自分中心になってしまいます。それに歯止めをかけてくれるのが自然なのです。自然は人が幸せになる基盤として大切な要素です。

　5月に体調を崩したため、今後はきつい運動は無理なので、初心に戻って「黒潮」に焦点を絞った調査を続けたいと思っています。次に調べたいのは、バシー海峡に浮かぶフィリピン北限のバタン島です。

シーカヤックで世界の海を巡り
子供たちの未来を拓く

海洋冒険家　**八　幡　　暁**

▶ *2016.1.9*

野生が目覚めた瞬間

　これまでの人生は"苦悩と再生"でした。数年前にテレビ番組で「悲しいぐらいアホな男」がいるとも言われ有名になりました。大学を卒業してから一度も就職することなく遊び続けています。社会からは追放されているのかもしれません。

　東京都福生市で生まれた僕は、男3人兄弟の末っ子。中学校から高校まではスポーツを中心とした暮らしに明け暮れました。勉強もスポーツも頑張れと言われて育てられましたが、なかなか成果は出ませんでした。勉強やスポーツで目標や活路を見出すことに不安を覚え始めた頃、八丈島に銛一本で海に潜り家族を養うすごい漁師がいることを新聞で知り、会いに行きました。が、結局、会ってもらえませんでした。しかし、地元の漁師さんと知り合って、話をするうちに、もっとすごい漁師がいると言われ、その人を紹介してもらうことになったのです。

　その漁師は、海の中で泡も出さずに20mも潜り、海底を歩き、魚に存在を知られることなく、銛で魚を突きます。刺した魚は、海面に浮上しながら、生きシメの作業をするのです。内臓も全部出して、血合も洗い、海面に出る頃には鮮魚として最高の状態に保つ作業が全て完了していました。その漁師は捕った魚を地域の人に分け与えてしまいました。どうしてお金にしないのか不思議だったのです。

　それまでは、体を動かすといえばスポーツだけでした。スポーツには、競争して勝つとか記録を更新するといった目的があります。でも、魚を捕るのは、つまり手足を動かすのは、生きるためなのです。街に暮らしていたら、普段、"生きるため"なんてことを意識しませんが、初めてそれにふれた瞬間だったのです。身の回りにあるたいがいのものは、それがなくても死にはし

ないけれど、食べ物がなければ死んでしまいます。だから人間は、食べるってことがとにかく大事なのです。生きるってことの実感というか、自分もここから始めたい、と思ったのです。これは「学校で勉強している場合ではない」と思いました。

海洋冒険家へのきっかけ

この海中で見える魚を全部食べたい、自分で食料を自給したいと思ったのがきっかけです。食べたいという欲望のもとに体を動かすことが、とても新鮮でした。楽しいというだけでなく、苦しいのだけれど嬉しいという、なんとも言えない充実感に満ち溢れていました。

漁の現場の人が食べているものは、僕が20年間食べてきたものと全く違いました。僕らが食べているのはほんの一握りの種類だけだったのです。海の魚は全部旨いのです

食べてみておいしかった魚が市場では売られていないことに気がつき、聞いてみると、大量に捕れないから買ってもらえないというのです。お金ベースの流通の理屈から外れたものは、市場には並ばないことを学びました。昔から食べてきたものと、現代の街の人が食べているものは違うのかもしれません。

今の暮らしは、不便とみんなが感じてきたことを改善して、現代風になっていることに思い至りました。人類が何万年も営んできた暮らしを見てみたいと思うようになりました。

世界中の海辺へ

そして、海に生きる人に会いに行く、人の営みに会いに行くことを目的に世界中の港町を訪ね始めました。最初は素潜りだけで旅を始めました。最初の3年くらいは漁村巡りをするために僻地から僻地へ、さらに奥地へ行くのに道路を使いました。しかし、それではインフラが繋がっている世界にしか行けてないことに気がつきます。

自分が本当に行きたいのは情報や流通などのインフラが届かない世界だ、と考えていた時に出会ったのが、シーカヤックでした。これは日常の生活道

具一式を積んで移動できます。これだと思い、猛練習を重ねることで、手漕ぎでありながら時速7kmで移動でき、魚が捕れたら乗せることもできるようになっていったのです。荷物が積めて、島から島への水平移動ができる、まさにタイムマシーンのような道具との出会いでした。

　この頃には、カヤックで八丈島からオーストラリアまで行こうと考え始めました。この海域は世界で一番島が多い海域であるにもかかわらず誰も行っていない。この島々の連なりは、かつてスンダランドと呼ばれ、陸続きであったことを示しています。人の往来は、大昔から続いていました。現在も海と人の営みは、脈々と受け継がれています。この大海原に広がっている海の民の一部は、海を越え日本にまでやってきたのです。ここは日本人のルーツの一つです。この太古の陸地を行く生き物の姿を想像すると胸が高鳴りました。

「偉大なる海人たち」を訪ねる

　「グレートシーマンプロジェクト」を計画し、2002年にシーカヤックを、太平洋西部オーストラリア北東部、ウェイパに運びました。世界最大のボーキサイト産地に程近い西側の突端から漕ぎ出しました。4年間で終わらせる予定でしたが、現在まで14年間かかり、9割近くを巡ることができました。パプアニューギニア、インドネシア、フィリピン、台湾、沖縄、八丈島まで。もちろん一気に渡るのではなく、区間を区切り順序や向きはランダムに、しかし最終的におよそひと続きとなるようルートを設定しました。小さなシーカヤックで島伝いに進むのですが、黒潮を横切り、この太平洋の海域を自在に横断、縦断していきます。ひとくちに太平洋と言っても、与那国島から台湾の間は110km、最も長い宮古島から久米島間の220kmには島がないのです。昼夜連続3日かけ、不眠不休でカヤックを漕ぎ渡りきりました。まさに冒険・挑戦と呼ぶべき過酷な海を乗り越え、史上初のシーカヤック単独漕破記録も幾つか打ち立てることができました。今の時代には手漕ぎで海を渡ろうとする人はいないから、世間からは冒険家と言われていますが、考えてみれば、昔の人はもっと過酷な状態でやっていたことなのです。

シーカヤックと僕

子供たちへ

　私たちは地球から資源を吸い上げても、誰もそんなことを意識しません。電気の力で昼と夜をコントロールしました。食べ物との距離が離れてしまいました。自然の猛威から離れ、一人で生きることを可能にしてしまいました。あらゆることがお金で解決する、欲望の仕組みを作りました。そのような中で、人は、自らの強さを競争に勝つことに求められるようになったのです。しかし、子供たちにちゃんとした未来を残したいと望み、平穏な明日のあることを願い、生き抜く知恵を探求していこうとすることは、昔も今も変わっていないと思います。

　20年間遊び続けて感じたことは、人は自然から離れられない、ということ。便利を追及すれば良いと考えがちですが、そうではないと思います。面白いこと、危ないことは表裏一体。頭と身体をしっかり使うことは生きる原点ではないでしょうか。不便や危険を遠ざけるのではなく、理解し、向き合うことで得られる豊かさがあるのではないか。大人でも子供でも、そんな実体験を沢山もって欲しいと思っています。

10

農を取り巻く環境を知る

コウノトリの里づくりが拓く未来

豊岡市長 **中 貝 宗 治**

▶ *2016.7.9*

豊岡市の紹介

　豊岡は兵庫県の北東部、日本海に面するまちで、2005年に1市5町が合併しました。中心部を円山川が流れ、市内中央部には但馬地方最大の盆地である豊岡盆地が広がります。海岸域は山陰海岸国立公園に属しており、全域が山陰海岸ジオパークに含まれます。豊岡市の面積は兵庫県で一番広い700㎢、人口は約8万人です。2012年の7階建新市庁舎の建設の際には、3階建の旧市庁舎を25mスライドさせて保存に努めました。自然環境と文化環境の保存・再生・創造が豊岡の町づくりの基本構想となっています。

　豊岡市には、外国人観光客が急増している城崎温泉や、蕎麦や焼杉板張り家屋の古い町並みで有名な重要伝統的建造物群保存地区の出石、海水浴場の竹野浜、キャンプ場やスキー場がある神鍋高原があります。また、豊岡市は特産のコリヤナギを使った柳行李の製作から、今や日本一のカバンの産地となるなど、各々の地域が特色を持って相互に補いあえる町づくりが進んでいます。

コウノトリの野生復帰から"小さな世界都市"へ

　コウノトリはかつて日本の各地で見られましたが、その中で豊岡市は野生のコウノトリの国内最後の生息地でした。1971年、豊岡市内で衰弱した野生コウノトリを保護後死亡して以来、日本のコウノトリは絶滅をしたと言われています。

　コウノトリが絶滅した要因として次のようなことがあります。生産性向上を目的とした乾田化による餌となる水生生物の生息場所の消失、水路と田んぼ間の分断により魚類など産卵場所や成育場所が失われたこと、松林の伐採による営巣木の減少などです。また、農薬の普及や河川改修により餌生物が

減少したばかりでなく、コウノトリの体内に蓄積された有害物質の影響で繁殖能力を失ったことなども考えられています。

絶滅に先立つ1965年、豊岡でコウノトリの人工飼育が開始されましたが、24年間、1羽のヒナもかえすことができず、苦難が続きました。1985年、シベリアから移入した6羽から、1989年に待望のヒナが誕生しました。その後は繁殖活動が順調に進み、人工飼育で数を増やしたコウノトリを、2005年から数羽ずつ試験的に放鳥しました。コウノトリが空へ飛び出した瞬間、地域の人々から湧き上がる

コウノトリ（自然観察会撮影）

歓声と鳴りやまない拍手が響き渡り、今までの永きにわたっての数えきれないほどの挑戦が実を結んだ瞬間でした。現在、飼育中が95羽、野生が89羽の計184羽のコウノトリが豊岡にいます［▷後日注：2020年6月には、野外のコウノトリは200羽を超えました］。

コウノトリの野生復帰には三つの狙いがありました。一つ目は、人間とコウノトリとの約束を守ろうということです。約50年前、飛んでいたコウノトリを捕まえて鳥籠に入れ、安全な餌を与えて、いつか増えたらまた空に帰すと誓いました。私たちは約束を果たしてもう一度、コウノトリを本来の場所に帰さなければなりません。二つ目は、絶滅寸前の野生生物、極東のコウノトリの保護に関して世界的な貢献をしようということです。三つ目、観点を変えて、コウノトリも住める環境とはどういうものなのかということに関わります。コウノトリは完全肉食の大型の鳥です。そのような鳥でも、また野生で暮らすことができるようになるとすると、そこには膨大な量のたくさんの種類の生物が存在しなければなりません。そのような豊かな自然は人間にとってもすばらしい自然なのではないでしょうか。

この目的に沿って、無農薬、減農薬農法の普及、中干し延期水田の拡大、ハチゴロウの戸島湿地などの湿地の造成などを行政が中心となって推進し、2012年には、戸島湿地を含む円山川下流域がラムサール条約に登録されまし

た。

　2003年から豊岡市と兵庫県はＪＡなどと連携し、農薬をできるだけ減らしつつ田んぼの生物を増やす稲作技術「コウノトリ育む農法」の普及を図ってきました。具体的には、栽培期間中の農薬の不使用(または75％減)、化学肥料の不使用です。無農薬のため種もみをお湯で消毒したり、雑草を抑制するために田んぼに深く水を張ったりしています。通常６月下旬に行う中干しの実施時期を７月上旬に遅らせるのは、コウノトリの餌であり、大切な稲を食い荒らすカメムシやゾウムシの害虫を捕食するオタマジャクシがカエルに変態、ヤゴがトンボに羽化する時期を避けるためです。さらに、イトミミズの発生を促しながら抑草効果のあるトロトロ層を形成するために、田植えの１カ月前から、そして、冬期間も水を張る対策などを行っています。

　また、豊岡で生産された農産物や農産加工品に対する消費者の信頼を高め、消費拡大を促し、農業の安定的かつ長期的な振興を図ることを目的として、豊岡市独自の農産物ブランド「コウノトリの舞」の普及を推進しています。さらには、太陽電池メーカーの誘致など、環境経済戦略も推進しています。

環境と経済の共生をめざす

　環境と経済には対峙する関係があります。一方は、環境を徹底的に破壊しながら経済が発展する関係です。かつての日本の公害がそうでした。他方は、環境を守るために経済に徹底的に制約を与えることです。

　豊岡では、そのどちらでもなく、環境をよくすることによって経済が活性化する、環境と経済が共鳴する関係を「環境経済」と名付けて、それを豊岡全域に広げていく活動を進めてきました。

　その狙いは三つあります。まずは、環境行動自体の持続可能性です。環境をよくする行動がいいということは頭では分かっていますが、長続きさせるのは難しいのです。しかし、環境をよくする行動は、長く続けなければその効果を十分に得ることはできません。そのためには経済で裏打ちされることが必要と考え、環境経済戦略を進めました。

　二つ目は自立です。私たちの暮らしも財政も経済が支えています。したがって、経済を元気にしなければ自立をはかることはできません。今、どのよ

うな分野ならば日本の片田舎の豊岡で経済活性化の可能性が残されているのか考えたとき、環境分野だったということです。

　最後は誇りです。もし、豊岡が環境破壊によってではなく、環境をよくすることによって持続可能な町をつくることができれば、私たちは自分たちの地域を大いに誇りに思うことができると考えたからです。日本の地方が衰退していく過程は、実は地方の人々が自分自身の地域に誇りを失っていく過程と全く一緒です。私たちはもう一度、誇りを取り戻して、まちづくりへのエネルギーにつなげていかなければなりません。これは豊岡だけのことではなく、日本が環境をよくすることによって経済を活性化させていく、そういう国になることができれば、私たちは自分の国を世界に対して誇ることができます。

　環境と経済の共鳴のイメージは、環境によい取り組みを進めると経済が活性化し、利益が出ることです。もっと儲けようということで環境をよくする行動は広がり、さらに経済効果が出てきます。環境がよくなって経済がさらによくなるということです。「環境と経済の共鳴をめざす」と宣言をし、2004年度に「環境経済戦略」をまとめました。

今後の展開

　コウノトリも住める環境で、子どもたちが喜んで田んぼに帰るような、市民が豊かな"小さな世界都市"の実現に向けて、"夢はでっかく、根は深く"、"願うこと　願い続けること　投げださないこと"の精神で頑張ります。

　コウノトリ野生復帰の取組みは、豊岡の自然を舞台に、歴史や伝統を見つめなおしながら人・もの・知恵などをつなぎ、取組みを広げていく「まちづくり」の過程に他なりません。コウノトリ保護の歴史の上に、「自然環境」と「文化環境」の保存・再生・創造の取組みを重ね、新しい風景をつくりあげていくことが、豊岡の魅力を最も際立たせることになるものと信じています。豊岡にある資源を活かしながら、様々な分野の取組みを有機的に連携させ、その連携を拡大しながらまちづくりを進めるプログラムのあり方、いわゆる「豊岡モデル」の典型として、コウノトリ野生復帰の取組みを今後も続けていきます。

遠野のふるさと学校が開く未来

文化資本論序論

京都大学 名誉教授　池上　惇

▶ *2018.6.9*

『遠野物語』の本質

　今日の話題の地域は岩手県南部の遠野市です。この町は日本の民俗学の草分け的存在である柳田國男（1875～1962）が著した『遠野物語』の舞台です。この物語は地元の佐々木喜善さんが収集した東北地方の民話を語ったものを文章にしたものです。民話を知れば、今の日本社会が分かり、これからの日本のあり方が分かる、というように佐々木さんがおっしゃって、柳田先生もそうかと思って記録されました。

　「昔、山の民と里の民がいた……」というくだりが一番有名です。里の民は日本の西方から稲作と共にやって来ました。稲作文化は北へ北へと拡大し東北にも定着しました。お米は蓄積ができ、持続的に生産できることが人間にとって大きな魅力だったのです。

　他方、山の民は物語では馬として登場します。馬と里の娘が恋をする話が有名で、山の民は鉱山（金山）で働き、高い文化を持っていました。それが里の民と出会ったときに、『遠野物語』の主題である、悲惨なことが起こったのです。里の民の娘が山の民の男に憧れたのです。しかし、結ばれることは絶対に許されませんでした。両者には厳しい対立があったからです。娘の父が相手を聞いて怒り心頭に発して馬を殺し、木に吊り下げたところ、娘が悲しんで自殺し、二人して天に昇り、その後に糸がとれるマユが残ったのです。こういう経過が、マユという形で表現されたことは、その当時日本において、カイコを飼ってそのマユから糸を紡ぎ繊維をとるという産業の曙になったからだと言われています。両者の対立が厳しくて、この世の中では認められなかったけれど、その両者の文化の交わったところから素晴らしい産業が生まれ、人々に幸せをもたらしたという話です。

遠野（人）と文化資本

　遠野は工芸品の質が非常に高く、今でも伝統の手仕事として残されています。また、建築技術のレベルも格段に高いのです。普通の人が簡単に家を建ててしまいます。かつての日本には、山から木を伐り出して自分で家を建てるなどの職人技を持った人が多くいました。この職人技を私は文化資本と呼んでいます。これは目に見えませんが、一人一人が持っている財産です。様々なお祭りを行う力量もその一つです。この祭りには地区ごとに保存会があり、見事に継承しています。遠野の人は貴重な文化資本を『遠野物語』という作品を通じて次世代に伝えてきました。とりわけ絹織物に代表されるような産業文化は人を養うに足るだけのものを生み出しました。

現在に引き継がれている遠野の文化資本

（1）遠野 緑峰高校の事例

　先人から継承されたものに創意工夫を重ねてもっと良いものを作ろうという人が多いのが遠野の特徴です。その精神は高校生たちにも引き継がれています。彼らは、ビールの原料を使った「ホップ和紙」の開発に成功しました。遠野はその産地ですが、ホップ農家はホップの収入だけでは苦しく、ホップの不用な部分である茎の有効利用を考えていました。その一つが、コストのかかる漂白剤の使用量を減らして白い和紙を作ることでした。これに地元の高校生がチャレンジしました。農家が苦戦していただけに、高校生も最初はうまくいかずに苦労を重ねます。農家の失敗例を聞き取り、学びながら必死に努力しました。その結果、茎の節を取り除くと漂白剤を使わずに白い紙ができることを発見しました。今度は彼らがその身につけた紙すきの技術を地域の農家に教えました。高校生は先輩から知恵の引き継ぎを受け、創意工夫してそれを超えていくことの大切さを経験しました。このことは高く評価されて、最後に文科省が表彰してくれました。これは遠野物語を継承してきた地域における一つの特徴であり、この地域の力のように思います。

（2）「ふるさと学校」について

　緑峰高校の藤井洋治元校長はこの地域の農業の発展のために「ふるさと学

校」を立ち上げました。校庭に実践の場としての田んぼや畑を作り、わらじ作りの研究、木工、そばうち道場、産直市場を開きました。東北出身の都市圏の市長に夏休みの家族農村留学のセールスを行いました。その結果、現在では名古屋と東京にある二つの市から毎年4000〜5000人が訪れています。

　都市の人が農村にやってくると、彼らの様々な力量が発揮できる場が提供されます。例えば、経営する力量は地域づくりや起業に役立ちます。震災復興の時に最初に求められたのは、建築とか食事を作るなど身の回りのことができる能力や、電気の配線などの文明生活で必要とされた技術や知識でした。その結果、都市生活者、特にサラリーマンや技術者から多くの知恵を得ることができました。都市と農村の学びあいの場が功を奏したのです。一方、都市の人も、農業や林業、そして様々な地域の景観、文化財などに興味を持つようになれば、人生の新しい契機になるのは確実です。

ふるさと創生大学づくり

　遠野の隣にある住田という町に土地や校舎を求めて、「ふるさと創生大学」を始めることにしています。住田は気仙川の源流にあり、近くの五葉山から発した水は広田湾に注ぐという地域全体を見渡せる町です。宮沢賢治も愛した町で、彼の"星座ものがたり"はここから生まれています。

　今の日本は東京と一部の都市を除けば、人口が減少傾向にあり、特に地方ではそれが大きな問題となっています。これが続けば、いくつかの地域は消滅しかねないとさえ言われています。しかし、その心配は人を単に物と同じように数だけで見ているからです。地方の一番の課題は人口減ではなく、豊かな文化資本を持った方々の後継者がいないことです。また、それを語り継いで発展させる場がないことです。私は「ふるさと学校」や遠野緑峰高校の生徒に学ぶなどして、一人一人が持っている貴重な財産である文化資本を開花させる場を作り、きちっとした研究開発をし、その成果を事業化し、信頼できる顧客と手を組んで注文生産によって事業を成り立たせたいのです。ふるさと創生大学をその最初のモデルにしたいのです。運営費面で厳しい課題もありますが、挑戦することに価値があります。日本の各地にふるさと学校の創設を推進すれば、日本社会が大きく変わると思っています。

日本農業再生への道

食品市場と日本農業

立命館大学経済学部 教授 新 山 陽 子

► 2019.1.12

食料自給率と日本の問題

　スイスは1960年代初めに50％程度しかなかった自給率を高める目標を憲法に明記し、60％台に引き揚げています。イギリスも50％を切っていましたが、70％台まで回復しました。一方、日本は70％台から低下を続け40％を切るようになりました。

　海外からの食料調達は、中国など大きな人口を擁する国が輸入依存へ転換して競合が起こり、さらに、原産国の食品事故、感染症の発生により輸入が停止されたり、天候変動による不作、価格高騰が生じる不安定さがあります。また、輸出国では大量の水使用による地下水の枯渇や土壌劣化が起こっており、他方、日本は輸入依存により農地や山林の荒廃が進み、輸入食料の窒素分が滞積するなど、大量の食料の一方通行貿易は、双方の国に環境問題を生み出しています。食料の安定確保は、互いの国にとっての重要な問題です。

フードシステムの持続性

　フードシステムとは、食料が生産され、消費者の手元に届くまでの農業、食品製造業、食品卸売業、食品小売業などの産業相互の繋がりとその仕組みをさします。その各段階に市場が存在し、農産物・食品の価格が決定され、供給とその対価の支払いが行われています。供給にかかった費用と対価の支払いのバランスが取れていなければ、それぞれの事業者は事業を継続できないので、フードシステムは持続できません。

　日本の農業は、補助金依存、非効率で、農家の経営努力が足りず、安くしか売れない、とみられがちです。しかし、実際はそうではありません。

　価格の動きをみてみましょう。小売物価指数は1970年を100とすると、1995年まで上昇を続け、1990年台に300を超えました。一方、農産物の価格

フードシステムの存続、関係者の共存

農畜産業

食肉処理プラント　牛乳プラント

農産物・食品（量・品質・安全）
対価
生産コストに見合う適切な対価が、存続の前提
＜公正価格＞
農畜産物処理加工業（1次加工）
卵のパッキング

消費者

食品小売業

食品加工業（2次加工）

は、野菜は天候で変動しますが、ならすと小売物価指数よりはかなり低い200前後の指数で推移しています。豚肉、鶏肉、卵については、1970年代末頃からは、上がらないまま150前後で低く推移しています。牛乳は1979年までは公定価格でしたが、それ以降、指数は100を切って下がり続けてきました。このことは、農家が大きな経営努力をして、効率的な生産をしてきたことを意味し、農業は非効率というのは当てはまりません。しかも農産物の品質は世界に誇れる高品質です。卵について言えば、生で食べられるのは世界中で日本だけです。

しかし、それがフードシステムの持続に不可欠な、生産に必要な費用をまかなう適正な価格（公正価格）が実現されているかというと、それはまったく別問題です。この費用には、家族の労働費（所得）が含まれています。

牛乳の適正な価格とは、酪農家にとって適正な乳価とは

牛乳にその典型的な例をみることができます。かつて小売価格が大きく下がった時期がありました。1996年頃に190円/ℓ程度だったのが、2006年には170円/ℓにまで下がりました。その結果、生産者乳価は平均生産費を大きく下回るようになりました。小売価格が低下し続け適正価格（公正価格）と乖離した状態です。適正価格とは、社会的にみた平均生産コストをまかなえる価格、つまり、平均的な効率で生産している事業者が事業を継続できる価格です。

2006年には、同時に、天候不順で国際穀物相場が高騰し、餌代が高騰、生産費が大きく上昇しましたが、乳業メーカーも量販店を相手に製品価格を引き上げられず、その後も大幅な赤字が続きました。ヨーロッパ並みの規模で

ある、日本の平均規模の酪農家（2.5人の家族労働で、乳牛62頭）で、2006年に一人当たり328万円の家族労働報酬となり、2004年から120万円も減少しました。製造業の平均賃金はおよそ450万円／年ですので、酪農が若い就農者を確保して継続するのは難しくなります。

　この時の生産費をカバーする価格（適正価格）を計算したところ、酪農家の売り渡し価格は116円／ℓ、ミルクプラントから小売への売り渡し価格は202円／ℓでした。これに小売店の経費が加わって小売価格になりますが、それが170円ほどでしたので、いかに低い価格であったか分かります。

生鮮食品の低価格は、消費者の価値観を破壊する

　大手小売店（スーパーマーケット）では日常的に「安売り」を行っていますが、これは大手小売店の強いバイングパワー（価格決定力・購買力）により実施されています。大手小売店はこの「安売り」を「消費者の志向」「消費者が求めている」として正当化しています。

　しかし、消費者は自らのうちに独立した価格判断の基準をもたないことがわかっています。他店よりも高いか安いか、昨日の価格よりも安いか、が購入の判断基準です。過去に体験した価格を記憶に取り込んで、判断基準にしています（これを、内的参照価格といいます）。昨日売られていた価格は、つまり大手小売店が決めた価格なので、それが判断基準になっているということになります。また、人は、同じ額でも利得より損失を大きく感じ、損失を避けようとする傾向があることも知られています。そうすると高いことは損失ととらえ、安いものを選ぼうとするので、客を呼ぶために小売店はさらに安い値段をつける、それがまた次の価格判断基準になる、という価格引き下げの悪循環になります。

　また、消費者は品質の絶対的な判断基準をもたず、価格で品質の価値判断をしているといわれています。そのため、知らず知らずのうちに、「安いもの」は価値が低いと認識してしまい、粗末に扱われ、それが、食べきれずに捨てることを増やしているのではないでしょうか。

　消費者は生産費が分からないので、適正価格がどれくらいかも分かりません。しかし、フードシステムについて知識を持ち、生鮮食品の価値を再認識

し、また、生産には費用がかかっており、そのなかに生産者の労働報酬（生活費）が含まれているということ、それをカバーする価格が適正価格であるという認識の醸成が必要です。食べ残しを完全にとまではいわず半分にでも減らせば、同じ1ℓの牛乳をもう少し高い価格で購入することが可能です。それが、日本の農家の存続につながります。

市場におけるパワーバランスの改善対策

　2006年から始まった穀物価格上昇時に、欧州では、ＥＵ委員会がコミュニケーションペーパーを出し、不公正取引の是正に力を入れ、フードシステムの各段階で価格監視を行うことを決めました。またその後も、農業側の交渉力を強化するため、競争法（独占禁止法）の適用除外を拡張し、生産者が共同組織をつくることを促しています。フランスでは、契約書の中に原価を書き込むことを求めています。

　日本でも、独占禁止法が強化され、大型小売店の不公正取引を是正する措置を取っています。しかし、もっぱら公正取引委員会の動きです。欧州では農務省が動いていますが、日本にはその動きはなく、ようやく2018年に初めて農林水産省が「適正取引ガイドライン」を出しました。まだ、牛乳・乳製品、豆腐・豆腐製品に限定されていますが、「特売のための仕入れ価格を特売終了後も継続してはならない」など具体的な事項を示しています。日本の取り組みは欧州に比べて遅れ、これからの努力が必要です。

必要な政策的調整：欧米と日本の違い

　欧米では、農家の生産費をカバーするための様々な制度があり、結果として所得の半分は国家が補助しています。農家はその代わり環境に適合した生産をするなどの努力が求められます。そもそも市場価格では農業生産は存続できないということであり、農産品の国際価格は自由市場価格ではなく、保護によってなりたっている価格です。

　日本において、欧米並みの所得保障がなければ、国際競争の前提を欠きます。先にみた市場対策と合わせて、日本の農業が存続できるように法制度の見直し、保護の財源確保、国民のコンセンサスを得ることが必要です。

11

消費者としての環境意識を高める

食をめぐる消費と生産のあるべき姿

総合地球環境学研究所 上級研究員 **田村典江**

► *2017.8.26*

今日、お話ししたいこと

　私は人と漁業の関係に関心を持ち、京都大学農学部水産学科で研究してきました。大学院卒業後は、水産流通改善支援、漁業組合の経営改善支援、美しい森づくり条例をつくる支援など、実務者及び研究者として活動してきました。現在は持続可能な食と農の未来に向けた転換を探究する研究プロジェクトに参加しています。私が主に興味を覚えるのは、人が食べて行くために自然をうまく利用してきた、人と自然のつながりです。スーパーやコンビニに行けばどんな食材でも買える時代、その研究にどんな意味があるのか、本日はこのことをお話しします。

（1）食べることが環境にどう影響している？

　農業生産活動では使用する肥料、農薬、資材（プラスチックなど）は大気、土壌、河川、湖沼、地下水などの環境に大きな負担を強いています。日本の水消費量は年間約805億㎥で琵琶湖の3杯分に相当し、約67％の約539億㎥が農業用水に使用されています。

　漁業では乱獲、混獲（対象種以外の漁獲と遺棄）、ゴーストフィッシング（放置漁具にかかる魚）、漁業活動による珊瑚礁や干潟などの環境破壊、油、ゴミ、バラスト水の流出などがあります。バラスト水とは、船舶のバランスを取るために各港で積み込まれたり排出されたりする水のことで、国際的に大きな問題になっています。たとえば、日本の海で積み込まれた海水が原因で、ワカメがヨーロッパなどで大繁殖し駆除に困難をきわめているとのことです。

　輸送と環境の関係に注目してみます。東京海洋大学の研究によると、サンマ1t輸送時のCO_2排出量は「冷蔵」1.33t、「冷凍」0.61tになります。さらに、日本の問題は生産と消費の距離が長いことがあります。グローバリゼー

ションが進んだ結果、フードマイレージ（食料輸送量×輸送距離）を日本、韓国、アメリカ、イギリス、フランス、ドイツの６カ国で比較すると、日本は90万（百万ｔ・㎞）に対し韓国、アメリカはその約1/3、イギリス、フランス、ドイツは約1/5以下です。日本が突出する第一の要因は、穀物を輸入に頼っていることにあります。

　食品ロスに注目すると、日本で生産される食品約8500万ｔの内、２割の1700万ｔが廃棄されています。中には充分食べられるのに廃棄しているものが500〜800万ｔもあります。ゴミ処理も大きな環境への負担です。

（２）環境だけでない食と農の問題

　日本人の食生活を全世界の人間がすると仮定すると、地球は2.5個必要になり、私たちは地球の能力を超えた生活をしていることになります。アメリカは5.4個、オーストラリアは4.3個、インドの暮らしは0.4個です。世界平均では、1.25個必要とされています。

栄　養　OECD（経済協力開発機構。加盟35カ国）諸国の肥満比率（身長と体重から計算される BMI が30以上の成人人口比率）はアメリカが35.3％で第１位。これに欧米諸国が続き、日本は７％で低位です。日本型の食生活に比べアメリカ型の食生活は太りやすいといわれています。そして、アジアでも肥満問題が急上昇しています。マレーシア44.2％、タイ32.2％、シンガポール30.2％と続き、ベトナムでも10.1％です。

飢　餓　この問題は深刻で、依然として世界の35％の人口が栄養不足に苦しんでいます。その地域はアフリカに集中していますが、実は年間約632万ｔも廃棄している日本でも貧困により充分に食べられない子どもが多くいるのです。「琉球新報」（2016.1.13）によると、全国ではひとり親世帯の33％が経済的理由で必要な食料を買えなかったと報じています。

食生活の変化　昭和35年〜平成17年の国民一人あたり品目別消費量の推移は、畜産物32kgから137kgへと大幅に増加、一方、米は114.9kgから61.4kgに減少したのが目立ちます（農林水産省「食料需給表」）。米の消費量が少なくなり、その結果水田が少なくなっていくと、水田の持つ種々の機能が失われることが危惧されます。

家庭で消費される魚介類（一人あたり購入量）は1965年約14kg、1982年約12kg、2009年約10kgでした。品目別にはアジやサバの減少が目立ちます（総務省「家計調査」）。

食料自給率　昭和50年～平成26年の全国カロリーベースの自給率は73％から39％に低下しています。さらに、国産牛といいながら飼料はブラジルやカナダからの輸入に頼っているのです。農業はここ30～40年来人気のない産業で、自由貿易ということもあり農業離れの感覚がつよくなっています。

（3）未来に向けて

目指すべき方向性とそれを支える概念

社会・環境学用語の「トランジション（転換）」、「デグロース（脱成長）」は、よりよい社会に向けた変化、 生産と消費の全体量を減らそうとする考え方です。たとえば、人の考え方や気持ちが変わり、行動が変わっていくことや、森里海連環学のように、働きかける主導者がいて行動が変わってくる例、また、あるキーワードができて人びとの意識や行動が一つの方向に向いていく例などです。そして、「食育」ということばに代表される社会を変える大きな力があることばの出現などです。このことばによるコンセプトができたお陰で、法律「食育基本法」ができ、人びとの考え方や行動がそれに沿うようになってきました。森林環境税は、森林は環境に寄与しているので、皆が少しずつお金を払って保護しようとしてできた法律で、社会のあり方を変える力になりました。

いくつかのツール(運動、概念) やビジョン

昔インドで米の品種改良をした結果、今の何倍も収穫できる米ができ、バングラデシュやインドの貧困が救われると期待されました。しかし、20年、30年後失敗だったことが分かりました。原因は、この米は土地の持つ力を奪ってしまう（土地が痩せてくる）、また種子を買い続けなければならないなどいろいろな問題があったのです。

これらのことから、昔ながらの有機農業は、経験に基づく合理的な農法だと考えられるようになりました。たとえば、作物の栽培は１種だけ植えるの

ではなく、回りに数種の植物を植え自然界に近い情況で栽培するとうまく行くといわれています。実際に単一品種を植えた群と、周囲にいくつかの植物を混栽した群の収量を比較すると、混栽群の方が多かったことが証明されていて、キューバや南米中心にしてこの方法が世界に広がっています。これをアグロエコロジーといいます。

　伝統的に長く維持されてきた農業システムを認定する仕組に、世界農業遺産（ジアス：GIAHS）があります。15カ国で36地域を認定していますが、その中で日本が8カ所認定されています。

　　①能登の里山里海　　　②トキと共生する佐渡の里山
　　③阿蘇草原の持続的農業　④静岡の伝統的な茶草場農法
　　⑤国東半島・宇佐の農林水産循環システム
　　⑥清流長良川の鮎〜里川における人と鮎のつながり
　　⑦みなべ・田辺の梅栽培　⑧高千穂郷・椎葉山の山間地農林業

　市民の食ネットワークは、2012年にオランダのHenk Rentingが提唱した考え方で、食の民主主義を進めようというものです。現在の食の構造は、マーケットは市場経済の論理を市民社会に押しつけ、政府は政府の理屈を市民社会に押しつけています。消費者からみれば何が信頼できるのか分からず、受動的な立場で、商品を現地で買うことになります。そして、生産者（農家）は自分で値段がつけられず、マーケットが決めた相場を受容することになるのです。

未来地域活動やまちづくり

　より良い分配のしくみや地域活動やまちづくりが世界中で生まれています。

　コミュニケーション・ガーデンとは、昔からある市民農園や貸し農園のことではなく、地域住民が主体となって地域のために場所の選定から造成、維持管理まで行う「緑の空間」やその活動をいいます。カナダのトロントでは、移民の人たちがコミュニティー・ガーデンをつくり、中東から来た人びとが自分たちの食材を育て持ち帰って食べることもできるし、売ってお金に換えることもできます。

　郊外に大規模な小売店ができ市街地が空洞化すると、市街地に住む老人や

貧困層など、車の運転ができない人は買い物難民となりますが、デトロイト市では町の中の空き地をコミュニティー・ガーデンにして野菜などを育て収穫できるようにし、問題解決を図っています。

日本でもかなり増えてきています。横浜市の大規模団地（大阪では千里ニュータウンのような団地）のなかにコミュニティー・ガーデンをつくり、「楽しみ」や「緑化」や「景観」の美しさを求め、かつ「食料の源の多様化」を図っています。また、神奈川県では障害者施設とコミュニティー・ガーデンをセットにしているところもあります。

今、まさに転換の時

日本の高度成長経済の時代は、自然の多様性を減じてきました。森と川と海を分断し個別に管理してきたのです。これらのつながりを見ることなしに、これからの日本の食を語ることはできません。食の問題はあらゆる人に関係する問題であり、未来に向けて転換が迫られている問題です。我々が自分の意志で、食に対して疑問を持ち調べることにより、ビジョンを持ち、市民、行政、事業者などいろいろな人を巻き込み、協働で実践していくことを強調し、期待したいと思います。

都市における暮らしとグリーンコンシューマー

認定 NPO 法人環境市民 副代表理事　**下村委津子**

► *2017.11.25*

環境市民と環境問題

　持続可能で豊かな社会や生活を目指して、自分たちが責任と権利を実行する社会の主人公でありたいとの思いを込めて、25年前「環境市民」という名の団体を設立しました。素晴らしい自然や地球環境で、自分が経験したことは少なくとも子や孫に残していきたいという思いで活動をしています。

　近年、様々な気候変動が言われていますが、全て環境問題です。これは勝手に起こるのではなく人間が起こす問題で、環境を何とかするには人間が変わらなくてはなりません。そのために価値観を変えなくてはならない切羽詰まった時期にきています。価値観の変化ではなく、価値観を変革しなくてはいけません。

　認定NPO法人環境市民は、設立以来、環境先進国として知られるドイツの自治体や NGO との交流を続け、2010年9月にハム、エッカーンフェルデ、ハイデルベルクを訪れた時には、環境保全の視点からの地域再生、自然の力を活かして修復された川や池、子どもたちの環境プログラムの作成と実践事例などを視察し、その後も情報交換・交流を続けています。ドイツでは日本と違って仕組みや制度が充実しており、個人の善意と必死の努力に頼らなくても環境配慮型の暮らしができています。

　一方、日本は個人の環境意識は高いものの、それを実践するための公的な制度が不十分です。ドイツの事例や施策に学ぶものが数多くあります。環境問題に熱心な人々の数を拡大していくことが、制度づくりにもつながります。

グリーンコンシューマー（環境を大切に考えた消費者活動）

　私達の暮らしは買い物で成り立っています。この買い物で購入した資源はどこから来ているのか。私たちが使う資源は今、枯渇してきています。どうしたら資源を持続可能にできるのかは、私たちのライフスタイルにかかって

います。20世紀のライフスタイルは「欲しい物を手に入れて満足する」大量生産、大量消費、大量廃棄でしたが、21世紀は「消費することでしか成長できない」の意識からの脱却が必要になっています。まさしく量より質の時代です。資源を無駄にしない暮らし方、あるいは取り出した資源をできるだけ長く使う仕組みをつくる、あるいは買い物の選択で解決していく発想が必要です。それがグリーンコンシューマーの活動で実現することができます。

　グリーンコンシューマーの活動というのは、今まで出口で一生懸命やっていたことを入口に変えようとする取り組みです。例えば、ごみになるような商品を買って分別作業を必死にやるのではなく、買い物をするときにごみが出ないものを買うことで変革することです。商品選びの基準として「ものさし」であった値段、品質、安全に環境の視点を加え、量から質の高い暮らしに必要な物を選択するのがグリーンコンシューマーの考え方です。

　グリーンコンシューマー活動は、消費者が主体者となり、自らで買い物を変えることでメーカーや販売店に影響を及ぼし社会を変えることができます。誰でもできる「買い物」という行動で、今日からでも始められます。環境を大切に考えた消費者が、環境や健康に良い商品を購入します。環境によい商品が売れればスーパーなどの小売店で仕入れの数や種類にも変化が起きます。売れる商品ならとメーカーはさらにつくるようになり、販売量が増えることで価格も安定します。店頭の目立った棚に並べられると、それまで環境にあまり高い関心を持っていなかった人たちの目にも留まるようになり、さらによい循環が生まれます。この循環の結果、経済もグリーンに変えていくことができ、良いスパイラルができます。買い物による商品選択は、どんな企業を応援し、どんな社会にするのかの選択、投票なのです。

　環境負荷を減らし、資源の枯渇を防ぐための３Ｒには優先順位があり、１番がReduce（発生抑制）、２番目がReuse（再使用）、３番目がRecycleの順です。どうしても抑制できない物はリサイクルになります。日本の環境教育はリサイクルから入りますが、リサイクルでも資源やエネルギーは使います。環境負荷を減らすために、日本では容器の厚さを薄くしますが、海外では容器を洗浄して再利用するデポジット制にしたり、量り売りにしています。

　地場の食材や季節ごとの野菜を選択することでも環境負荷を減らすことが

できます。また、食料の生産地から食卓までの距離が長いほど、輸送にかかる燃料や二酸化炭素の排出量が多くなるため、フードマイレージの高い国ほど、食料の消費が環境に対して大きな負荷を与えていることになります。

　持続可能な消費をするためにはエコマーク、グリーンマーク、低燃費ラベル、レインフォレストアライアンスマーク（熱帯雨林を守る）、海のエコラベル、Rマーク（再生紙使用マーク）など第三者が認定したいろいろな環境ラベルを参照して商品を購入していくこともできます。

　地球が1年間に生産できる全資源を、1986年には人類が使いきるのは12月31日までかかりましたが、2017年には8月2日に使い切ってしまい、約5カ月間は将来の子・孫の資源を前借りしているのが今の社会です。国連が持続可能な開発のために設定した「世界を変えるための17の目標」の12番目の目標「つくる責任、つかう責任」に関係して、将来世代のニーズを損なうことなく現代の世代のニーズを満たすには、意識改革と教育を通じて、持続可能な消費と生産を広めていかなくてはなりません。一回取り出した資源を、形を変えて長く使い続けるようにすることも大事なことです。

エシカルコンシューマー（倫理的消費）

　持続可能な消費にはエシカル（倫理）を考えた消費も必要で、現在注目されています。動物の権利を考えて、資生堂は動物実験を行わずに商品開発し、グッチは毛皮の衣装を今後つくらない宣言をしました。卵を安く販売するため、鶏をバタリーケージと言われる檻の中で動けない状態で飼育します。このような状態は動物虐待とみなされ先進国をはじめとした海外では禁止されていますが、日本ではまだ知られることなく禁止されていない状況です。

　人間の権利を考えたフェアトレードマークというものがあります（自由、公平・公正、多様性のもと、人が対等に尊重し合う世界の実現を追求することを目的としています）。過去にはワールドカップで使用したサッカーボールが児童労働によってつくられたことが判明し、選手たちの児童労働反対の意思表示によりフェアトレードマークがついたボールもできました。児童労働により収穫したカカオは使わないと明言しているメーカーもあります。全地球の耕地面積の2.5％に過ぎないコットン農場で、全地球の11％の農薬が使われ、働く人に健

康被害が出るなどの問題があり、オーガニックコットンへの意識が高まっています。安価な値段で販売されている商品がどのようにして作られているのか背景を考えてみることや、児童労働などが行われていない商品を選択していくことが大切です。知らないということが認められる時代ではなくなっています。

京都市での意識調査では、フェアトレードに賛同する人は50%を超えていますが、どこでどんな商品があるのかが判らないのが現状です。アイルランドでは一人年間3900円のフェアトレード商品を購入しますが、日本はわずか17円です。この差は商品の数、小学生の頃からの教育の違いによりますが、最近、日本でも中学の教科書にグリーンコンシューマーやフェアトレードが紹介されるようになり、今後変わってくることに期待しています。

発展途上国の原料や製品を適正な価格で継続的に購入することを目的にした商品の利用を促進しているとして、公正貿易証明団体から認定された都市をフェアトレードタウンといい、オリンピック開催都市が順次認定されています。日本では、熊本が2011年にアジアで初めて認定されました。

環境市民は買い物を変えることで持続可能な社会に変えていこうと、全国でネットワークをつくり活動をしています。企業のエシカル通信簿は、CSR調査をしてその結果を通信簿にして発表、Webサイトでも公開しています。また、グリーン&エシカルな商品を掲載するWebサイト「ぐりちょ」も公開しています。今は7カテゴリー（2021年現在は15カテゴリー）の商品ですが、今後はさらに増やしていきたいと思っています。このサイトは利用者との双方向でつくり上げる形になっていて、商品を見つけたり、販売している場所を発見した人が情報を投稿できるようになっていたりします。

グリーンコンシューマー活動は、最初は個人レベルの活動でしたが、今は教科書にも載り、グリーン購入法という法律にもなりました。市民一人一人の活動が必ず反映されると思っています。エアコンなどの家電製品についている省エネ度を星で示す経産省のマークも、実は京都の消費者団体や環境団体がみんなで考えつくった省エネマークの発想が反映されています。私たち一人一人の力は小さいかもしれませんが、皆が集まって一緒になって購入すればどんどん広がっていきます。消費者の力を主体的に発揮して、いい社会、子や孫に胸を張って残せる社会に変えていきたいと思っています。

12

水を取りまく国内外事情を知る

世界の水事情
21世紀最大の資源問題

甲子園大学栄養学部 教授　**川合真一郎**

▶ *2015.9.12*

世界の水資源

　地球の水は、ヒトのものだけではもちろんなく、地球上のあらゆる生き物にとっても不可欠の存在です。地球は「水の惑星」といわれるくらい水が豊富ですが、そのうち淡水は2.5%に過ぎず、しかも大半は極地の氷や地下水として存在します。我々が利用しやすい河川や湖に存在する地表水は淡水のわずか0.3%であり、しかも水はまんべんなく分布しているわけではありません。地表の水だけでは足りないので、近年では、農業用水、工業用水、生活用水を確保するために大量の地下水をくみ上げています。

水不足の21世紀

　世界人口が増加し、世界経済が急速に発展するとともに、水需要は拡大の一途をたどり、1950年の水資源の使用量は2000年には約4倍の量に達しています。さらに、発展途上国では工業化や都市化の進展に伴い、河川や湖沼の汚染が進み、利用できる水資源はいっそう少なくなっています。石油や石炭などの資源とは異なり、水には代替物がありません。最近の国連の報告によれば、2025年までに世界人口の半分にあたる35億人以上が水不足に直面する恐れがあるとされています。

　水不足になると困るのは飲料水や生活用水だけではなく、食料生産そのものなのです。農業や畜産業は最も大量の水を必要とする産業で、人類が使用する水の2/3以上が農作物と家畜を育てるために利用されています。また、油田においても長く採掘を続けていると油層内部の圧力が低下するため、生産量を維持しようとすれば、大量の水を注入して圧力を高めなければならなくなっています。

　深刻化する水不足は世界のいたるところで紛争の種になっています。複数

の国をまたいで流れる「国際河川」は開発や取水をめぐって争いが絶えない状況です。

日本の水資源

わが国は海に囲まれ、モンスーン気候帯に位置し、降雨量も年間1800㎜を超え、国土の67％を森林が占めていることから保水力も高くなっています。したがって、「水と安全はタダ」と思われ、水不足とは無縁の国と考えられてきました。大小の河川が3万以上あり、また、一般に河川の勾配もきつく、明治時代にオランダからやってきた治水工学者のヨハネス・デ・レーケが「日本の川は滝だ！」と叫んだくらいです。

日本の各地の湧水は「名水100選」からも分かるように美味しい水として重宝され、また親しまれてきました。美味しい水がペットボトルに詰められ、ミネラルウォーターとして利用されている量は膨大です。しかし、ミネラルウォーターの価格が水道水の1000～2000倍であり、牛乳やガソリンの方が低価格であるという現実には考えさせられます。また、ミネラルウォーターとも関係して、海外の資本が日本の水源林を購入する動きがあることも重大な問題です。

食料自給率と水問題

先にも述べましたように、水資源に恵まれているわが国は他国の水不足問題とは無縁のように思われがちです。しかし、日本の食料自給率がカロリーベースで40％前後であることは、多くの食料を外国から輸入し、食料輸入先の国々の水を大量に使用していることを意味します。1tの小麦を生産するのに1000tの水が必要であり、輸入相手国の水を1000t使用したことになることをまず認識しなければなりません。このような水のことをヴァーチャルウオーター（仮想水）といいます。日本は食料の輸入に伴い年間600億t以上の仮想水を消費していることになります。因みに、日本において農業に使用される水の量は2002年で566億tであり、いかに外国の水に頼っているかがわかります。穀物の生産に必要な水が潤沢にある国から輸入するなら、それほど大きな問題は生じませんが、灌漑用水を地下水に頼るため地下水の水位が低

下したり、また、干ばつで水危機に陥ったりしている国や地域からの食料輸入は、多くの問題をはらんでいます。

水環境の汚染の過去と現在

　戦後の目覚ましい復興と産業の急激な発達により、都市部の河川は工場排水と生活排水のタレ流しによりどぶ川と化し、沿岸域は極度に汚染され、水俣病をはじめとした悲惨な公害問題が頻発し、多くの犠牲者が出ました。また、水系の汚染は魚類をはじめとした水生生物の生存を脅かし、都市部の河川や沿岸域の汚染は人も含めたいろいろな生物に大きな影響を及ぼしました。その反省に立って1980年代から水環境の改善が進み、BOD（生物化学的酸素要求量）であらわされる水中の有機物量や、PCB、有機塩素系農薬などの化学物質の河川水中濃度は、顕著に低下しました。これには、下水道の普及と処理技術の発達、法規制の強化、環境保全に関する意識の向上などが大きく関わっています。

環境ホルモン問題

　世界的な環境汚染が一段落した1980年代の前半から、人間の諸活動により生み出されたある種の化学物質が、人を含めたいろいろな動物のホルモン作用を攪乱することが分かり、オスがメス化することや、逆にメスがオス化する現象が次々と明らかになりました。「環境ホルモン」という言葉がマスコミによって連日報道され、茶の間でも語られる時期がありました。ヨーロッパでは1970年代に猛禽類の個体数減少が注目されましたが、このことがPCBや農薬の取り込みによりホルモン系に異常をきたし、その結果生じた卵殻薄層化が原因であること、またアザラシの個体数の減少が有機塩素化合物の取り込みによってホルモン系に異常をきたし、子宮閉塞を引き起こしたことによることなどが分かっています。

　その後、2005年あたりから、環境ホルモン問題は沈静化し、何が問題であるかが整理されてきました。一部の野生生物における生殖異常に、防汚剤として広く使用されてきた有機スズ化合物などの化学物質が直接関わっていることも明らかとなり、その化学物質の使用禁止や規制措置が講じられてきま

した。この環境ホルモン問題は環境省が2010年から進めている大型プロジェクトの「エコチル調査」に引き継がれています。

水俣病は終わっていない

　水界の汚染と人の健康問題では、まず水俣病の問題を取り上げなければなりません。水俣病の患者第1号が1956年5月に発生して60年近くなります。アセトアルデヒド生産工程で生成したメチル水銀を含む工場排水が水俣湾に流れ込み、メチル水銀により汚染された魚介類を食べた人たちが水俣病に罹り、多くの犠牲者が出たことは重大な問題ですが、水俣病はまず子供に現れました。一般に、生理学的弱者、例えば赤ちゃん、老人、病弱な人などにまず影響が生じます。今もなお水俣病に苦しんでいる人たちがおられること、裁判では勝訴しても患者として認定されていない人の数が多いことを忘れてはなりません。

　水俣病の発生から患者の救済に至る過程では、原因企業、自治体、国、患者、企業の組合、患者の救済に半生をささげた医師、その一方で問題の解決を遅らせた科学者や技術者の存在など、実に多くの問題が含まれ、水俣病が「公害の原点」といわれる所以です。そして水俣病に限らず、環境問題には倫理的視点が必要であることも学ばねばなりません。

これからの水問題

　20世紀は石油の時代、21世紀は水の時代といわれます。日本では昔から「水に流す」という言葉がよく使われ、ややこしい問題は水に流せばさっぱりする、つまり、身の回りに水はいくらでもあることが当たり前の社会が今日まで続いてきました。しかし、この考え方は通用しない時代になっていることをよく理解して欲しいと思います。

　最後に、今後の課題を五つ、言い添えておきます。一つ目は途上国の河川や湖沼の汚染、二つ目は地下水の過剰なくみ上げによる灌漑農業、三つ目は水資源の有効利用と再利用、四つ目は臭素系難燃剤や有機フッ素系の消泡剤などの新規有害化学物質、さらに化粧品や医薬品などの化学物質による水環境汚染、最後に放射性物質による汚染です。

水をめぐる地球環境安全保障

総合地球環境学研究所 准教授 **遠 藤 愛 子**

▶ *2017.9.9*

水・エネルギー・食料ネクサスとは

　ネクサスとは「つながり」を意味することばです。水・エネルギー・食料ネクサスとは、水とエネルギーのつながり、エネルギーと食料のつながり、水と食料のつながりを表わすとともに、水・エネルギー・食料を関連性のあるひと続きのものと捉えることができます。水・エネルギー・食料、これら三つの資源が具体的にどのようにつながっているのか、いくつか事例を用いて紹介します。

　まず、フィリピンのルソン島北イロコス州パゴスの事例です。発電所エリアの広さは約670ha（東京ドーム約143個分）、海岸線20kmにわたって、全部で50基の風力発電機が設置されています。まずソーラーパネルについて、太陽光エネルギーを利用した電力供給には、通常3カ月に1回、ドライシーズンは毎月、高品質の水でパネルを洗浄する必要があります。一方で、この地域ではガーリックやドラゴンフルーツなどの農業生産活動が行われていますが、ソーラーパネル洗浄のための水資源と、農産物生産のための水資源は、同じ水源が使われています。もともと水資源が不足しているエリアで、エネルギー生産のための水利用か、食料生産のための水利用か、水資源をめぐるトレードオフが存在しています。トレードオフとは、何かを達成するために別の何かを犠牲にしなければならない関係のこと、あちらを立てればこちらが立たずの関係をいいます。

　風力発電機の下の土地が一部、家畜の放牧地として利用されています。もともとこの土地は100%農業地として利用されていましたが、現在は、主に風力発電による電力供給のために利用されるようになりました。つまり、エネルギー生産のための土地利用か、食料生産のための土地利用か、土地資源をめぐるトレードオフも存在しています。

次にインドネシアのプルワカルタというところにあるジャティルフール・ダムでは、水力発電が行われています。またダムでは鯉などの魚類の養殖が行われており、養殖が原因で水質が悪化し、そのため電力生産の効率が悪くなるという問題が起こっています。つまり食料生産とエネルギー生産との間に水資源をめぐるトレードオフが存在しています。

次にアメリカのカリフォルニア州にあるパハロ・バレーでは、地下水と都市部の生活排水を浄化した再生水を主な水資源として、農産物ベリー生産が行われています。一方で、カリフォルニアは2012年から続く干ばつで深刻な水不足問題に直面しています。そのため地下水の過剰揚水により、地下水の賦存量の減少と、地下水の塩水化が生じています。さらに地下水揚水、地下水と生活排水の浄化、農業用地への浄化水分配にエネルギー資源が利用されています。つまり、地下水資源をめぐって食料生産と地下環境との間にトレードオフが存在しているといえます。

水をめぐる地球環境問題

水資源を取り巻く地球環境に何が起こっているのか、見ていきます。まず、世界人口の変化ですが、2015年には74億人だった世界人口は、85年後の2100年には、約1.5倍の112億人に達する見込みです。地域別に見ると、アフリカの人口は4倍近くになると見積もられていますが、アジアにおける人口が最も多いです。そして、水の消費量ですが、1950～95年の約45年間で、世界の水消費量は約2.6倍に増加し、特にアジアでの消費量は全体の6割前後を占め、今後もさらにアジアでの消費が大幅に増えると見積もられています。このように水消費量が増加する中、先ほどカリフォルニアの事例でもご紹介しましたが、地下水資源の枯渇化が問題となっています。

我々ネクサスプロジェクトでは、特に地下水資源を研究対象としていますが、米国地質調査所が北米大陸において40カ所の帯水層を、1900～2008年の109年間にわたって調査した結果では、109年間で約1000㎦の地下水資源が減少しており、さらに、1900～2008年間の年平均減少量が約10㎦に対し、2000～08年間では3倍弱の25㎦となっており、近年はやいスピードで地下水資源が減少しています。世界の水需要量の推移は2000年も2050年予測も農業・

灌漑用水、つまり食料生産に使用される水の量が一番多く、さらに2050年には、電力のために使われる水の需要が増えると見込まれています。つまり、食料生産か、エネルギー生産か、さらに工業用水か、家庭での生活用水か、水需要がますます増加し、水資源をめぐるトレードオフが激しくなると予想されます。

ネクサスアプローチ

　このように三つの資源が相互に複雑に関係・依存していることから、資源間のトレードオフ及びこれらの資源の利用者間のコンフリクト（競合）が顕著になってきました。さらに、最近では社会的変化と気候変動がますますその問題に圧力をかけるようになっています。そこで、資源生産性を上げ、トレードオフを逓減し、シナジーを高め、異なる分野やスケールでの関係者の協力を促すことで持続可能な社会の実現を目指すネクサスアプローチが国際社会でとりあげられるようになりました。ネクサスアプローチは水・エネルギー・食料の間にある複雑な課題に対して個々の取組みを進めるとともに、相互に関連する課題も連動させ包括的に解決を進めることで、他の多くの目標も前進させるような好循環を生み出していこうという取組みです。

地域別の水・エネルギー・食料ネクサスの問題

　世界の三つの地域、南アジア（インド）、中東・北アフリカ、サハラ砂漠以南のアフリカは、特に水・食料・エネルギー資源が脆弱なエリアです。この地域でどのような問題が顕在化しているかを紹介します。

　まずは灌漑についてです。淡水の約70％は灌漑用水に利用されていますが、南アジアでは90％が利用されており、そのうち地下水が3／5を占めています。さらに、地下水揚水のためにエネルギーが利用され、エネルギー大量消費型の灌漑農業がおこなわれています。また、灌漑効率も世界の平均値45％に比べ20％と低く、水が効率的に利用されていないのが現状です。さらに、浸水などの原因による土壌肥沃度が低下し、その結果、土壌生態系の劣化を招いています。中東・北アフリカはそもそも水不足のエリアで、一人当たりの水利用量が平均1700㎥に比べて1200㎥と低くなっています。また、地下水と海

水を脱塩した水が二大水源となっており、ポンプアップや脱塩化に大量のエネルギーが利用されています。そして、灌漑率も平均値に比べ30%と低くなっています。

土地の観点では、南アジアではそもそも電力・その他のエネルギー資源が不足しており、バイオ燃料に依存した結果、土壌の肥沃度が低下し生産性が低下を招いています。サハラ砂漠以南のアフリカでは、同じくバイオ燃料に依存した結果、生産性の低下、土地の劣化による土壌肥沃度の低下が起こっています。また、エチオピアでは、大型水力発電ダムの建設により、土地の劣化、また、将来のポテンシャルな食料生産のための土地が水力発電ダムに利用されています。

バイオ燃料問題は、生産物・土地利用の変化がさらなる温室効果ガスの排出を招いています。また、マレーシアやインドネシアではヨーロッパ諸国向けのパーム油生産の結果、森林伐採、炭素放出、生物の生息地や生物多様性喪失の問題を引き起こしています。サハラ砂漠以南のアフリカでは、バイオ燃料生産に関する法制度が欠如しており、貧困などの社会問題を招いています。

地球研の取り組み

私の所属する総合地球環境学研究所ではネクサスプロジェクトを立ち上げ、水・エネルギー・食料資源の複雑な関係性の解明を研究し、最終的には三つの資源間のトレードオフの逓減と関係者のコンフリクトの解決を目指しています。

本プロジェクトの役割と面白さは、異なる学問領域を持つメンバーの成果をいかにして統合・調和させるか、そして、その成果を社会が抱える問題解決に活かすために、いかにして社会と連携して取り組むかを考えることです。その点から、ネクサスに関する政策提言を議論する場として、一般市民らの参加によるワークショップを開催し、その提言書が問題解決に役立つのか意見を聞かせていただいています。

13

視点を変えて生き物を見る

象がいた湖「野尻湖」の自然と文化

信濃町立野尻湖ナウマンゾウ博物館 館長 **近藤洋一**

▶ *2016.5.28*

野尻湖と化石発掘について

　野尻湖は、長野県の北の端、新潟県との県境近くの信濃町にある湖で、斑尾山・飯綱山・黒姫山・妙高山の火山が噴火し、その山々に囲まれた場所に生れました。湖岸線が出入りに富んでいて、その形が芙蓉の花に似ていることから芙蓉湖とも呼ばれます。90年前に外国人の別荘地であった軽井沢が俗化したとのことで、野尻湖周辺が別荘地として開発されました。野尻湖は標高657mにあり、面積は4.56km²で長野県の天然湖としては諏訪湖に次いで2番目に大きく、水深は38.5mで貯水量では諏訪湖を上回り、長野県で一番です。黒姫火山の山腹が大崩壊して岩なだれが発生し、これにより斑尾山から流れる谷を堰き止めて、約7万年前にできました。堆積物の堆積速度から推測すると、野尻湖は4万年後にはなくなってしまうと考えられています。

　野尻湖の水利権は江戸時代以降、上越の水利組合が持ち、灌漑用水に利用され、現在は東北電力の水力発電所が野尻湖の水を取り入れて発電を行っています。野尻湖に流入する水が少なくなる冬の間、発電所の取水により湖の水位が下がります。そのため、野尻湖の西岸では、幅150mぐらいにわたって湖底が干上がり、その干上がった湖底を中心に、1962年以来、「100年の計」と呼ばれる野尻湖の発掘調査が続けられています。野尻湖の発掘調査は、小学生から大人まで、一般の人たちと専門家がいっしょになって調査する方式になっています。第1次調査に参加した中学生は、すでに定年を過ぎています。子どもの頃に発掘調査に参加したことがきっかけで、高校の地学の先生になった方もおられます。

　発掘場所は約100m四方にわたって化石や遺物が産出するため、この地域を東西方向はアルファベットで、南北方向は数字で記号をつけ、全体を4m×4mのグリッドに分割してあります。いわば発掘地に番地をつけて、番地

野尻湖の第21次発掘調査（2016年3月）

ごとに調査した成果を蓄積し、実際に発掘するときには放射性炭素年代測定法などで精しく調べた年代が区別できる地質図にもとづいて、一枚一枚の地層を上からはがすようにして丁寧に掘って化石や遺物を見つけます。

ナウマンゾウについて

　1948年に野尻湖畔の旅館の主人である加藤松之助さんがゾウの歯を見つけたのが最初の発見でした。しかし、当初、それが何なのか分からず、凸凹の形状から「湯たんぽの化石」と言って小学校に持ち込まれました。その後、京都大学でナウマンゾウの臼歯であることが証明されました。

　野尻湖発掘調査によって、その周辺からは多種の化石が発掘されていますが、大半がナウマンゾウの化石で、6万年から4万年前の地層から発掘されます。約7万年前に誕生した野尻湖の湖底には砂や泥などが堆積した水成層があり、骨が分解されずに残りやすい特徴があります。ナウマンゾウの化石は発掘当初は鮮やかなオレンジ色をしていますが、しばらくすると黒ずんでしまいます。

　ナウマンゾウは北海道から九州で見つかっていることから、日本全国に分布していたと考えられています。長野県では長野市、中野市、上田市、小諸

市、佐久市などの千曲川沿いでナウマンゾウの化石が発掘され、これを「ゾウの道」と呼んでいます。現在は国道として使われています。ナウマンゾウの化石が見つかっているところには、昔は湖がありました。ちなみに、マンモスは北海道でしか見つかっていません。

　発掘当初、ナウマンゾウは南方から渡ってきたとみられていました。しかし、1962年の第1次発掘でナウマンゾウとオオツノジカの化石が発掘されたことで、5万年から3万年前の最後の氷河時代のものであることが確認されました。その後、2008年の第17次調査で、シベリアなどの寒いところに住んでいるヘラジカの化石が見つかったため、確実に北から渡ってきた動物もいることが分かってきました。

　また、トウヒ属やマツ属などの花粉化石が見つかり、最近の研究から、ナウマンゾウが野尻湖にいた時代は、とても寒い時期に挟まれた、やや寒さの緩む時代であったと考えられています。この地域では寒い時期と暖かい時期を繰り返した気候変動があったと考えられるようになりました。ナウマンゾウは「温帯の森林のゾウ」で、寒冷な気候の時代には南下し、暖かくなると北上するという考え方です。

　ナウマンゾウが35万年前に日本列島に来て以来、寒波、豪雨、火山の噴火、地震など、大きな自然イベントが当たり前のようにありました。ナウマンゾウは日本列島で独自な進化を遂げ、そして絶滅したという極めて日本的なゾウです。今、日本列島では様々な生き物が絶滅の危機に瀕しています。ナウマンゾウを研究することで、他の生き物を守るために、なんらかのデータを提供できると考えています。

　ナウマンゾウの一番の特徴は頭の形にあり、横から見ると四角く、やや角張っています。アジアゾウは丸く、アフリカゾウはやや尖った三角形であるのとは異なります。ナウマンゾウは、おでこのところが大きく張り出していて、ベレー帽をかぶったような隆起が目立ちます。そして、背中のカーブが肩と腰のところに出っ張りがあります。また大きく曲がってねじれた牙、この牙の付け根の部分が幅広く、左右に開き、耳が小さく、前足には五つの爪があり、後ろ足は四つの爪があるなどの特徴もあります。

野尻湖発掘調査への期待

1964年の第3次発掘では、約5万4000～3万8000年前のナウマンゾウなどの化石に混じって旧石器の剥片や、不自然に割れた動物の骨などが発見され、当時の「野尻湖人」が狩り場（キルサイト）にしていたとの仮説が提示されました。旧石器時代の人が石器の材料として使った無斑晶質安山岩などは野尻湖周辺からは産出しませんが、石器が見つかっています。

日本列島に人類が到達したのは約3万8000年前の後期旧石器時代の初めごろというのが定説であり、「野尻湖人」は定説に反しますが、北京原人の子孫のような古代型人類が日本にもいた、あるいはアフリカから拡散したホモ・サピエンスの初期のグループが日本に到達していた可能性などが考えられます。推測を裏打ちする決定打はまだありませんが、肉薄する証拠は増えています。人骨か人の足跡化石、人の手が加わったと認められる動物化石、キャンプサイトの跡などの発見があれば、日本の前期旧石器時代の研究に大きな影響を与えるだろうと思って、楽しみにしています。

何万年か前に生じたいろいろな事象（気候変動と地層変化など）を調べるため、化石周辺の砂・地質調査を行なっていますが、徐々に新しい事実が生まれているものの、まだまだ分からないことがたくさんあります。大きな自然イベントが少なくなっていく時代に、ヒトが増え、人間の社会が繁栄してきました。これからの地球は、ナウマンゾウの生きていた時代のように、自然が大変動する時代に入るかもしれません。当時、生き物がどのように滅び、どのように生き残ったのか、人類が自然環境の変化にどのように対処してきたのかという答えは、すべて足の下にあるのです。地層を研究することで、未来を生き抜くヒントを見つけることができると考えています。

きっと将来、子どもたちが、「野尻湖人」の存在も含め、これらを発見してくれるだろうと期待しています。ナウマンゾウの研究は、成果を急がず、「世紀の大発見」を次の子どもたちの世代に残しています。その発見を夢見て、子どもたちが将来、考古学者や人類学者になりたいと思ってくれることを願っています。

深海から宇宙までの生物学

科学ジャーナリスト　瀧澤美奈子

▶ *2017.11.11*

深海でびっくりしたこと

　2005年4月に有人潜水調査船「しんかい6500」に乗船し、相模湾の深海を体験しました。潜航開始から30分くらいで深海底1228mに到達し、ライトの前に浮かび上がったのは、プランクトンや魚の糞などの有機物が海にしんしんと降る雪のような幻想的なマリンスノーの世界でした。地上とはまるでつながりのない、バラエティーに富んだ無数の動物たちが生き生きと泳ぐ姿を見ました。相模湾の海底には太陽光を必要としない化学合成による生態系があり、シロウリガイは深海の活断層付近で噴出する硫化水素を取り込んでエネルギーとしています。

　海面に上昇するときには「しんかい6500」は省エネのためにライトを消します。最初は漆黒の闇の中で、深海の生物に見られているような、全く違った世界に迷い込んだ感覚がしました。しかし、しばらく目を凝らしていると、遠くから光がやってきて、船体に光の粒が跳ね返り、おびただしい量の青白い光が海底に向かって落ちていくのが、とても綺麗で幻想的でした。

宇宙の中の私たち

　昔の人たちが直観的・情緒的に抱いていた、大地は固定し、その周囲を月、太陽、五惑星、諸恒星が各個別の天球上を公転するという天動説。ヨーロッパではキリスト教の世界観となり、宗教的権威を持っていました。1543年にコペルニクスが、地球は中心にある太陽の周りを公転するとした地動説を発表しました。当初は、キリスト教会の権威に裏付けられた天動説に対する「異端」として迫害を受けました。1610年にガリレオが望遠鏡で木星の周りを回る衛星の存在を発見し、1619年にケプラーが惑星運動の法則を導きだし、1687年にそれが万有引力の法則によって説明されることをニュートンが示

して地動説が確立しました。天動説を否定して地動説が認知されてからまだ400年しか経っていません。

　宇宙の始まりとされているビッグバンの直後には、主に水素とヘリウムしかありませんでした。その後、酸素・炭素・カルシウム・鉄などの元素が星の中で作られていきます。そして、それらの元素は、星が寿命を迎えるときに再び宇宙へ放たれ、それらが宇宙空間を彷徨（さまよ）いながら再び集まり、次世代の恒星や惑星が作られます。もちろん地球も例外ではなく、かつては恒星の中にあった元素によって形作られます。そして、人間を含む地球上の生物も、宇宙空間に存在している物質の構成要素によって作られています。母なる海、その母親は宇宙。この宇宙の中ですべては巡り巡っていて、その循環の中に私たちもいます。その意味では、私たちは星の子なのです。

　宇宙における生命とは何かという命題に取り組む学問が、アストロバイオロジーです。太陽系外の惑星の存在が分かってきていて、2017年11月現在、惑星が3550個も発見されています。また、地球から39光年離れた恒星の周りに、地球に似た七つの惑星が発見されています。地球に似ている条件は、岩石でできていて、かつ、水が液体で存在することです。地球外生命への期待も高まります。

われわれはどこから来たのか

　生物の定義を、有機物において化学反応が連続に起こるシステムで、自己複製機能を有するものと定義すれば、宇宙全般で適用できるかもしれません。46億年前に地球は誕生し、44億年前に海ができました。40億年前に深海底の海底熱水噴出孔が現れ、その周辺域の熱水には鉄や硫黄などの鉱物が含まれ、メタンや硫化水素などのガスも噴き出しています。これらが生命誕生に必要なエネルギーと栄養物を提供したという説が有力になっています。微化石にも記憶されています。

　ヒトは約20〜10万年前にアフリカで誕生したといわれています。そして、現生人類に進化してきています。人類の文明は、喉が音を発する構造であったために言語が生まれ、それを通して脳が発達し、道具を使うことで進化してきました。その中で、科学技術は必要に迫られてできたものです。古代エ

ジプトでは、ナイル川の氾濫のたびに土地の測量が必要になり、ピタゴラスの定理が生まれました。ここから測量術が、さらには数学が発達しました。紀元前3世紀頃には世界最古のアレキサンドリアが学術都市として栄えました。図書館には70万冊の学術書があったといわれています。紀元後5世紀にアレキサンドリアが滅ぼされた後、学術の前進は止まり、科学技術は中世まで停滞してしまいます。

われわれはどこに行くのか

1632年のロンドンの死亡統計には9532人中、乳児死亡、衰弱、熱病などでの死者が大半を占めていますが、「ガン」はわずか10例に過ぎず、「惑星に負ける」などという不可解な死因（13例）よりも少なくなっています。この時期は占星学の影響が強く、惑星は、人を惑わすものとの捉え方をしていたことが影響していると考えられていました。

一方、エネルギーで歴史をたどってみると、昔のエネルギーはほぼ太陽エネルギーに依存していたことがわかります。その後の人類の英知によって、木炭、石炭、石油、天然ガス、原子力発電へと進化して、燃料1kgあたりから得られる熱量は桁違いに増加しました。今や世界人口の増加を上回るスピードでこれら資源の消費量が増加しています。

誕生から46億年経過した地球には約3000万種もの生物が存在しますが、地球は今や特異な種である人類によって過去に経験のない異変に見舞われています。

エコロジカル・フットプリント（人間一人が持続可能な生活を送るのに必要な生産可能な土地面積として表わされる）の考え方からすると、人類全体で、2010年時点ですでに地球面積の1.5倍にあたる負荷が地球にかかっているとみられます。地球温暖化・砂漠化・大気汚染などの副作用が深刻化しています。

生物多様性の低下への対処が急務

2016年12月にメキシコにてCOP13（生物多様性第13回締結国会議）が開催され、170カ国から7000人が参加、農林水産業や観光業の中で生物多様性を高める行動を強化することが採択されました。今後さらに世界人口が90億人に

増える中で、私たちは地球の包容力に思いをはせ、低炭素社会への移行や温暖化に知恵を絞らねばなりません。

　経済学史から見ると、いろいろな環境問題に対して二つの対立した考え方があります。ひとつはマルサス主義で、活発な経済活動によって資源が枯渇し、環境悪化がもたらす破滅への道に警鐘を鳴らし、それを避けるために資源利用の抑制を主張します。もう一つが、地球環境の危機は「イノベーション」で乗り越えられ、静観するだけでは壁は乗り越えられないとするソロン主義です。両者はまったく対照的な理論ですが、どちらも妥当性があり、状況に応じた使い分けが必要です。

　20世紀の科学技術は、医療、エネルギー、交通手段、通信などを飛躍的に発展させました。その行き過ぎを規制しなくてはいけないというようなマイナス面は、生活の利便性の向上や医療の進歩というプラス面に隠れて見えにくく、楽観的な考えが通用する時代であったと言えます。21世紀の科学技術はどんどんスピードを上げて進化しています。

　21世紀の科学はどこへ向かうべきかを、1994年にユネスコとICSU（国際科学会議）の共催で「世界科学会議」（ブダペスト会議）が開催され、科学と科学的知識の利用に関する世界宣言が採択されました。20世紀型の「知識のための科学」に加えて、「平和のための科学」、「開発のための科学」、「社会における、社会のための科学」という新しい責務が加えられました。

　科学者は、目の前にあること、できること、興味深いことに挑戦し続ける傾向があります。科学の発展によって便利な生活が提供される中で、機械に頼る生活になってしまうなど、社会構造にまで科学技術が影響を与えます。これからの時代は、自然を尊重する考えも自分の人生の中に取り入れていくことが、より幸せに人間らしく生きていけるキーになると考えています。科学が人々の生活により身近に、リスクを先取りして回避する方向に作用するよう、私たち一人一人が考えなければならないと思います。

昆虫ミメティクス
驚異の生理・形態・生態から学ぶ

京都大学 名誉教授　**藤 崎 憲 治**

▶ *2018.7.14*

はじめに

　人類の歴史は700万年、現生人（ホモサピエンス）の歴史は高々20万年と言われています。一方、昆虫は、人類の祖先である最初に出現した脊椎動物である魚類のあるグループが海から陸への生活圏を移したのよりさらに古い、4億年を超える歴史を持ち、様々な環境に適応して多様な生態を発達させてきました。そして、彼らが発達させてきた構造や機能に学ぶことは、力で環境を改変して生き残ろうとするこれまでの道とは本質的に異なる、より環境適応的な技術の開発につながり、直面する地球環境問題の解決にも大きく貢献する可能性があります。昆虫から学ぶ私たちの未来についてお話をします。

バイオミメティクスとバイオミミクリー

　バイオミメティクスはバイオ（生物）とミメティクス（まねること）の複合語で、生物の持っている形や機能から学び、環境と人間にやさしい技術をつくることです。バイオミメティクスとバイオミミクリーはほぼ同義で、日本語ではいずれも「生物模倣」と訳されます。バイオミメティクスの方がより工学的な意味合いが強いと言えます。

　バイオミミクリーの提唱者であるジャニン・ベニュス女史は、「生物の天分を意識的に見習う、自然からインスピレーションを得た技術革新」と定義しています。自然界から搾り取ることではなく、学ぶことを重視する時代を拓くものです。これには三つのレベルがあり、一つ目は生物のパターン、すなわち生物たちが長い進化の結果として形作ってきたさまざまな形態・デザインを模倣すること、二つ目は形成過程の模倣で、そのデザインがどのようにして作られるかということ、最後が生態系の模倣、すなわち自然のデザインを模倣して作られた技術がいかに生態系に適合しているのかということです。

昆虫ミメティクスの基礎としての昆虫の進化的歴史と特性

　昆虫の起源は約4億7900万年前のオルドビス期初期にまで遡ります。昆虫は節足動物で、エビ・カニなどの甲殻類と最も近縁であるとみなされることから、昆虫と甲殻類を合わせて汎甲殻類と言ったりします。昆虫類は地球上で最も種数が多く、現在分かっているものとして世界で約100万種、全生物の2/3に相当します。毎年約3000種が新種登録され、最終的は1000万種にはなると言われています。日本では約3万種が記録され、実際には10万種と推定されます。

　大型昆虫としては、オオナナフシ（体長37㎝）、インドのアトラスガ（開翅長30㎝）、沖縄のヨナグニサン（30㎝）などで、超小型昆虫は甲虫（0.25㎜の北米産ムクゲキノコムシの一種）、タマゴバチ類（0.18㎜の寄生バチ）などが存在します。

　昆虫は、体節動物の21体節からなる祖先から進化し、頭部（6節）・胸部（3節）・腹部（12節）に分化しています。昆虫の頭部は感覚の中枢、胸部は運動の中枢、腹部は生殖の中枢として機能分化しています。胸部の3節に左右一対で合計6本の肢があり、中胸には2対の翅があります。

　昆虫は石炭紀に、地球上で最初に空中に進出した生物です。昆虫の大々的な空中への進出は白亜紀に起こり、同時期に出現した被子植物は昆虫による効率的な花粉媒介を達成でき大繁栄しました。石炭紀と白亜紀に空中飛翔の昆虫が繁栄したのは、地球史の中でこれらの時代は大気中の酸素濃度が非常に高くなり、空気の粘性が高まり浮きやすく、飛翔筋の代謝に大量の酸素が確保できたためです。

　昆虫の翅の起源は、昆虫の祖先にあたる甲殻類の二枝型付属肢のうちの鰓脚が体の上部に移動して翅になったという付属肢変形説が有力視されつつあります。昆虫の翅は無から有を生じるような進化的発明などではなく、既存の形態を再利用した結果なのです。逆に言えば、生物の進化というものは、手持ちの遺伝子の様式を変えながら再利用しているに過ぎないことを、このことは物語っています。

　昆虫類の変態には、完全変態（アゲハ：卵→幼虫→蛹→成虫）と不完全変態（カメムシ：卵→幼虫→成虫）があります。完全変態の利点はまず、幼虫と成

虫の棲み場所を変えることにより、外敵からの危険の分散ができることにあります。また、幼虫は食草の葉、成虫は花蜜などを餌にすることにより、餌をめぐる競争を少なくすることができています。完全変態の方がより進化した形とみなせます。

昆虫には多様な口器が見られます。バッタ類の咀嚼型口器、カ類の刺吸型口器、チョウ類のサイフォン型口器、ハエ類の舐吸型口器、ミツバチ類の咀嚼と吸収の両用型口器などがあるのは、もともとの口器である咀嚼型口器が多様な食性に対応するために変形進化した結果です。昆虫類の肢にしても機能に合わせて多様な形態を進化させています。

昆虫の多様性は深海を除く地球上のあらゆる場所に生息していることにも表われています。それは飛翔による高い移動分散性と環境への高い適応能力の所産です。変温動物である昆虫はもともと高温多湿な低緯度の熱帯で誕生しましたが、やがて高緯度や高標高でより寒冷な地域、あるいは砂漠などの乾燥地域に進出するにつれて、新たな種分化を起こしながら、その地域の気候に適応していったのです。昆虫は温泉や油田など他の生物が棲めないような極端な環境にも進出しました。

昆虫の脳は分散脳で、頭部（脳・触覚神経）、胸部（胸部神経節）、腹部（腹部神経節）と分かれています。各部の神経節が、頭部（脳）の判断・指示を待つことなく、俊敏に各部の機能をコントロールできるため、天敵逃避などの緊急時は脳がなくても対応ができます。このことは、地震や津波などの大災害時における緊急対応においても学ぶべきことだと思われます。

体重に占める脳の重さ（脳重量比）は、哺乳類の中では霊長類が高く、ヒトが突出しています。イルカは霊長類より高くヒトに近いです。トンボやバッタなどの昆虫は哺乳類に比べ脳重量比はかなり小さいですが、ミツバチはヒトに近い脳重比です。ミツバチは色、形状（縞模様など）、匂いなどが「同じ」か「違う」かといった抽象的識別すらできます。アリの道は「道しるべフェロモン」によるもので、フェロモンというコミュニケーション手段をインターフェイスとした自己組織化の産物です。これは最短経路探索に有効で、電話回線網の調整、顧客への請求書作成や発送、予測不能なインターネット経路など、幅広い分野での応用が期待されます。

昆虫はバイオミミクリーの天才で、ショウリョウバッタ、クロコノマチョウ、カギシロスジアオシャクなどは隠蔽的擬態で背景に隠れて存在をわからなくします。鳥から捕食されることを逃れるために、枝に擬態したナナフシ類、枯葉に擬態したキマエコノハ、鳥の糞に擬態したイラガの繭やオジロアシナガゾウムシ成虫などは、食物でないものへ擬態しています。また、毒を持つものへ擬態（ベーツ型擬態）するものとして、北アメリカ産のチョウのカバイロイチモンジ（無毒）はオオカバマダラ（有毒；アルカロイドを体内に蓄積）に擬態、ミバエ類はハチに擬態しています。ホソヘリカメムシは、幼虫時にはアリに、成虫時はハチに擬態しますが、それはアリとハチは自然界での脅威であるためです。

昆虫ミメティクス

昆虫の優れた形態や機能を模倣した昆虫ミメティクスは、新たな時代のバイオミメティクスとして大いに期待されています。それは、ナノテクノロジーの大きな発展のお陰で材料科学が著しく進歩したことで、昆虫のような小さく複雑な仕組みとその機能をナノメーターからマイクロメーターに至る微細な領域において再現できるだけの技術的力量がついてきたことによります。蛾の複眼の表面構造は光の波長より短い突起を持ち、表面から突起の基材部まで屈折率を連続的に変化させ、外から取り込んだ光を反射させない、モスアイと呼ばれる構造になっています。それを模倣してモスアイフィルムがつくられました。テレビやディスプレイの無反射表面フィルム、美術館の絵画の保護用無反射フィルムなどに応用されています。

タマムシ、コガネムシ、モルフォチョウの表面の微細な凹凸による光の干渉で発色する構造色という特徴を、自動車の塗装、ディスプレイ、セキュリティとしての偽造防止用ホログラムなどに応用しています。アサギマダラというチョウの翅の「くびれ」と飛翔時の「うねり」を扇風機の羽根に応用して、羽根1枚から送られる風が二つに分かれ7枚の羽根で14枚分の風を送ることができて、効率的で快適な風を送ることに成功しました。トンボの翅表面はなめらかではなくギザギザの構造がありますが、そのために翅上面と下面に流れる空気の流速を変えることで揚力を大きくすることが可能です。ト

ンボが微風でも飛ぶことができるのはそのためです。これを応用してエアコン内部のファン羽根に凸構造をつけることで、摩擦抵抗が減少し、消音、省エネを達成したのです。また、それは微風時でも回転できる羽根を持つ小型風力発電機として、大震災のような災害時に役立つ可能性があります。

　蜂の巣の六角形のハニカム構造は非常に軽くて丈夫なため、様々なものに応用されています。例えば、飛行機の翼、スペースシャトルの機体、スカイツリーの外壁部と展望台などです。刺されても気づかない蚊の口針を応用した痛くない注射針、スズメバチが長時間飛び続けられるのは脂肪を高速で燃焼するからであり、これを応用した脂肪を早く燃やす飲み物、その他医療・健康への応用例も数多くあります。

　ロボットにおいても、昆虫の形態や動きを模倣した昆虫型六脚ロボットや、昆虫の感覚機能や情報処理を模倣した匂い源探索機能を有するロボットなどが開発されつつあります。このような感覚機能を備えたロボットは、作物圃場での害虫の発生箇所を探索することや、災害時にがれきに埋もれた人を探索することに応用することが可能でしょう。

最後に

　バイオミミクリーは人類が生態系の中で持続的に存続していくための環境調和型技術です。産業革命とは違って、われわれが自然界から「学べる」ものを重視する時代を拓く先達です。自然破壊をしない、エコロジカルで持続可能な技術革新です。

　昆虫は小型化することで進化的に成功した節足動物です。ダウンサイジングこそが、エネルギーを最小にする持続可能な社会を実現できる大きな可能性を持っています。それ故に、古くから小さきものを愛し、かつ志向する日本文明は、さらに昆虫のように小さくて高精度な生物をモデルとした技術を展開していくことで、世界の文明のモデルとなる可能性があると言えましょう。

線路を覆い尽くすキシャヤスデの大発生

大東文化大学スポーツ・健康科学部 准教授 **橋本みのり**

▶ *2018.8.25*

ヤスデとは

　土壌中の生物は、土の中や地表面でひっそりと生活しています。その役割は、落葉などの有機物を粉砕して細菌や菌（真の分解者）を活性化させる腐植食者としての役割、捕食者としての個体数調節の担い手としての役割、最終的に、細菌・菌類が有機化合物を無機物質へ分解して土に還元する役割があります。特に、ミミズ、等脚類、ヤスデなどの大型土壌動物は落葉落枝を粉砕するとともに、その排泄物によって土壌中の細菌が活性化し、分解を間接的に促進します。また、ミミズや大型のヤスデは、土壌改変者とも言われ、落葉とともに土壌を摂食し、排泄物は土壌団粒となって土壌の微細構造を変化させ炭素の蓄積にも役立つと考えられています。

　ヤスデとよく間違われるムカデがいます。ヤスデはムカデに比べて小さく、一つの体節から脚が2対あり、動きがゆっくりした直進型で、毒を持っていません。防御物質はシアン化合物のガスです。

　ヤスデ類は、世界には1万1000種、日本には約300種が生息しています。熱帯にはサイズの大きい種やカラフルな種も存在します。多くのヤスデが落葉粉砕者としての働きをもち、成虫は主に落葉食ですが、土壌を混食する種もいます。生息地周辺で群生し、周期発生する種も存在します。

生態系と分解者

　森林生態系にも生産者・消費者・分解者の三つのカテゴリーが存在し、それぞれが食物連鎖によってつながっています。物質の循環の流れを見てみると、植物の純生産の90%が直接分解者の系に供給されることになるので、分解者は循環の要です。

　豊かな森林の場合、人の足のサイズの下に、おおよそミミズ1個体、ヤス

デ類1.5〜数個体、クモ類3〜5個体、昆虫の幼虫2〜5個体、トビムシ類50〜70個体、ダニ1000〜1500個体が生息しているとの調査結果があります。環境（水分量・有機物量・土壌成分など）によって生息する動物の数は異なっていますが、小さな生物ほど数は多くなります。

キシャヤスデ

　日本の中部地方に生息し、ヤスデ類の中でも比較的大型で、幼虫の時期には土の中で生活し、成虫は地表面に出てきて歩き回り、時には広範囲にわたって大規模に発生します。八ヶ岳山麓周辺では付近の森から線路周辺に湧くように出てきて、その体液で汽車がスリップし、列車を止めることがあったことから"汽車ヤスデ"と呼ばれています。

　中部〜関東地方の山麓に分布し、標高約800〜1600m程度の南八ヶ岳山麓が代表的な高密度生息地で、そこの植生はカラマツ人工林やミズナラ林、下層植生はミヤコザサ、土壌は黒ボク土壌になっています。キシャヤスデは周期的な餌の大量摂食が起きた場所において、局所的に極めて高密度で発生しています。しかし、同調要因は分かっていません。

キシャヤスデはなぜ周期的大発生するのか

　キシャヤスデの成虫は体長35mm程度の肌色〜朱色で、ヤスデの中では大型の部類に属します。最も大きな特徴は、一般のヤスデは1〜3年で成虫になるのに対して、キシャヤスデは1年に1回しか脱皮せず、成虫になるまで土の中で7年間かかります。また、もう一つの特徴は、集団の齢別分布が単一なことです。一般の動物は、子供も大人や老人もいますが、キシャヤスデの場合、ある広い地域にある年には孵化した直後の幼虫だけ、ある年には大人だけというように、同じ年齢のものしか存在しません。キシャヤスデの大発生は、7年かかって成虫になった同じ年生まれのキシャヤスデが、交尾相手を探すために地表を

キシャヤスデの成虫

大集団で移動することで起こる現象と言われていますが、詳しくは分かっていません。また、同調する要因は分かっていません。

　キシャヤスデは、大発生した翌年8月に新しい世代が孵化し、幼虫は森林土壌中で7年間暮らします。その間、腐植層を含む土壌を食べて土に変えるとともに土の中を動き回り、土を耕して空気や、水の通りをよくしてくれています。また、8年目に地表に出てきた成虫は、一度に大量の落葉を食べるので、腐植層の形成への影響も大きいと考えられています。ところが、2〜3世代前に高密度発生していた八ヶ岳南麓の森では、近年大発生が減少しています。全体的にキシャヤスデ減少の可能性があり、減少要因の解明が必要になっています。

八ヶ岳南麓におけるキシャヤスデの現況調査 (2015〜17年)

　2015年9月より、過去の生息地における密度調査・大発生地周辺の定性調査などを行っています。現在の生息状況を見ると、標高が高い地域でのみ個体群が維持され、1200m以下の低標高地域では個体群が消失しています。生息している地域では、カラマツ林、ミズナラ林、常緑針葉樹林、混交林など、いずれの植生にも生息をしています。ササ密度が高い場所や堆積有機物が豊富な場所を好む傾向が見られました。群遊時の気象条件は、気温15℃以下、湿度80％以上で、夜間から早朝にかけて活発に行動します。

　キシャヤスデの成長には、冬季に最低気温が5℃以下の日が少なくとも60日以上の連続が求められますが、この条件を満たすには冬季の生息地の土壌には、3〜4カ月間の積雪が必要となります。

　生息密度の低下と分布標高の狭まりには、二つの要因が考えられます。一つは成虫の越冬時期の気温の上昇による産卵の抑制が個体群の縮小および消滅を招いていること。もう一つは、成虫時期の日照量の不足から成虫の色素定着の遅れが発生し、生殖機能の発達に影響を与えている可能性も考えられます。

　生息地における冬期の気温上昇からくる低温状態の不足が個体群の密度低下や消失を発生させ、天敵である菌類の増加により死亡していることから、高標高地域でのみ個体群が維持されているのではないかと考え調査を進めて

います。

まとめ

　キシャヤスデの大発生（高密度個体群）は落葉粉砕に加え、土壌改変も行います。土壌動物が少ない冷温帯林で物質循環への重要な役割を担っています。近年の個体群の消失は、気象変化による生息域縮小の可能性が考えられます。個体群が消失した低標高地域では、物質循環速度の低下などの影響が起こることも懸念されます。

身近な動物たちの行動学

公立鳥取環境大学環境学部 教授　小 林 朋 道

▶ *2018.9.22*

自然環境と経済活動の結びつき

　すべての産業は豊かな自然があって初めて企業として成り立っています。大きな自然災害が起こり、日常生活が成り立たなくなれば、経済活動はできなくなり企業も大きな影響を受けます。

　国連が2030年までに達成しようと提唱している「持続可能な開発目標（SDGs）」では、貧困や人権の問題、自然環境、経済活動などに関連する17項目の開発目標を掲げ、貧困に終止符を打ち、地球を保護し、すべての人が平和と豊かさを享受できるようにすることを目指す普遍的な行動を呼びかけています。その中で、ある目標を達成するためには、むしろ別の目標に関連付けられる問題にも取り組む必要があり、これらの目標は全て相互的に関連しています。自然と経済活動では、豊かな自然を保護する行動をしなければ、技術革新や経済成長などの持続可能な経済活動は成り立ちません。

　自然環境を守ることと、お金が儲かる経済的な利益の結びつきがはっきりと判るような活動を鳥取県のいくつかの地域で実践し、いろんな場所で経済的な利益が判るような環境保全の手法を考えてやってきました。自然環境の保全では、そこに生息する生き物たちの生き様をより深く理解すること、まずそこに棲む生き物について直接知る、五感で触れて知るということが重要です。そこに生息する生き物が何を欲しているのか、自然の中で何をすれば、どういう保全活動をすれば彼らにとって嬉しいことなのか、それを見極めることが自然を守る、真の自然環境の保全になります。

　鳥取県東部の智頭町芦津の杉林に生息するニホンモモンガの生息地保全を10年近く継続して実施しています。ニホンモモンガの生息地保全を地域全体の活動として進めることで、地域の活性化、経済的効果が出てきます。それは地域の人たちによる「モモンガ観察会」や「モモンガの湯」運営による集

客、モモンガグッズの製作、販売などの経済的効果です。また、それに加えて地域住民の精神的活性化にも寄与し地域振興に繋がっています。自然環境を守ることが地域の活性化、地域振興に繋がるというモデルケースになり得ると思っています。

動物たちの行動学と生態学の違い

今日のテーマの「身近な動物たちの行動学」の行動学は、動物の生活や習性を知るということ。一方、生態学は群れの全体の動きとか、一個体一個体の動きにも注目をしますが、むしろ集団としてどのような群れや社会を作るのか、他の生物とどのような関係性を持つのか、といった広い視点でみていきます。

動物行動学というのは、進化を土台に据えて動物の習性をみることで、動物をみてその生き様を知り、何故こんなふうに行動するのかを深く知り理解していくことで、4種類の"なぜ"について科学的に調べていく学問です。一つ目は至近的要因と言われ、その行動はどんな仕組みで発現するのかを、二つ目は究極的要因で、その行動をすることによってどんな利益があるのかを調べます。三つ目は発達的要因で、誕生から成長の過程でどのような発達をたどってそのような機能をするようになったのかを、四つ目は系統進化的要因で、祖先種からどのような道筋をたどって現在そのような機能が生まれたのかについて調べます。

迷路での実験

卓上の簡易な迷路の中に置いたダンゴムシはどちらに曲がるかという実験では、右→左→右と交互に曲がります。これを交代性転向反応といいます。ミミズで実験すると、ダンゴムシと同じように左→右→左と交互に曲がる行動をします。

行動パターンについては、ダンゴムシもミミズも共通しています。それは迷路に入れられて後ろからつつくことによって、彼らは恐怖を感じているのです。自分の命を脅かす危険が迫っていると感じ、危険から逃れるための行動をとっています。体の反応は本能で動いています。したがって、障壁があ

れば、右→左→右→左と危険なところから遠ざかるような動きになります。障壁がなければ彼らはまっすぐに危険から遠ざかります。

ヒキガエルの鍵刺激による行動例

　ヒキガエルを黒い曲線状の棒の前に置くと、ヒキガエルは棒に向かって威嚇する防衛行動をとります。身体を大きく膨らませ、身体を上下に揺り動かし相手を威嚇する行動をします。この時、この棒を横に寝かせて置いた場合や、まっすぐの棒では、ヒキガエルは何の反応も示しません。また、例えば麻酔で寝かせたヤマカガシ（ヘビ）をヒキガエルの前に置いても、ヒキガエル

ヒキガエルの行動例

は何の反応も起こしません。しかし、この黒い曲線棒を立てて前に置くと、瞬間的にヒキガエルはこの防衛行動を起こします。

　ヤマカガシは非常にヒキガエルを好んで食べますから、ヒキガエルはヤマカガシに対して警戒が強くなります。先の黒い曲線棒はヤマカガシの鎌首に似ているため、ヒキガエルはこの曲線棒を前にした瞬間に防衛行動をとります。これらは動物行動学の「4種類の"なぜ"」で言えば、鍵刺激という仕組みで、究極的要因は自分の身を守る防衛行動になります。

　一方、ヤマカガシは餌をとる時ではなく、外敵に襲われ首を噛まれたりした時に皮膚が破れて毒を出すという防衛のために毒を持っています。生物は毒の物質を作るのには大変なエネルギーが必要で、毒の元になる物質を体内で何回も酵素反応を起こし毒化しないといけません。ヤマカガシは自分で毒物質を作らず、ヒキガエルを食べ、その体の表面にわずかにある毒を蓄積して自分の毒にしています。

魚の同種認知、群れ（集合）嗜好性

　水槽内の魚を使用して同種認知を確認した結果、魚体の縦のストライプの有無、魚体の色やヒレの形、大きさを含めて識別をしていることが判りました。また、魚が群れる習性をメダカで実験して確認しました。水槽を3区分

し、左右に個体数の多い方と少ない方に分けて入れ、真ん中に1匹のメダカを入れると、メダカは群れが多い方に寄っていくことが確認できました。魚が群れの多い方に行く理由や群れをつくる理由を確認するため、ヒキガエルとダンゴムシを再登場させて実験してみました。ヒキガエルはダンゴムシを食べますが、ダンゴムシが1匹だけの時にはヒキガエルは確実にダンゴムシを捕獲し食するものの、複数匹を入れた時には捕獲できなくなりました。ダンゴムシの群れの数が多い場合、ヒキガエルは狙いを定められず捕獲することができなくなります。これが、動物が群れを作る理由の一つではないかと考えられます。

動物の記憶・意識について（最新の行動学の課題）

　水槽の壁面に鏡を置くと、ゼブラフィッシュは反応し鏡に寄り、鏡をとってもゼブラフィッシュは集まります。魚には記憶が残っていて、さっきまで魚が多くいたではないか、どこに行ったのかと探しに来ています。彼らの中に仲間がいたという認知が働き、そして記憶があるのではないかという考え方です。

　人間の脳内には1000億個の神経があり、配線のように繋がっています。この神経を刺激することによって、目では見ていないのに物が見えたりします。神経の働きは物理的なことなのに、なぜ意識が生まれるのかという問題の解明がこれからの大きな課題です。

　脳の働きの中にはミラーニューロン活動という仕組みがあり、相手の行動などを見て、自分の脳内でもそれと同じ行動を引き起こす神経系の興奮が起こります。実際に自分がその動作を行わないのは、脳内の神経系の興奮と、それが筋肉の神経に伝わる部分が解除されているからです。我々の笑顔の表情はおおむね決まっています。相手が笑顔を向ければ、こちらもミラーニューロンで笑顔を返します。表情だけではなく、感情を生み出す神経系もミラーニューロン系の働きで相手に伝染し、共感を得られ、互いに親愛の気持ちを積み上げていくことができます。

　このような現象も理解しながら、「自然環境の保全と農林水産業などの自然産業との関わり」が進んでいけばいいと思っています。

14

世界の自然を知る

熱帯雨林の世界

京都大学霊長類研究所 教授 湯 本 貴 和

▶ 2017.1.28

生物多様性の中心・熱帯雨林

熱帯雨林の定義は、「月に100mm以下の降水量しかない乾季が2カ月半以内しかないところ」です。熱帯雨林は、三つの大きなブロックとして存在し、最も広大なものが南米に、第2のブロックが南アジア・東南アジアで、もう一つはアフリカでコンゴ川流域からギニア湾岸にあります。

熱帯雨林は全陸地面積の7％を占めるに過ぎませんが、陸上の生物種の半数以上を生息させ、生物多様性の中心と呼ばれています。生態学的に多様性が高いとは、単に多くの種が群集を構成しているということだけでなく、群集の中で大きな比率を占める優占種が欠けていることを意味します。

東南アジアの熱帯雨林では、1 haあたり100種前後の高木種がごく普通に数えられます。面積あるいは個体数をベースにして比べると、熱帯雨林に出現する樹木の種数は、温帯林よりもほぼ一桁多いのです。1本の木についてみれば、温帯林や寒帯林ではまわりを同じ種の木に囲まれていますが、熱帯雨林では同種の個体はかなり離れたところにしかありません。また熱帯雨林には、温帯や寒帯に見られないような珍奇な花が多くあります。しかし、熱帯雨林は現在、強い開発の波にさらされていて、面積は急速に減少し、貴重な生物種が消滅し、森林植生が劣化しつつあります。

霊長類の生活

世の中に知られている生物種は150万種あまりとされています。ほぼ半数が昆虫で、約25万種が被子植物で、鳥類は約1万種、哺乳類は5000種ほどです。その哺乳類のなかで約220種とも440種ともいわれる霊長類は、数としては地球上の生物多様性のわずかな部分を占めるに過ぎません。

およそ700万年前、チンパンジーとヒトの共通祖先は、アフリカの熱帯雨林

で樹上生活をしていました。現在のヒトともチンパンジーとも違う生き物でした。現在の霊長類は、熱帯雨林でどのような暮らしをしているのでしょうか？

チンパンジーは、人間に近い霊長類で、遺伝子は人間とほんの少し異なるだけですが、人間とは全く異なる生活をしています。複数のオトナオスと複数のオトナメスで群れをつくって暮らしています。チンパンジーの社会では、オスは生まれた群れに残り、メスは生まれた群れから離れます。チンパンジーの社会の特徴の一つに、すべての群れのメンバーが常に一緒にいるわけではなく、群れのすべてのメンバーと一緒に行動することもあれば、1頭もしくは複数頭で行動する離合集散という性質があります。一日のうちの数時間ではなく、数日もしくは数週間にわたって出会わないメンバーがいることもあります。このような行動をとる霊長類は少なく、これには食物が関係しています。チンパンジーが暮らすアフリカの森林では、主要な食物の果実が常に豊富にあるわけではありません。果実が豊富な時期は群れのすべてのメンバーが一緒に行動できますが、果実が少なくなると一緒に移動するメンバーを減らして食物を確保しています。

ゴリラは、1頭のオトナオスと複数のオトナメスの社会構造が一般的です。オトナオスの中には、群れではなく、単独で暮らすものもいます。また、群れに複数のオトナオスがいることもあります。チンパンジーと異なり、ゴリラの群れのメンバーは比較的まとまって移動しています。食べ物を食べるときなど群れが広がることもありますが、基本的に群れのメンバーは一緒に移動していて、寝るときもまとまっています。若い葉っぱを4時間ほどかけて食べ、消化のために休んで寝る生活をしています。ちなみに、オランウータンは群れをつくらないで、単独あるいは母子だけで生活をしています。

動物との相利共生が支える熱帯雨林

花を訪れて花粉を媒介する動物のことを送粉者と呼びます。どこに咲いていてもちゃんと探しあててくれる送粉者は忠実度が高いと言えます。風媒の場合、花の側に一方的な適応があるだけです。花粉の移動は単なる物理的な拡散であり、遠距離間の花粉の送受は困難です。自分のまわりに同じ種の個

体がいない植物は、花粉を遠くまで運んでもらわなければならないため、他の花に寄り道しないような特定の動物だけに来てもらう工夫が必要になります。特定の動物だけが報酬が得られる変わった形の花や、特定の動物にしか意味のないヤニや性フェロモンといった報酬、または特定の動物の移動様式に対応して花が幹や根に直接つくなどが、その例です。いったん定着すると自らは移動することができない植物の多くは、特定の忠実度の高い動物に送粉を依存することによって熱帯雨林での低密度に耐えて生きていけるのです。

このように熱帯雨林の低密度の植物は、動物との相利共生によって生存を保証されています。熱帯雨林の多様性を創成し維持しているのは、送粉や種子散布などにおける生物間相互作用なのです。

熱帯雨林は甦るか？

東南アジアでは19世紀から有用材の植林が試みられ、一部の樹種では成功しています。植林にあたって、立地に合った樹種の選定は特に重要で、人手をかけて種子あるいは実生から丹念に育てていけば、多くの樹種で植林が可能です。種子や実生の供給が制限要因になり得るため、生長点培養などのバイオテクノロジーの発揮できる場面も多いと考えられます。

熱帯雨林を構成する樹種は、送粉や種子散布を昆虫や鳥類、哺乳類などの動物に、あるいは栄養塩類摂取を菌類などの微生物に依存し、複雑な生物のネットワークの中で生きています。ただ植林が成功しただけでは森林が再生したとはいえず、動物や微生物が住んでいて、競争、相利共生、片利共生、敵対といったさまざまな相互作用をお互いに及ぼしあいながら存続してこそ、生きた森林の姿です。そうした環境の中だけで、森林は自らを更新し、生物は進化していきます。もはや新しい生物を産み出せない森林は、本来のあるべき姿とはいえません。この意味で、動物や微生物を含めた複雑な生物群集を再現してはじめて、熱帯雨林の再生といえます。しかし、花や果実をめぐる動物との共生、菌根をめぐる微生物との共生など、これらの重要な生物間相互作用は、林冠部や地下部といった観察の非常に困難な場所で繰りひろげられているため、これまでほとんど研究が進んでおらず、再生に必要な情報はないに等しいのが現状で、これからの研究に期待するところです。

熱帯雨林の超高周波環境音とその効果

放送大学 教授 仁科エミ

► *2015.7.11*

ハイパーソニック・エフェクトとは

　私たちは様々な音に囲まれて生活をしています。音とは空気の振動で、人間が音として聴こえる空気振動の周波数上限は20kHz（キロヘルツ）くらいです。それより高い周波数の振動を音として聴き取ることはできません。しかし、聴こえない超高周波を含む音を浴びると、脳の奥の基幹部分や前頭前野などが活性化され、心と体にポジティブな影響が生まれます。

　この発見のきっかけは、ＬＰからＣＤへの過渡期、大橋力氏（芸能山城組主宰者・山城祥二としても知られる）がレコーディングスタジオでの作品創りのなかでＣＤの音質に疑問を感じたことでした。

　なぜＣＤの音がこれほど味気ないのか。この疑問を解決するために大橋氏らは、心理実験だけではなく、脳の血流をPET（ポジトロン断層撮像法）で測定する実験を行い、決定的な知見を得ました。超高周波を含む音を「可聴帯域の音（可聴音）」と「それ以上の超高周波」とに分け、まず可聴音だけを聴いている時の脳の血流を調べました。すると、脳の奥の中脳（脳幹）や視床、視床下部の領域血流量が音を聴いていない時と比べて統計的有意に減少するというネガティブな変化が見られました。続いて超高周波だけを聴かせたところ、脳血流には何の変化も見られませんでした。ところが、可聴音と超高周波とを同時に聴かせると、自律神経系や内分泌系の中枢である中脳や視床・視床下部、そして前頭前野の血流が高まり、生命維持を司る脳内の重要な部位が活性化されることが見出されたのです（図１）。

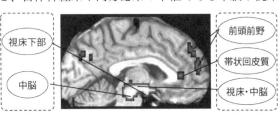

図１　超高周波によって活性化される脳の部位

　さらに、超高周波を含む音を聴いている時、高周波をカットした音を聴いている時と比べて、リラックス状態を示す脳波α波の上昇、免疫活性（ＮＫ細胞活性など）の上昇、アドレナリンやコルチゾールなどストレス性ホルモンの減少が有意に観測されました。これらも基幹脳活性化の反映と考えられます。

　心理的実験の結果、超高周波を含んだ音に対する感動や心地よさは、高周波をカットした音より大きいこともわかりました。これは、超高周波によって基幹脳が活性化し、「美しさ快さそして感動」の発生を司る脳の〈報酬系神経回路〉の働きが活発になって、音楽が心を打つ効果や魅力が劇的に高まったと解釈できます。これらの生理的心理的にポジティブな効果を総称して「ハイパーソニック・エフェクト」と呼んでいます。

　ハイパーソニック・エフェクトの発見は、最も権威ある米国の基礎脳科学論文誌のひとつ『Journal of Neurophysiology』誌に掲載されました。サイト上から論文を読めるようになっているのですが、この論文は長期間にわたって閲覧数上位にランクされ、世界的に大きな注目を集めました。

聴こえない高周波は豊かな自然環境音や音楽の中に

　超高周波は耳からではなく、身体の表面（皮膚）で感じていることもわかりました。聴こえなくても効果があるのです。ですから、年齢に関係なく効果がある一方、イヤホンでの聴取では効果は現れません。

　ハイパーソニック・エフェクトをもたらす超高周波を含む音（ハイパーソニック・サウンド）は、多様な動植物が生息している豊かな自然環境の中で多く観測されています。日本では鎮守の森や屋敷林、バリ島の村里の森などでは50kHz前後まで、ジャワやボルネオなどアジアの熱帯雨林では130kHz、アフリカの熱帯雨林で200kHzに及ぶ超高周波環境音が計測されています。一方、都市の遮音性の高い部屋の中、テレビをつけた室内、車が行き交う喧騒な街中には、20kHz以上の自然由来の高周波はほとんど存在していません。音楽では、日本の尺八や琵琶、バグパイプ、チェンバロなどの伝統的・民族的な楽器音には超高周波が含まれるものが多く見られます。なかでもバリ島の青銅の打楽器アンサンブル・ガムランは、集団で演奏することで傑出した豊富

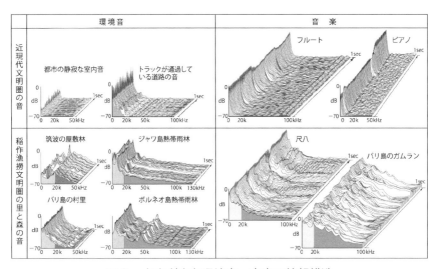

図2　さまざまな環境音・音楽の情報構造

な超高周波を発生します。しかし、近代の楽器を代表するピアノの音には10kHzくらいまでの周波数しか含まれていません。

文明と環境音との関わり

　高度に保全されたアジアやアフリカの熱帯雨林を訪ねると、環境の快適さ、美しさに驚かされます。温度・湿度は薄着でちょうどよく、日本での不快な温湿度の代名詞である「熱帯夜」は存在しません。そして美しい景観とハイパーソニック・サウンドが満ち溢れています。その超高周波の発生源の主力は、森林に高密度に生息している多様な昆虫類とみられます。

　この熱帯雨林こそ、人類の遺伝子が進化してきた環境です。大型類人猿の祖先が地球上に登場したのは今から約2000万年前、その環境は熱帯雨林と想定されています。現生人類の先祖は約16万年前、アフリカの熱帯雨林のどこかで誕生し、地球上に広がっていきました。長い時間をかけて熱帯雨林の中で進化してきた私たちの遺伝子そして脳は、情報構造が複雑で高密度な熱帯雨林に生きている時に適応負荷が最小化し、快感が最大化するように設定されています。

　その後、人類が農耕牧畜を始めて熱帯雨林から出てからまだ1万2000年く

らいしか経っていません。これは人類史上ではごく最近の出来事です。文明化、都市化が進む中で、超高周波が豊富な音環境は失われていきました。現在、深刻さが増している多くの現代病の背景に、こうした情報環境と脳との不適合が関わっていることは否定できません。そこで、失われた超高周波を補完することによって基幹脳の活性を回復させ現代病の治療へと繋げる「情報医療」の研究が始まり、成果を挙げつつあります。

また近年、ハイパーソニック・エフェクト研究に刺激され、超高周波を録音再生できるハイレゾリューション・オーディオ（ハイレゾ）技術が開発され、ハイレゾ音源をインターネットから入手できるようになり、その再生装置類も販売されるようになりました。ハイパーソニック・エフェクトの発見者大橋氏が録音・編集した、これまでにない高音質の作品（山城祥二として音楽を担当したアニメ映画『AKIRA』Blu-ray、ハイレゾ音源『ハイパーハイレゾ byオオハシツトム』シリーズなど）が発表され大きな話題になっています。これらの普及により、都市化・デジタル化で失われたハイパーソニック・サウンドを再び手に入れることが可能になり始めました。

環境情報・脳・健康をつなぐ──今後への期待

今や人類の大多数は、人類の遺伝子と脳のゆりかごである熱帯雨林環境以外で生活せざるを得なくなっています。都市環境を熱帯雨林環境に変貌させることには現実性はありません。しかし、先端的な情報技術を活用することによってハイパーソニック・サウンドを都市環境に補完し、それによって本来の情報環境に近づけることができるかもしれません。

ハイパーソニック・エフェクトの中でも、がん防御に関わるＮＫ細胞が活性化して免疫力が高まり、ストレスホルモンの濃度が低下するという知見は特に注目されます。現代人がかかえる病理の背景の一端に、本来から隔たった環境情報のために脳・身体が適応に苦しんでいることが関わっているのかもしれません。環境情報・脳・健康をつなぐ新たな観点が浮かび上がり、その恩恵が私たちに及ぶ日が近いことを期待しています。

ボルネオ島オランウータンの未来と私たちの暮らし

ウータン・森と生活を考える会 事務局長 **石崎雄一郎**

► *2016.11.12*

ボルネオ島の熱帯雨林と生物多様性

ボルネオ島には、熱帯ジャングルが延々と広がっています。先住民の案内でジャングルに入ると実に多くの野生生物に出会えます。ここは鳥類や昆虫好きの人にとってはたまらないホットスポットです。地球規模でみると、ホットスポットは赤道沿いに存在し、熱帯林には地球上の約半分の生物が暮らします。

ボルネオ島には1万5000種の植物が生え、オランウータン、ギボン、テングザルなど44の固有種を含むカエルや鳥など222種の動物が生息し、2007年にもボルネオの森で新種の動物が発見されました。熱帯雨林は生命の大きな源であるだけでなく、一帯に暮らす人々に水や土壌を供給しています。また、世界中で使われている薬の原料の多くを生み出すなど、人類全体にとって極めて重要な「生物多様性の宝庫」です。

オランウータンは熱帯雨林の生態系の頂点にある存在です。オランウータンとは「森の人」の意で、感情的には人間に最も近いとされ、子育ても約6年かけて行います。彼らを取り巻く諸問題を考えることは、すなわち人間の問題を考えることに通じます。

インドネシア大規模森林火災

2015年にインドネシアのボルネオ島やスマトラ島を中心に大規模森林火災が起こりました。東京都約12個分の森が焼失し、多くの動植物の住み処が奪われました。森林火災により排出された二酸化炭素はインドネシアだけで16億tを超えましたが、これは日本の年間二酸化炭素排出量の約14億tを上回ります。森林火災により発生した煙害（ヘイズ）は呼吸器疾患などの人体への被害を生み出しただけでなく、学校が休校となったり、飛行機が飛ばなくなっ

たりと社会に影響を与えました。また、煙害はシンガポールにも達し、外交問題へと発展しました。しかし、その森林火災の原因となっている開発は、シンガポール資本によるものもあります。

「ウータン・森と生活を考える会」がこれまで支援してきたボルネオ島のインドネシア中央カリマンタン州タンジュン・プティン国立公園でも、約1/4の森が燃えました。現地NGOや村人、ガイド等が懸命の消火活動をしたものの、多くの植林した木々が被災しました。

ボルネオ島で起こっている環境破壊

高度経済成長期頃、日本はボルネオ島マレーシア・サラワク州で生産される木材の半分以上を輸入していました。伐採地では、多くの先住民が何百年も暮らしてきた土地を追われ、時には殺されました。NGOの尽力もあり、違法伐採は激減しましたが、その後はアブラヤシ農園を作るための森林伐採がとって変わっています。アブラヤシの原産は西アフリカですが、1848年にインドネシアに持ち込まれてから、ボルネオ島などの東南アジア地域を中心に商業栽培が広がっていきました。

アブラヤシの果肉からはパーム油が、種子からはパーム核油がとれますが、これらはマーガリンなどの食品、洗濯洗剤、医薬品などに幅広く利用され、日本でも一人当たり年間4kg以上も消費しているなど我々の生活とパーム油は密接につながっています。アブラヤシを育てるには高温多湿な気候と十分な日照時間が必要で、この条件に当てはまる地域は東南アジア、アフリカ、中南米に限られます。中でも、インドネシア、マレーシアは世界のパーム油生産量の85％以上を占めています。

パーム油の需要の増加がアブラヤシの大規模なプランテーションを急速に拡大させています。アブラヤシ林は一見すると木々が生い茂る森のようですが、実際は単純化した林であり、多様な生態系の中で生きる多くの生物にとっては適した場所ではありません。熱帯雨林が本来有している「生物多様性の宝庫」の喪失が進んでいます。環境破壊にとどまらず、農園労働者の人権、労働問題、先住民の紛争など問題は多岐にわたります。

ボルネオ島オランウータンの未来と私たちの暮らし

　ボルネオ島において、ほとんどの住民は現金収入による生活からは完全に逃れられません。しかし、パーム油などの大規模プランテーションは一時的な安定収入をもたらすものの、企業が撤退した後には荒廃した土地しか残らず、企業との契約で莫大な借金を背負う小農も少なくありません。

　大規模プランテーション開発に頼らない収入向上を目指して、「ウータン・森と生活を考える会」では、メンバーの多くが村人から構成されているローカル NGO の FNPF（Friends of the National Parks Foundation）とともに、タンジュン・プティン地区にあるタンジュン・ハラパン村において、現地の人が主体となり、現地の生態系にあった森林再生をめざしてきました。アブラヤシプランテーションで働く従業員、労働者、さらには先住民族などさまざまな立場からの意見を聴取し、森林農法のあるべき姿について考察すれば、大規模開発に頼らない生産性向上のしくみづくりが急務であることがわかります。伝統的な焼畑農業も、持続可能性に配慮した農法として再評価すべきです。

　環境などに与える負荷が少ない方法で生産されたパーム油を使用しようという動きがあります。2004年に WWF など七つの関係団体により RSPO（持続可能なパーム油のための円卓会議）という国際的な組織が設立されました。独自の認証制度を導入し、熱帯林の保全や、そこに生息する生物の多様性、森林に依存する人々の暮らしに深刻な悪影響を及ぼすことのないように「持続可能なパーム油」の生産と利用を促進し、認証のパーム油を購入してもらうよう消費者側に働きかけています。私たちの選択で残された熱帯雨林や先住民の暮らしを守っていくことができます。

　1988年に大阪で設立された NGO「ウータン・森と生活を考える会」は、今年設立30周年を迎えました。近年はアブラヤシ農園開発や森林火災への対処、エコツアーや植林の実施など、現地の NGO や住民との連携が重みを増しています。私たちが日常的に行っている消費生活には、海外の環境問題、貧困問題、人権問題などとつながっている可能性があります。パーム油はほんの一例であり、「エビとマングローブ破壊」「牛肉とアマゾンの熱帯林破壊」「綿と労働者の人権問題」など、私たちが日々の買い物（消費活動）で世界に与えている影響は数えきれないくらいあります。

フィリピンにおける森里海連環学の実践

(特活) イカオ・アコ 常務理事　**倉 田 麻 里**

► *2018.1.13*

フィリピンとの出会い

　実家は三重県津市にある農家です。高校3年生の春、祖父が植樹したヒノキの林を育て守るのが自分の役割と、林業を学ぶために京都大学農学部森林科学科へ入学しました。人工林の育成と管理の専門家である竹内典之先生の下で「間伐の効果の検証」をテーマに、間伐と年輪の成長の関係などについての研究を行いました。

　京都大学修士課程の2年目は、「京都国際学生の家」という学生寮に下宿しました。ここで様々な国の学生と寝食を共にし、海外で働きたいという思いが強まりました。これまで学んできた知識と経験やコミュニケーション能力を活かして、海外で環境と森林、できれば森里海連環に関わる仕事がしたいと考えるようになりました。そのような中、在学中に運営に関わっていた市民団体「薪く炭くKYOTO」のメンバーから、「イカオ・アコ」の現地駐在員の募集記事を紹介され、早速応募しました。

　イカオ・アコとは、フィリピンの言葉で「あなたとわたし」を意味し、フィリピン人と日本人が共に協力し、友情とともに環境活動の輪を広げていこうというメッセージが込められています。国際協力を進めていく中で、同じ高さの目線で見つめ合うことの大切さを感じていたため、本団体の趣旨にとても共感しました。活動内容も、植林や環境教育、日本からボランティアを招いてスタディーツアーを実施するなど、「薪く炭くKYOTO」や山仕事サークル「杉良太郎」でやってきたことと類似していたこともあって、これまでの経験がフィリピンの現場で活かせると意気込み、修士課程を修了するとともに、2008年4月にフィリピン・ネグロス島に飛び立ちました。

マングローブの幼木（自然観察会撮影）

マングローブの植林

　最初のチャレンジは、2000本のマングローブの植林でしたが、2カ月で全滅してしまうという苦い経験でした。

　マングローブは、熱帯・亜熱帯の汽水域に育つ植物の総称で、「海の森」と呼ぶべきもので、まさに「海の恋人」の森です。魚介類が幼少期を過ごす場所であり、「海のゆりかご」とも呼ばれます。満潮時には魚たちが食物連鎖の上位に位置する肉食性の鳥類から逃れる隠れ家になり、干潮時には大量のシオマネキが泥の表面に繁殖する底生微細藻類を濾し取って砂団子を並べている豊かな干潟になります。また、海水の混じる汽水域でも生きられるマングローブ林は、海岸線沿いの村々を高波や強風から守ってくれるため、住民にとっては防災の上でもとても大切なものです。現地では、ミルクフィッシュなどの養殖場を造成するためにマングローブ林の伐採が進み、沿岸漁業や海辺での暮らしに様々な悪影響が出はじめたことから、1990年ごろから細々と植林が続けられてきていました。

　マングローブについての基礎知識を学びつつ現場の観察を行うことで、植樹のための場所・樹種・時期の選定が重要であることに気づきました。植林を成功させるためには、潮位が0.4mの時に干潟になる場所、泥と砂が適度に混ざった土壌、潮の流れが緩やかなことなどの条件がそろった環境が重要で、さらに、40〜50種もあるマングローブの樹種から適切な樹種を選定する

ことが必要になります。植樹サイトの特徴から、団体として植林する樹種をマヤプシギ、ヒルギダマシ、オオバヒルギの三つに絞り、植樹地である海岸線の方角によって植樹の時期を変えることで成功し、今や広大な森林に育っています。結果として魚介類が増え、カキ養殖の利益にもつながりました。

森里海連環学

　こうしてマングローブ林の再生と保全活動が軌道に乗ったことから、上流部の植林への展開を行いました。その理由は、「森は海の恋人運動」と同じ発想であり、上流部の森が豊かになれば、沿岸部の資源も回復し、地域住民の暮らしにも役に立つのではないかということでした。

　薪炭材の調達により劣化した森林の再生を柱に、環境教育として学校の積極的参加を得るとともに、観光客を植樹活動に参加させるなどの取り組みを行いました。また、上流域と下流域の団体同士が交流することで、お互いの理解も進みました。ゴミの減少、植林活動を手伝うリピーターの増加、海あるいは山に対する意識の変化、知識の向上などがプロジェクトの成果としてあげられます。

環境 NGO イカオ・アコとは？

　イカオ・アコとは、フィリピン現地の言葉で「あなたと私」という意味です。「フィリピン人と日本人が共に手を取り合って活動を行うことで、環境を改善していくとともに、フィリピンと日本の友好を築いていくこと」をモットーに1997年から活動を行っています。

　設立当初は、日本からのスタディーツアーを企画し、参加者とともに現地でマングローブの植林を行うのが主な活動でしたが、2002年度から現地に駐在員を滞在させるようになり、駐在員を通して現地の住民のニーズをくみ上げ、エコツーリズム、環境教育、フェアトレード、アグロフォレストリー、オーガニックカフェ事業、有機農業など様々な活動を展開するようになりました。将来の目標は、現地の住民たちが自主的にマングローブの再生事業に取り組んでいけるようにすることです。

今後の取り組み

　今後のテーマは有機農業の拡大です。上流域山地の植林チームが有機農業に取り組み、普及拡大が期待できます。農薬の値段が高いため、有機農業は経済効果も大きいのです。有機農業による野菜栽培の普及を図り、サトウキビ一辺倒から多品種への切り替えを促進し、収入増につなげたいです。

　9年間のフィリピン滞在を終えて、夫と長女とともに昨年より故郷の三重県津市で祖父の農地と古民家を受け継ぎ、農業体験型民宿を開業する準備をしています。これまでは、フィリピンで日本の文化を紹介しながら活動していましたが、今後は日本でフィリピンの文化を発信しながら、持続可能なまちづくりを提案していきたいと考えています。

▷ 講演から3年経って

　計画通り、実家を改装し、農業体験民宿「ゲストハウス・イロンゴ」（イロンゴとは、フィリピンネグロス島の一部の人が話す言葉のこと）を2019年1月に開業しました。1年目は延べ350人の方にお泊まりいただき、その約3割が外国からのお客様でした。しかし、2年目からコロナ禍が始まり、外国からのお客さんは少なくなってしまいました。さらに、フィリピンへの渡航もできなくなり、自身の観察力と現地の人々からのニーズを汲み上げ、新規プロジェクトを形成するという長所を活かせなくなり、イカオ・アコを辞職することになりました。

　そんな中、2020年の春、地元で長年使用されていなかった、昭和レトロな木造2階建ての歴史的建物である旧倭村役場が売りに出されるということを知り、購入に踏み切りました。クラウドファンディングで修繕費用を募り、様々な方の助けを借りて2021年4月に「出会いと学びのシェアスペース・ハッレ倭」としてオープンさせました。今後は、このシェアスペースとゲストハウスを拠点に、Think Global、Act Local の精神で、健康・文化・環境・農業・歴史をテーマに、多世代・多文化の交流を促進し、森と里と海、そして世界がつながっているということを啓発していきたいと考えています。

ウスリータイガの自然と文化

NGO「タイガフォーラム」活動メンバー **野口栄一郎**

▶ *2017.5.13*

ウスリータイガとよばれる森林と、大阪・京都の真北に残る野生の王国

　日本海に面したロシア沿海地方には「ウスリータイガ」とよばれる森林があります。この森が山々を覆い、手つかずの川が蛇行して無数の中州や河畔林を潤す一帯は、21世紀の今日も鳥や獣達が命のドラマをくりひろげる野生の王国。その代表格といえるのが「ロシアのアマゾン」ことビキン川流域。大阪や京都からみてほぼ真北にある森林地帯です。

　タイガ林といえばふつう亜寒帯性針葉樹主体の森ですが、ウスリータイガは亜寒帯と温帯のはざまの地勢で針葉樹と落葉広葉樹の混交するタイガ林です。

　ビキン川流域では蝦夷松や椴松が楢や胡桃と森を成し、熊やカワウソ、猛禽など多様な鳥獣が繁殖しています。そして樹高40mの朝鮮五葉松はこの森林の王様といえる樹です。その種子がリスやホシガラス、猪や熊の冬越しの糧となり、松も種を運んでもらう共生関係が成り立っています。そして猪や鹿を獲物にこの王国に君臨するのがアムールトラ、世界最大の虎です。

ビキン川流域の位置

ウスリータイガの王者アムールトラ

天然林を伐りつづけた旧ソ連の「林業」。旧ソ連産木材「北洋材」の輸入が
盛りを迎えた高度経済成長期の日本

　19世紀、ロシアの人々の極東進出が本格化しました。各種用材の調達はタイガ林の伐採でまかなわれて拡大し、やがてタイガ林の木材は「北洋材」の名で日本へも輸出されるようになりました。

　20世紀後半、新設住宅着工戸数を伸ばし続けた高度経済成長期の日本は、旧ソ連極東地域の林産輸出部門にとって最大の木材輸出先でした。しかし「鉄のカーテン」のむこう側でどのような木材生産・林業がおこなわれているのか日本から知ることは困難でした。

　旧ソ連時代の木材生産と林業は基本的に天然林を伐りつづけるものでした。そして旧伐採公社の操業は計画ノルマ達成のため手つかずの立木を求めてタイガ林の奥へ突き進み、生態系・資源双方へのダメージを生んでいました。

夏のビキン川と河畔の緑

「タイガは我々の家」——森と生きてきた先住民、ウデヘ

　一方、沿海地方にはロシア人進出以前からウスリータイガとともに生きてきた人々がいました。ツングース系北方民族で、モンゴル帝国と戦って滅んだ金王朝女真族の末裔ともいわれるウデヘの人々です。その風貌や佇まいにはなぜか日本の私達とも通じるものがあります。

　ウデヘの人々は鮭や鹿や猪の多い河川流域で狩猟採集の暮らしを送り、独自の文化や伝統を育みました。太陽、山、川、樹木、狩りの獲物となる獣にも神や魂が宿ると感じ、狩りに発つ日や樹を伐るときには森や山の神に祈りを捧げました。話す言葉が民族の言葉からロシア語に変わり文明の利器も使

演者とビキンウデへの人々

うようになった現代のウデへの人々も、自然に宿る神に頭を垂れて狩りに出ます。「あなた達にとってタイガはどのようなものですか」とビキンのウデへ (ビキンウデへ) の人々に問うと、異口同音に、そして素晴らしい笑顔とともに「タイガは我々の家だ」という答えが返ってきました。

森と川を守ったビキンウデへの人々、21世紀を生きる

　1992年、当時の沿海地方知事が露韓合弁企業にビキン上流域のタイガ林の伐採権を与えたことがありました。日本や韓国へ木材を輸出する計画でした。沿岸部から開始された伐採がビキン上流へ迫ったとき、人口僅か数百のビキンウデへの人々は森と川を守るべく立ちあがり、伐採現場と州都での二正面作戦に打って出ました。老いも若きもタイガの前線で座り込んで伐採重機の前進を食い止めると同時に、鮮やかな民族衣装を纏って州都ウラジオストク地方政府ビル前の広場に現れ、民族の歌や踊りをまじえて毅然とした態度で知事や議会、道ゆく市民に伐採計画の問題を訴えたのです。

　このウデへの行動で問題に目をむけたロシア人ジャーナリストや地方議員が声を上げ、事態は「伐採計画推進の知事 vs. 反対の地方議会」の激突する構図となり世論を喚起、モスクワの連邦最高調停裁判所が知事と議会の訴えを審査することとなりました。同裁判所の出した判断は、その合弁企業の操業をビキン流域のウデへの伝統的自然利用に悪影響を及ぼさない規模に縮小すべきというもの。合弁企業もこの判断に従い、ビキンに平和が戻りました。

　2000年、ビキンウデへの人々と日本の NGO「FoE Japan」の活動メンバーが出会い、ツーリズムでの協力を開始。日本から訪れるツーリストがウデへの人々の案内でタイガの自然やウデへ文化にふれると同時に、旧国営狩猟組合の消滅などで新たな収入の道を模索していたビキンウデへの人たちを応援する取組みとして続きました。

　2009年、ビキン流域の保護区指定や世界遺産登録を視野に入れた地元人材

育成などでの協力を目的に FoE Japan 他の NGO と企業が「タイガフォーラム」を形成しました。

　2015年、露大統領がビキン川上中流域の1万1000㎢を「ビキン国立公園」に指定しました。これにより、ビキン川流域のアムールトラやタイガ林は伐採の脅威を免れ、ビキンウデへの人々も伝統的な狩猟採集を続けながら公園レンジャーや管理組織職員として21世紀に活躍できる新たな時代が幕を開けました。また、こうしてビキンウデへの人々の守る人類共通の遺産となった隣国ロシアの森と川に、日本に暮らす私達との意外なつながりも見えてくるかもしれません。

　ビキン川はウスリー川（烏蘇里江）へ注ぎ、ウスリー川はアムール川（黒龍江）へ注ぎ、アムール川はオホーツク海へと注ぎます。そして近年、この広大なアムール川流域盆地（ビキン川流域もそのなかにあります）の森林が、オホーツク海とそれにつながる道東の親潮海域の生物・水産資源にとっての「巨大魚附き林」となっている可能性が注目されつつあります。

　森と海と人の営みの連環に目を向けることで、私達の視野は広がるかもしれません。そして、新たな友や仲間と生きる、新たな世界が見えてくるのかもしれません。

▷ビキン川流域とビキンウデへの人々、タイガフォーラムのその後 [2021年追記]

・2018年、ビキン国立公園の指定区域は「Bikin River Valley」の物件名でユネスコ世界自然遺産への登録を果たしました（於：第42回世界遺産委員会マナーマ会議）。

・2020年の新型コロナウイルス感染症パンデミック勃発では感染拡大抑制の観点からロシア各地の国立公園等でツーリスト受入れが停止。ビキン国立公園でも数カ月にわたってツーリスト受入れが停止されました。

・タイガフォーラムは新型コロナウイルス感染症の世界的な拡大と日露両国の状況やリスクを鑑み、ビキンウデへの人々とのツーリズムの取組みを休止しています。パンデミックの行方を見まもり、安全な形で取組みの再開できる日を待つ姿勢です。

ニュージーランド、自然と人間の近い距離

リアルニュージーランド 代表 **藤 井　巌**

► *2015.5.23*

ニュージーランドについて

　日本とよく似た緯度に位置するニュージーランドは、自然大国との印象をもたれています。しかし、実はその自然は、ヨーロッパからの移民による破壊の歴史を背負っているのです。彼らは、羊や牛を放牧する牧草地を作るために、深々と茂った原生林を次々となぎ倒しました。その結果として森林面積は激減し、そこに住んでいた鳥たちの、数も種類も大きく減ることになってしまったのです。

　ニュージーランドに初めて人間が上陸したのは12世紀から14世紀と言われています。伝説上の地名である「ハワイキ」、現在のタヒチ辺りから、マオリ族がカヌーを漕いでやってきたそうです。長い航海の後にこの地を踏んだマオリ族は、この島のことを「アオテアロア」と名付けました。マオリ語で意味するところは「長く白い雲の国」です。美しい名前だと思いませんか。マオリ族は、古代の航海術を身につけていて、南太平洋を縦横無尽に冒険していたようです。

　その後、オランダの冒険家、アベル・タスマンが17世紀半ばにこの島をヨーロッパ人として初めて発見しました。しかし、マオリ族との争いに覇気が失せ上陸はなりませんでした。その後、イギリスのキャプテン・クックが、18世紀末、世界大航海の際にこの島に上陸し、その数十年後から、ヨーロッパからの入植が始まりました。

　切り立った山々の中、背丈以上の草木、冬場はしのぎ難い寒さに耐え、開拓者はその地平を切り開いていきました。マオリ族、そして欧州からの冒険家が長い航海の末に見つけ、上陸し、その後、新天地を耕すことを夢見て、志の高い開拓民が不退転の覚悟で乗り込んできました。彼らのアドベンチャー・スピリットから成り立ったのが、ニュージーランドという国なのです。

たくさんのヨット（オークランド。船本撮影）

公用語は英語、マオリ語、手話で、国土面積は日本の3／4、人口500万人、活火山列島で地震が多い国です。羊は約3000万頭、牛は約2000万頭。鳥の固有種の数は世界トップクラスで、例えば羽のない鳥は、現在もキーウィをはじめ6種も棲息しています。

国土の1／3は保護区、国立公園は15、自然保護区は100カ所以上、トレッキングコースの整備は1万3000㎞に及びます。また、一人当たりのヨット、カヤック、自転車の保有台数、およびランニングシューズの売上高は世界一というアクティブな国柄です。ニュージーランド人は自然が大好きで、自然の中での「遊び」にとても真剣に取組む人たちなのです。

ニュージーランド人の自然の捉え方

ニュージーランドは、決して物質的には豊かな国とは言えません。ただ、日常の中において、人々は近くにある素晴らしい自然を「遊ぶ場所」として捉え、とても楽しんでいます。自然とは対峙する対象ではなく、人間自身もその自然の一部として考えていて、自然の中にいることを日本人よりも当たり前と考えているようです。

また、マオリ族の教えにもありますが、自然を破壊することは人間自体を

破壊することであり、自然は祖先から手渡された貴重な宝であり、それを損ねることなく次世代に手渡していかなくてはならないと伝えられています。その自然観は、今でもニュージーランド人の価値観の底辺にあり、自然破壊の歴史から保護へと大きな舵取りの変更ができたのは、そういった背景もあります。

　もちろん、自然には厳しい部分もあり、時には大きな危機をもたらすこともあります。しかし、それを「危ない」というだけで対岸のことと距離を置いてしまわずに、それについて考え、準備し、謙虚に対面することで、自然をより身近に感じることができるという思いもあるようです。自然はコントロールできないものとして、離れて「見る」のではなく、その中に入って、一体となったうえで「感じる」ものとして受け入れることこそが人間として大事な姿勢だという考えがあります。

　「自然の中で遊ぶ」「自然とともに遊ぶ」「自然に遊ぶ」ということを念頭に、常に自然と共生する取り組みを進めているのが、ニュージーランドなのです。

自然保護局

　ニュージーランドには15の国立公園があり、無数の自然保護地区があります。それらの管理方法は非常によく考えられています。管理は、主に国家財政の中で活動する自然保護省下の自然保護局が担当しますが、運営には多くのボランティアも活用しています。

　現存する自然を保護し管理するだけでなく、どのようにその自然を活用し、国民のみんなが触れ合える場所を作っていくのかについても大きなミッションになっています。例えば、1万3000kmのトレッキングコースの整備も大切ですし、それに加えて、そこでどう自然と触れ合うことができるか。そのゴールとして、国民の多くが自然保護に取り組んでいきたいと感じさせ、実行させるようにする仕掛けを作ることを、とても重要であると捉えているのです。

　自然保護局の具体的な活動は、①「ハット（山小屋）」を楽しく利用できるための運営、②自然の変化についての調査、③害獣の駆除等の環境保全、などです。人口が500万人だけの小さな国であるにもかかわらず、これだけアクティブに、自然に対するオペレーションをしている国は世界でも稀有です。

リアルニュージーランド社の紹介

2007年4月に設立。ニュージーランド国内の旅行業手配業務全般、取材などのメディアコーディネート、通訳ガイドなどの手配と派遣などの業務からスタートし、2009年より留学サポートサービスを開始しました。現在は、中等高等教育、語学留学、大学留学等のご案内、入学案内、各種現地でのサポート（生活、緊急時などの対応）を提供しています。

留学生の皆さまには、現地の日本人スタッフ、ガーディアンファミリーが、ニュージーランドでの生活が一層充実したものになるよう、生活、学業のサポート対応を真摯に行なっています。

また、お世話をさせていただいている留学生の半数ほどは日本の学校生活を楽しめない、馴染めない、意味を見出せないといった、不登校であった子どもたちです。日本とは大きく違うニュージーランドの個々を大事にする教育の中、皆さんの目が生々としていくこと、それをサポートしていくことこそが、私たちの使命だと考えています。

教育

ニュージーランドでは「テファリキ（Te Whariki）」という1996年に導入された教育方針に基づいた幼児教育が行われています。テファリキとはニュージーランドの先住民マオリの言葉で「編んだ敷物」という意味があります。ここに込められた意味は、教育の原則とは多様なバックグラウンドを持つ子どもたちの「誰もが、安心して乗ることのできる敷物」を差し出すこと、という考えを象徴しています。

テファリキの教えは、子どもがやりたい遊びを、保護者がサポートし発展させていくことで成り立っています。何よりも、子ども自身の「遊び」の中で成長を促すのが特徴と言えます。自身の感覚を取り入れていくという意味で、ニュージーランド社会の自然に対する取り組みと密接につながっています。テファリキの教えの中でも、自然と触れ合い、その中に自分たちが存在していることを上手に感じさせることで独自性や創造性を育むという考えもあるのです。

また、テファリキで重要視されていることとして、地域や家族との繋がり

幼稚園の風景（船本撮影）

です。まさに、みんなで編む敷物です。それが子どもたちに与える安心感が、何よりも大切だとの考えがあります。ここで言われる地域や家族との繋がりは、実は日本古来の繋がりにとても相似しているものです。ニュージーランドが特別なのではなく、至るところにおいて、日本の価値観と似通っていることを感じます。

　ニュージーランドとの比較の中で、現代の日本においては、子どもたちを自然の中でチャレンジさせる機会がとても少ないことが、教育上の大きな問題の一つと考えます。ですが、子どもだけではなく、親の世代にも自然経験がないことも大きな課題と言えます。親が子どもたちに、自然は「危ない」ものと教えてしまう傾向が見受けらます。

　今後は、子どもだけでなく、親世代から上も含め、自然に実際に入り、いろいろな体験をする必要があるのではないでしょうか。自然の中で遊ぶことによって、自身が受け入られることのできるキャパシティーも広がり、自然を大切にする内なる意識を目覚めさせ、それらを基に、子どもたちと一緒に正しい成長ができるはずなのです。また、その「体験」こそが、多くの人々にとって自然保護活動の大きな、そして真剣な第一歩になるのではないでしょうか。

15

東日本大震災復興について知る

震災復興と「森は海の恋人」
世界に問う

NPO 法人森は海の恋人 代表　**畠 山 重 篤**

► *2016.1.17*

カキの養殖

　宮城県気仙沼の舞根（もうね）湾でカキやホタテの養殖をしながら、「森は海の恋人」をキャッチフレーズに、植林を行う活動をしています。中学2年生の孫が4代目を継ぐと、わが養殖業も100年続くことになります。

　舞根は入り組んだ湾の奥に位置し、波も穏やかで、養殖には申し分のない場所です。森林から流れてくる栄養をたっぷり含んだ水が、ふっくらとしたカキを育てます。カキとかホタテガイの養殖には餌や肥料をやることは一切ないので経費がかかりません。カキイカダの体験学習に参加した子どもたちから、「漁師さんはドロボウみたい」と言われたこともあります。

　カキの養殖にも農業と同じようにカキの種が必要です。カキは真夏に産卵し、1個のメスのカキは卵を1億個も産み、オスは10億の精子を放精します。だいたい3週間くらいプランクトン生活を送り、その後、物にくっつく性質が現れます。ホタテ貝の殻を海に吊り下げると海の中に浮遊したカキの種が付着し、種カキを採苗することができます。

赤潮から始まった活動

　1970年前後から、カキの育ちが悪くなることや、赤潮が出てカキが大量に死ぬ事態が起き始めました。赤潮を吸ったカキの身は真っ赤に染まっていました。沿岸からは小魚や小動物が姿を消しました。それまでは、太平洋から無尽蔵に水産物を得てきていたので、餌や肥料のことを考えず、とにかく獲ることに専念してきましたが、海がおかしくなってきてから、海の反対側を見ることが大事だということに気づきました。そこで、気仙沼湾に注いでいる大川の上流に広葉樹の森を作ろうと呼びかけました。

　しかし、より多くの人の理解を得るためには科学的な裏付けが必要だと考

え、力を貸してくれそうな学者を探し回った末、当時、北海道大学水産学部の教授だった松永勝彦氏に辿り着きました。そこで、「海の食物連鎖の基となる植物プランクトンの生育にはフルボ酸鉄が不可欠であり、それは森の腐葉土層に含まれている」ことを学びました。植物が光合成を行うのにはその体内にあるクロロフィルと太陽の力が必要ですが、鉄はクロロフィルを作り、また、植物は鉄の力を借りないとチッソを吸収できない仕組みになっていることを知りました。

　海水中には酸素が多いので、鉄は直ぐに錆びてしまいますが、カキの養殖場のある汽水域には植物プランクトンが吸収できる鉄が必要になります。それを作るのが森林の腐葉土なのです。腐葉土の下でフルボ酸という物質（有機酸）ができ、鉄との相性がよくて、イオン化した鉄にくっつきます。フルボ酸とくっついた鉄をフルボ酸鉄といい、この形になると酸化しない鉄になるのです。

柞の森から得たヒント

　地元の宝鏡寺の山門に、気仙沼の歌人である熊谷武雄の歌碑があります。

　　手長野に木々はあれどもたらちねの柞（ははそ）のかげは拠るにしたしき

　歌碑の歌の意味は、「気仙沼の背景に広がる手長山にはいろいろな木があり、柞の林は、お母さんの処に行ったようで、心が休まるよな」。柞とはナラの別名で、雑木林は何の役にも立っていないと無視されますが、自然界の母になぞらえ、昔の人は背景の森を柞の森にしておけば、川の流域の農業も、人の生活も、海までよくなるということが分かっていたのではないか。私たちが雑木林に木を植えるということはすごく意義あることだと、歌を知ってピンときました。そしてその後、「森は海の恋人」というフレーズが生まれました。

森と海は相思相愛

　高校の英語の教科書に紹介される際、「森は海の恋人」をどう訳すかが問題になりました。その解決には、1994年に朝日新聞社の森林文化賞を受賞し、

皇居へお招きがあったことが解決の発端になりました。私の活動が新聞に載ると、女官長がメッセージを皇后様に届けてくださるという関係ができたことによります。

その関係から皇后様にご相談する機会を得ることができ、頂いたアイデアが、「お慕い申し上げる」という意味の「long for」です。こうして「海は森の恋人」は晴れて、「The sea is longing for the forest. The forest is longing for the sea」と英訳されました。

カキは森の上流からくるフルボ酸鉄を long for しています。それから森林も海から蒸発してもたらされる雨を long for しています。海からはサケをはじめいろんな生き物がやってきます。人間がそれを獲らなければ、海の養分が森林に全部還元されるということです。だから森と海は相思相愛なのです。「long for」は『旧約聖書』にも出てくる言葉なので、海外の方たちによく理解してもらえました。

東日本大震災とルイ・ヴィトンの支援

20mを超える津波に襲われ、陸のあらゆるものが海に流れてしまった東日本大震災。気仙沼湾だけで1200人が亡くなりました。津波のあとの海の色を見ていると、プランクトンはみな死んでしまったのではないかという絶望感に襲われました。

海の状況が掴めずイライラしていました。震災から2カ月後、運動を通じて交流のあった京都大学の研究チームが、震災後の自然がどのように変化し今後どのように変遷していくか調査しに来てくれました。そして、京都大学の田中克先生に海のプランクトンを見てもらったら、「畠山さん、安心して下さい。カキが食いきれないほどプランクトンがいます」という"天の声"が返ってきました。

続けてきた運動は、しっかりと実りをもたらしていたのです。森と川が生きていれば、海の生命力は保たれる。海の瓦礫を片付け、筏を浮かべれば、家業を続けられると思いました。海の回復は予想以上に早く、魚たちが戻ってきて、食物連鎖が動き出しました。お正月を過ぎるころには、筏が沈みそうになるくらいに、カキが成長していました。カキの成長は普通2年くらい

かかりますが、半年で中身がふっくらとしていました。築地の市場から、三陸のカキが全滅し、カキが高騰しているので早く出荷して欲しいと言われ、カキ剥きを再開しました。仮設住宅に暮らす仲間に声をかけたら、働きたいという人ばかりでした。すぐに30人の従業員が集まりました。翌年春には、ホタテガイの養殖も再開しました。ホタテガイもすぐに大きく育ちました。

　事業が本格化すると、運転資金が必要となります。そこを救ってくれたのがフランスのルイ・ヴィトン社でした。震災から間もない頃にいただいた、支援の申し出でした。実はルイ・ヴィトンと宮城のカキは縁が深いのです。50年前、病気で危機的な状況にあったフランスのカキを、宮城から送ったカキ種苗が救いました。ルイ・ヴィトンの原点は木製のトランク製造なのです。森を大切にする気持ちは共通しています。ルイ・ヴィトン社の寄付で、30人の作業員の2年分の賃金をまかなうことができたのです。

「森は海の恋人」を広げる

　漁師が山に木を植える活動を継続させていくためには、川の流域に住む人たちと価値観を共有し、自然を大切にする意識が芽生えなければ、海はきれいになりません。そのためには教育が必要だと思い、流域の学校の子どもたちを海に招き、沿岸域の海の生物はなぜ育つのかを教える体験学習教室を始めました。人間が水と一緒に流したものを最初に身体に取り込むのは植物プランクトン。これを採取し、コップに移し、一口ずつ子どもたちに飲んでもらってもいます。

　「朝シャンで使うシャンプーの量を半分にしました」、「農薬や除草剤をほんの少しでも減らしてくれるようお父さんにお願いしました」と感想文に書いてきてくれた子がいました。そういう化学物質を使い、川から海に流れると、やがて食物連鎖を通じて自分たちの家庭にかえってくることを子どもたちは分かってくれました。

　今から20年前に小学5年生の社会科の教科書に活動が載るようになりました。現在30歳くらいまでの若い人は教科書で「森は海の恋人」を学習していることになります。「森は海の恋人」という考えは、最も基本的な「この国をどういうふうに保っていくか」ということのベースになると思っています。

南三陸町における森里海連環の取り組み

大正大学人間学部人間環境学科 准教授 山内明美

▶ *2017.9.23*

南三陸町

　南三陸町は2011年3月11日の東日本大震災の大津波により町の中心部は全壊滅し、町全体でも7割被災という甚大な災害になりました。リアス式海岸の広がる三陸沿岸部の歴史は、自然災害と向き合い続けてきた歴史です。繰り返される地震、津波、やませと言われる冷害といった自然災害に頻繁に見舞われ、多くの犠牲と悲惨な傷跡を人と土地の記憶に刻み付けてきました。人々が災害の多い場所に住み続けることができたのは、自然災害のたびに土地や海を「手当て」しながら、生きるための暮らしの風景を作ってきたからです。山野河海の恵みの豊かな場所だからできたことです。

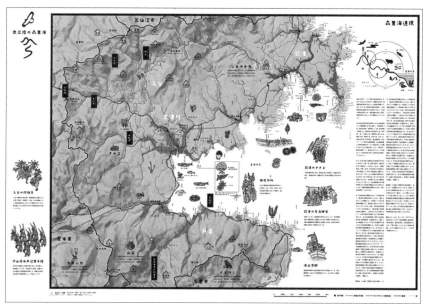

南三陸の地勢

　南三陸町は町境が分水嶺と重なり、町に降ったすべての雨が、町内の森里を潤し、志津川湾に注ぎ込むという独特の地形を持っています。志津川湾には豊富な資源がありますが、家庭排水や田畑の農薬など、川をつたってすべてこの湾に注ぎこみ、これを汚せば漁師さんが困ることを、子どもたちも知っています。震災後、この循環を「森里海曼荼羅」としてつくり全戸配布し、町内の学校教育でも使用しています。

災害多発地域の自然観

　三陸にも恵比寿様を大漁の神とする恵比寿信仰があります。クジラ、イルカ、ウミガメなどすべてエビスと呼ばれ、神の来訪、めぐみの来訪とされますが、海難事故で漂着した遺体や津波での遺体もエビスとみなされ、良いことも悪いことも全て運んでくるとされています。あるいは、鯨波、つまり津波までも「エビス」と認識しているのではと思われます。地域の漁師は、「津波の後ははやくあげろ」（津波の後は、海底の土がかき混ぜられるため、養殖などもはやく収穫できる）と話します。

　生業世界とは、海や山といった天然資源と向き合う暮らしであり、近代資本制からはみ出た部分での生きる術を持ったもう一つの社会体系といえます。つまり、農業や漁業という生業は、単に食料を生産するだけの労働として存在しているのではなく、海や山との関係性の中で、生きる景色を生み出す仕事のことです。

鹿子躍の供養塔

　草木などを供養する草木塔は東北に多く、山形県には全国の90％が集中していると言われます。南三陸町戸倉寺浜には「干魚の供養塔」があります。
　南三陸町水戸辺には「奉一切有為法躍供養也」と刻まれた供養塔があり、これは鹿子躍の供養塔です。一時中断された時期もありましたが、現在でも水戸辺の漁師たちは、行山流鹿子躍を継承しています。供養塔の文章を訳すと「この世の森羅万象のすべて、諸行無常のすべてを、躍って供養する」となります。

　この供養塔は1724（享保9）年に建立されました。建立の2年前（享保7）

南三陸町戸倉字水戸辺
「奉一切有為法躍供養也」

南三陸町戸倉寺浜
「干魚の供養塔」

に、戸倉一帯が大変深刻な飢饉に見舞われたという伊達藩の記録があり、その犠牲を供養したと考えられます。刻まれた文面からは、災厄や困苦に対し、当時、地域の人々がどのように向き合ってきたのかを知ることができます。人々は、亡くなった人間だけを供養するだけではなく、山野河海、光や影、草木や石ころといった、この世の一切を躍って供養しているのです。動物（鹿）の姿となり、神と対話し、災害を生じさせた神仏へ祈りを捧げたという記録です。

　山や海があったからこそ、水戸辺の鹿子躍は生まれ、続いてきました。時には津波や時化でやられても、山や海が家族を養ってくれました。

　人間の力は本当に小さいもので、この世の一切に生かされているのだ、という考え方です。人間だけでは、この世界は続かないのだということだと思います。山野河海に感謝しながら生きる世界観のなかから生まれた芸能が鹿子躍だと思います。

風景をつくる

　南三陸町歌津には、払川という11軒ばかりのちいさな集落があります。歴史は古く、約500年間存続してきた集落です。「限界集落」というくくり方は簡単ですが、しかし500年続いてきた村をそのように表現していいものだろうかと思います。この集落は霊峰田束山の麓にあって、かつて修験者は払川で身を清めてから山へ登ったのです。集落の真ん中には、村の守り神である桂の大木があります。払川は小川ですが清流で、このようなちいさな集落だからこそ、このせせらぎが守られてきました。自然と人間の暮らしのバラン

ス（調和）が大事です。払川集落が、たった11軒で500年も存続してきたのは、集落の構成員が山や川を畏敬し、環境が保全されたこと（風土形成）で暮らしやすい環境が醸成されたこと、さらに食の豊かさ、またこの集落は交通の要衝であった（交流人口は多い）ことから、存続しているのではないかと仮説を立てています。集落ではおよそ300種類の食料が栽培、採集できます。田畑、庭木、山の幸、大変豊かでその品数は都市部のスーパーに匹敵しますね。

　復旧・復興事業によって、無数の山が切り崩され盛り土となり、陸と海の間をコンクリートで固めて無数の分断線がつくられました。ほとんど環境破壊に等しいのですが、激甚災害法は復興優先で環境アセスメントの必要なく、行政は早急の復興を強調します。今後は復興管理とアセスメントを同時に考えていく必要があります。そうでないと、持続可能に暮らせる場所にはならないでしょう。払川集落の自然と調和した暮らしのことを考えてほしいと思います。

森里海ひと

　東日本大震災で一時断念されていましたが、南三陸町は森林国際認証と養殖漁業国際認証を取得し、さらに来年ラムサール条約湿地登録を目指しています［▷後日注：2018年に条約登録］。林業家や漁師、南三陸の若い人たちが、これ以上自然を傷めたくないと考えています。

　森里海連環の中で物事を考え、復興していくことを南三陸は選択しました。生活に密着し、山と海の恩恵を与えてくれる豊かな自然環境を守り、生活していくうえで最も重要な人々の「絆」や「つながり」を大切にしながら、希望にあふれる南三陸町の輝かしい未来を拓いていくことを目指しています。2016年度からの長期総合計画では、「森里海ひと　いのちめぐるまち　南三陸」が町の方針となりました。森里海連環学が、南三陸の大事な考え方になっていると思います。

映画『赤浜ロックンロール』
三陸漁師の心粋

映画監督　小 西 晴 子

► *2016.9.24*

映画『赤浜ロックンロール』

　この映画は、2011年3月11日の東日本大震災で甚大な被害を受けた岩手県大槌町赤浜地区の住民が、国と岩手・宮城・福島3県が進める巨大防潮堤で海岸線を囲う復興計画を拒否し、海とともに歩む暮らしを再び築いていこうと奮闘する姿を描いたドキュメンタリーです。

大槌とのかかわり

　岩手県の大槌町は、『ひょっこりひょうたん島』のモデルとなった蓬莱島が湾に浮かぶ漁師町です。三陸のど真ん中、人口1万5000人の町で、北上山地からの水が、大槌川、小鎚川、そして地下水となって大槌湾に流れ込み、海の恵みを育んでいます。湧水地のみに生息する「イトヨ」も生息しています。町に自噴する井戸200余本は、住民の生活用水として使われていました。

　1997年の200海里の設定までは、北洋サケ・マス漁業の基地でした。しかし、今は漁協の売上の半分以上は、サケの定置網です。そして、2014年、2015年とサケもとれなくなってしまいました。そのため、ワカメ、昆布、ホヤ、カキの養殖に力を入れるようになりました。

　2011年3月11日、東日本大震災の襲来により、大槌町では最大22.4mの「土壁のような波」の津波が襲来しました。死者・不明者1280余人、家屋全半壊3717棟で町の85％が喪失し、町役場、病院、学校、商店街など、大槌漁港、魚市場、製氷施設などの公的関係施設も大きな被害を受け、大槌町の都市・経済機能が殆ど麻痺してしまい、被害総額は768億円にもなりました。

　2011年8月、個人ボランティアとして私が大槌に行った時には、まだ小学校に焼け跡が残り、津波で流された家の基礎が残っていました。11月、北西風が吹くころに帰ってくるというサケと時を同じくして大槌に戻り、新巻づ

くりの仕事を拝見させて頂きました。きれいに小骨を取り、丁寧に中を洗い、塩をまぶしてつけ、寒風にあてて干す、手間暇かける手仕事に魅了されました。

防潮堤には頼らない

そんな中、住民の民意をまとめ、行政に届けることを目的とした「赤浜の復興を考える会」の会長である川口博美さんにお会いしました。川口さんは、お母さま、奥さま、お孫さん、3人を津波で亡くされていました。震災前の6.4m防潮堤ですら海が見えない、また、防潮堤があるから安心して逃げないで亡くなった方が多かったと言います。「人間の作ったものは必ず壊れる。自然にはかなわないんだから。命を守るためには、もう防潮堤には頼らないんだ。津波の届かない高台に移って、孫子の代まで安心して住める地域をつくるのが俺の根本」と言われました。

また、赤浜で生まれたロックを愛する漁師・阿部力さんとも知り合いました。彼は「漁師は水揚げしてなんぼ」と、海で体を張ってきました。遠洋漁業から沿岸漁業、さらに養殖漁業に切り替えた漁師である父の後を継ぎ、震災直後1週間でいち早く漁を再開させ、ワカメ、昆布、カキ、ホヤの養殖を行っていました。全国の支援に感謝のお返しをしたいと2012年に立ち上げた「おおつちありがとうロックフェスティバル」の実行委員です。

阿部さんの船に乗せてもらい、ワカメ、コンブ、カキ、ホヤとウニ、サケの定置網漁を撮影させて頂きました。ワカメは、前年の10月に種をロープにつけ、芽が育つようにロープについた泥を落とすなど、手間ひまをかけます。3月になるとその芽がぼわっと急成長する。春の雪解けの水が成長を促すとも言われています。3月の朝3時、－6℃の中、港を出港し、6時ごろまで漁です。朝の太陽を浴びながら、巨大なワカメが海からあがってくるのを見て、海とワカメのパワーに感激し、紅色の空と海の中で、自分が自然の一部になったような心地良さを味わいました。

阿部さんからは、「大槌湾の海底からも湧水が沸いているんです」ということも教えてもらいました。「この自然と生きていくしかない。津波によってきれいになった海を元に戻さない」と言う阿部さんは、「今回浸水した地区は

もともと海だったところで、そこが浸水するのは当然。そこにまた家を建てずに高台に住宅を建設するのがいい」と明確でした。

国からの巨大防潮堤の提案

　東日本大震災で最大22.4mの津波が襲来した大槌町では、その津波を防ぐためには25.5mの高さの防潮堤が必要とシミュレーションされました。しかし、この高さの防潮堤を建設するのは現実的でないと、数百年に一度の頻度で襲来する明治三陸津波を対象として、2011年10月、国と県は14.5mの高さの防潮堤を作る案を、大槌町に提案してきました。ビルで言えば5階の高さです。巨大防潮堤の建設費は国が負担しますが、維持管理する費用は、県の負担となります。コンクリートの耐久年数は50年から100年と言われますが、風化が激しい海岸線の堤防は予想以上の維持管理、補修費が必要になると考えられます。巨額の費用が、財源不足の地方自治体に重くのしかかることが予測されます。大槌町は、町長が住民の意見を基本とした地域の復興計画をつくるという方針を打ち出したので、2011年10月〜12月に各地区で提案を検討する集会を開催しました。

　大槌町の中心地域の住民からは、「なぜ防潮堤がこの高さになったのか。これでは海がまったく見えない町になってしまう」、「防潮堤建設より先に住むところを確保してほしい」などと不満が続出したにもかかわらず、最終的に「昔から住んでいた場所付近に戻りたい」という意見が集会参加者の大勢を占め、14.5mの防潮堤を建設すると決定しました。

　2013年11月から2014年3月にかけて、中心地区の町民は再び、「大槌の防潮堤問題をみんなで考える会」をつくり、防潮堤の見直しの議論が立ち上がりましたが、2014年4月に突然、防潮堤工事が着工されました。

　赤浜地区の住民は「海が見えるところに住みたい」との声が多く、15m以上の高台移転をするため14.5mの防潮堤は必要なく、6.4mの防潮堤の現状復旧で十分と提案しました。その結果、赤浜住民案は町議会で承認されました。

　そんな赤浜の住民の前に、2013年6月、新たな障壁が出現します。今度は、現状の6.4mの防潮堤のすぐ後ろに、高さ11mの町道をつくろうという案が

町から出されます。川口さんたち住民は、「14.5mの防潮堤の代わりに11m
の道路になっているようだ、いやがらせだ！」と、今度も不要と町に迫りま
した。2015年10月、この道路案は突如なくなりました。復興庁から予算がつ
かなかったためでした。

住民の生活再建の遅れ

　2016年2月、住民は住宅再建、生活再建への厳しさに直面していました。
赤浜では、海抜15m程の高台の造成工事が急ピッチで行われていますが、川
口さんも阿部さんも仮設住宅にあと2年以上住まなければなりません。町の
中心地区では、2.2m前後の盛り土が急ピッチでされていますが、造成が完成
し住宅を建築できるまでに、2年かかる場所もあります。14.5mの防潮堤が
できたとしても、東日本大震災で起きた津波は最大25mの高さになり防潮堤
を越え、約2m浸水するというシミュレーションに基づき、中心地区の盛り
土は計画されました。しかし、防潮堤が壊れないとの保証はないのです。

　さらに追い打ちをかけるように、建築費が高騰し、自宅の自力建設への障
害になりました。集中する公共工事、東京オリンピック関係の工事のために、
震災前は坪40万円で家が建ったものの、今は坪80万から100万円になってし
まい、住宅の自立再建を諦めて内陸の花巻、盛岡への転出者が続出しました。
その上、公共工事からの収入は月平均20万円、水産業は平均13万円という現
状のため、公共事業に雇用が流れ、水産業に人が集まらない状況になりまし
た。防潮堤や道路建設の公共事業が民間を圧迫している現実の前に、住民の
苦悩が深まったのです。

　三陸の豊かな自然、山と海の幸は、私たち日本人が失ってはならない財産
です。私は、誰のための復興なのか考えてしまう現実を、映画を撮影しなが
ら見てきました。地域への強い愛情と誇りが、自分たちの町を、自分たちの
手で守り復興させたいという意地となって出てくる。その誇りを産み出して
いるものは、自然の豊かさ、海の豊かさ、湧水の豊かさだと思います。

福島県での水産物の放射能汚染の現状と漁業復興状況

福島大学環境放射能研究所 准教授 **和田 敏裕**

► 2018.11.24

福島県水産試験場勤務時代

　東日本大震災前には、福島県水産試験場でホシガレイの研究をしていました。このカレイは全長65㎝、体重４kg前後にまで成長するカレイ科魚類の一種で、漁獲量が非常に少ないことから、日本では「幻の魚」と言われ、１kg当たり１万円以上の値が付く高級魚です。魚体測定や耳石分析から年齢などの推定、放流効果の把握や評価に関する仕事をしてきました。

　県の水産種苗研究所と栽培漁業協会は、福島第一原子力発電所から1.5km離れたところにあって、原発から放流される温排水を海水と混ぜて魚の養殖に最適な水温に調節するのに都合がよく、ヒラメやホシガレイなどの稚魚をこのような環境で約半年育てた後、放流していました。しかし、この研究所は2011年の津波の直撃を受け、屋根だけの無残な姿になってしまい、また、所長をはじめ最後まで残っていた職員の方々が亡くなるという残念な結果に至りました。

福島大学環境放射能研究所

　震災から２年５カ月後の2013年７月に、福島大学に環境放射能研究所が設立され、ここで環境放射能の分析や研究を行うことになりました。福島県における放射能汚染度を調査した資料によると、事故後２カ月、原発北西部や県中部の空間線量率は非常に高く、19μSv/h以上を示す地域が広い範囲にありました。

　2012年５月31日、2017年11月16日の測定では、福島市の福島大学周辺の空間線量率は次第に低下し、原発周辺区域も震災直後に比べるとかなり低下しました。しかし、2017年11月16日の測定で、阿武隈川のヤマメで480Bq/kgの値が検出され、国の基準値100Bq/kgを大きく超え、安心できる状況ではないことが分かりました。

震災から約1年後の2012年4月に避難指示区域が決められましたが、2017年3月に大幅に解除されました。しかし、2017年11月16日現在も立ち入りできない地域が残っています。放射能汚染度が低下し避難指示が解除されても、インフラ整備が遅れて生活できないので、自分の家に戻れない現実が多くの人々にあり、福島の人々の苦悩は大きいものです。私はこのような状況で放射性物質がどのように動いているかを調査し、河川、湖沼、海洋の魚類の調査を担当しています。

海水魚と淡水魚では、体液の浸透圧を保つ仕組みが異なる

海水魚は、周りの水（海水）より体液の浸透圧が低いので、塩もみした野菜のように体から水が失われ、塩分やミネラルが体に入ってきます。体液の浸透圧を本来の状態に保つため、水を飲み、塩分やミネラル分はエラから、あるいは尿として積極的に捨てます。セシウムはエラの塩類細胞のカリウムチャンネルから能動的に排出されます。

一方、淡水魚は、周りの水よりも体液の浸透圧が高いので、お風呂で指の表面がふやけるように、水が体に入ってきます。また体の塩分やミネラルは失われる傾向にあります。体液の浸透圧を本来の状態に保つため、水分を尿として積極的に捨てます。塩分やミネラルは積極的に取り込み、この時にセシウムも一緒に取り込まれます。

海面（海水魚）について

福島県の近海は、親潮と黒潮が出会う潮目の海と呼ばれ、多種多様な魚介類が生息する豊かな漁場です。底曳き網漁業、刺網漁業、船曳き網漁業、まき網漁業、さんま棒受け漁業など多種多様な漁法が行われてきました。2010年の漁獲金額は110億円で、特に底曳き網と刺網で全体の約半分の漁獲を占め、非常に活気がありました。約200種の魚が並ぶ相馬原釜市場は、大いに賑わい繁栄していたのです。福島県漁業のもう一つの特徴は、汽水性の内湾である松川浦を有することで、その干潟とアマモ場がカレイ類やメバルなどの沿岸性魚類の重要な成育場となり、また、ノリ養殖やアサリ漁業も盛んでした。

東日本大震災の津波により福島県内の全10漁港が被災し、1083隻あった漁船

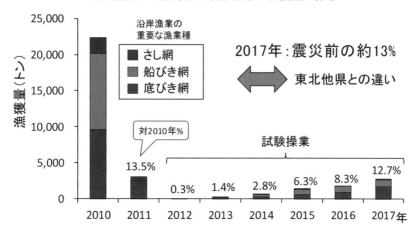

震災前後での福島県の沿岸漁業の漁獲量の推移

のうち、81％にあたる873隻が失われました。漁港被災総額は、全被災総額823億円の75％に当たる616億円と壊滅的被害でした。しかし 2012年 5 月には、あれほどひどい津波であったにもかかわらず、アサリの数は減少したものの生き残っており、母貝、幼生、稚貝はたくましく回復していることを確認しました。

　7 年以上が経過し水産関連施設は着実に復旧しています。しかし、福島県は被害のあった東北各県より回復は著しく遅い状況です。原発事故による海洋汚染の最も大きな要因は、4 月上旬に原発 2 号機のトレンチから漏れ出た超高濃度汚染水です。県水産試験場は県と県漁連の調査協力を得て、事故直後からモニタリングを開始しました。モニタリング検体は、原発から10km圏内を含め、広範囲から採集しました。2011年から 7 年間で採集した203種の魚（可食部） 4 万9716検体について、郡山市の県農業総合センターなどでセシウム濃度を測定しました。事故直後には1000Bq/kgを超える放射性セシウム値が散見されました。しかし、福島県沖の底魚類のセシウム濃度は震災後 5 年でかなり低下し、2015年の基準値100Bq/kgを超過する率は0.05％、2016年は 0 ％でした。

　セシウム134の半減期は 2 年で、137は30年です。半減期 2 年というのは6年経過すると1/2×1/2×1/2＝1/8になります。基準値の100Bq/kgは、成人の若い人が魚ばかり毎日大量に食べても追加の年間被爆量が 1 mSv/hを上回ることはないという基準で、国際的にも非常に厳しいものです。この結果か

ら福島県海域での試験操業を開始し、漁業再開に向けて基盤を整えつつあり
ますが、販売経路の再構築と風評被害対策、廃炉との関連など課題も多く存
在します。今後も「科学的根拠に基づいた試験操業の拡大化」により復興を
さらに加速させることが必要です。

内水面（淡水魚）について

　阿武隈川の支流の摺上川はアユ釣りの人々で賑わっていましたが、原発事
故以来、釣り人はいません。流域全体が、原発事故直後に降下した放射性セ
シウムに汚染されました。ヤマメの放射性セシウム濃度を測定すると、阿武
隈川北部で100Bq/kgの基準値を上回ることが事故後1000日を経過してもあ
りました。2017年現在、アユ、コイ、ヤマメ、イワナ、ウナギなどは国から
出荷制限措置を受け、漁業、遊漁も休業しています。阿武隈川漁協の事務局
長は阿武隈川塾の塾長として小学生に川のことを教えていましたが、現在は
川で遊ぶことが推奨されておらず、川で教えることができなくなりました。

　内水面の放射性物質モニタリングとして、毎週約15検体を検査し、これま
で21種（魚類18種）、4000検体以上を調べました。河川、湖沼、養殖魚の放射
性セシウム濃度の推移は、養殖魚では事故直後には高値を示すものがありま
したが、これは粗放的な飼育で汚染された天然の餌を食べていたからで、非汚
染の人工飼料ではほとんどが不検出でした。

　河川・湖沼ではバラツキが大きく、近年においても多くの個体からセシウ
ムが検出されているため、福島県内におけるヤマメの採捕、出荷が制限され
た水系が現在も多くあり、震災から7年経過しても原発事故による被害は継
続しています。そのような中、明るい話題として、原発から130km離れた沼沢
湖のヒメマスは当初100Bq/kgを超え、禁漁となっていましたが、2016年4月、
4年ぶりに解禁されました。

　福島県に生息する淡水魚の放射性セシウム濃度は低下傾向ですが、海水魚
に比べて長期化する傾向にあります。餌生物からの放射性セシウムの取込み
が続いており、生理的にも放射性セシウムを排出しにくいからです。特に除
染の困難な森林域、湖沼域における食物連鎖の影響は大きく、原発周辺地域
に生息する魚類のセシウム濃度は著しく高くなっています。大気を通じても

たらされた放射物質の初期沈着量が多かった地域に生息する淡水魚の放射性セシウム汚染は収束していません。

まとめ

　今後もモニタリングと試験研究を継続し、安心、安全な内水面漁業の再生と地域の復興に資することが重要です。この中で、中長期的視野に立った内水面漁協の活動支援なども重要と思います。原発事故に伴う水産生物の放射能汚染は、福島県の海面、および内水面漁業に甚大な被害を及ぼしただけでなく、漁業者やそれらに関連する人々の活動に大きな影響を与えました。海面、内水面漁業で課題は異なりますが、福島県の水産業の復興にむけ、今後とも様々な困難なハードルを乗り越える必要があります。

桃李もの言わざれど、下、自ら蹊を成す

（有）桃李舎 代表 　**桝 田 洋 子**

▶ *2017.6.24*

構造設計への道

　曽祖父より三代続いた鳶の「桝田組」のDNAを継いで、京都工芸繊維大学で建築を学びました。構造計画の授業で架構が美しく表現された海外の建築に魅了され、構造のゼミに進んで、川崎建築構造研究所に就職しました。そこでの修業時代にその後の人生のバックボーンとなる部分を培ったのですが、一方で自分は何をしているのかと葛藤した時期でもありました。

　就職した当時は経営難で、所長は経営のためと割り切って原発の仕事を請け負っていました。大飯原発周辺では、大漁旗を振りかざす漁師の反対運動を目の当たりにしました。また、沖縄のリゾートホテル建設の仕事では、工事の管理者として現場に行きました。子どもが裸で遊ぶ自然海岸の美しさと、プライベートビーチとなった後の完成予想図とを見比べた時、この海岸にこのようなホテルを建てていいのかという疑念が湧きました。東京資本なので完成しても地元に経済的な恩恵があるわけではありません。すでに建設が決定されたものを設計する仕事への疑問が生まれました。

構造から都市計画へ、そして独立

　なぜこの土地にこの建物を建てるのかというところから考えたいと所長に相談すると、所長の紹介で日建設計の都市計画の新しいスタジオに転職できました。大阪市内の重点整備地区の再開発を中心に、建物を建てる前の段階の計画をする部署でしたが、夢のある大きなプロジェクトの中で歯車のひとつとなって働くだけでいいのかという葛藤は続きました。

　その頃、アルバイトでアジアハウスの建設に関わったことが大きな転機になりました。日本に来て、生活に苦労するアジアからの留学生を支援しようと、生野区の保育園の保母さんが敷地内に自費で寮を建てたいと、構造設計

を依頼して下さったのです。支援者の熱意や、留学生と園児との交流を通して、構造の道に戻る決心をし、小さくても社会に役立つ仕事をしようと独立しました。事務所名は中国の司馬遷の『史記』の故事「桃李もの言わざれど、下、自ら蹊を成す」から引用しました。桃やスモモは喋らないけれど、おいしい実をつけると自ずと人が行き来する小さな道ができるという意味です。「人が自然に集まるところ」として「桃李」を、営利を意味する「社」ではなく「舎」を使って「桃李舎」としました。

阪神淡路大震災から古い建物を生かす設計方法の確立へ

阪神淡路大震災では、木造住宅が壊滅的な被害を受けました。その教訓から、既存の木造住宅については耐震診断をして耐震補強を促す、耐震改修促進法ができました。新しい告示も作られました。しかしそれらの法律は、どんな大工が作っても安全なように、全国一律の仕様が定められ、堅く、強く作るようにできていました。地域の事情や風土、大工の技術や経験は考慮されないため、大工の棟梁は従来の方法では確認申請が下りなくて困っていました。

関西には社寺仏閣、京町家や長屋も残っています。それらの建物は、国交省が示す耐力一辺倒の簡易診断法では、おしなべて建て替えなければいけない結果になります。それには大きな危機感を覚えました。古い伝統的な構法を生かす設計法が必要と考え、日本建築学会の中で共同研究を始めました。この研究で、伝統的な木造建築は耐力は小さくても、大きな変形能力があることがわかりました。金物に頼らない木組みは、柔らかいので揺れるけれども、粘りがあるのでなかなか倒れないのです。日本の伝統的な木造建築の優れた点を生かす診断法と設計法を確立してマニュアルをまとめ、出版しました。これは草の根的に全国に広まりました。

その後、粘り強い伝統構法の技術を現代に応用し、杉の間伐材を利用したj.Pod 工法を共同開発しました。耐震偽装事件が世間を賑わしたことがありますが、実験で検証したロの字型のフレームを並べて箱状にしたものなので、偽装のしようがありません。京都大学のフィールド科学教育研究センターの連携研究推進棟に採用されました。強度を高めた j.Pod 耐震シェルターは、

耐震補強の予算が少ない場合に、家の一室に置くと、地震で家が倒壊しても、その一室だけは壊れないので避難空間として人の命を守ることができます。そのようにして木の世界とのかかわりが深くなると、森や森林産業にも関わるようになります。j.Pod の部材はどの山から伐った木で誰が作ったものか判るようにしました。

東日本大震災と原発事故

東日本大震災での一番大きな衝撃は福島第一原子力発電所の事故でした。自分が今に至る変化のきっかけは修業時代の原発の仕事だったにもかかわらず、電力を享受した日々の暮らしの快適さに負けて、その後は知らんふりをしてきたからです。

これからはこれまでのような大きな構造物ではなく、もっと小さな建物の中で身の丈に合った生活になるのではと思い、友人たちと勉強会を開いている中で、福島に行こうということになりました。公園や通学路など公共の場所から除染は済んでいましたが、子どもは家にこもって外に出ていません。そこで友人たちと除染が済んだ公園に子どもやお母さんが集まれるあずまやを作りました。また被災地では、建物が残ってもどうやって生きていくか、助け合うコミュニティーの必要性も痛感しました、つぶれない家とともに、つぶれないコミュニティーの必要性も考えるようになりました。

トーチカをつくる

原発事故の少し前に青木仁さんの『日本型まちづくりへの転換』を読み、一人からできる街づくりの考え方に共感していました。自宅の前の道は夜になるとシャッターが閉まり真っ暗になりますが、シャッターをガラスに変え、明かりをつけるだけでも街は変わります。震災直後、まず、ここからやろうと自宅のガレージを改造し、近所の人が集まれる場所を作りました。青木さんから「トーチカ」と命名してもらいました。間口が狭くて奥行きが深いトーチカ (塹壕) のような形をしていたからです。町内の人に集まってもらうイベントを定期的に開催し、友人・仲間の勉強会、子どもの落語会、ベトナム留学生支援の日本語勉強会も行っています。

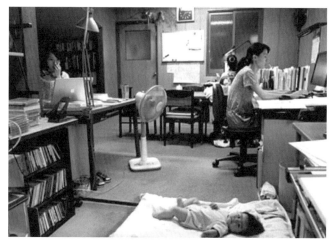

桃李舎の仕事風景

女性が活躍できる場

　建築の仕事が好きで建物を造ってきましたが、木の世界に入り、森や自然について考えるようになりました。震災を経験してからは、社会のためにできることから何かしていこう、これまでと同じ生き方はできないと考え始めました。このような時、スタッフが出産しました。彼女は赤ちゃんと一緒に出勤し、床に寝かせてみんなで育てました。桃李舎は、仕事をしながら育児ができ、女性が継続して働ける場所にしたいと思っています。

　2015年、「第10回日本構造デザイン賞」を受賞、その祝賀会を兼ね2016年４月16日にドーンセンターで「記念講演と女性の構造エンジニアによる小さなシンポジウム」を行いました。20代から50代の女性に集まってもらい、どのように仕事を続けているかを話し合い、大盛況でした。出席者それぞれの事情は多種多様で、どこかで同じように苦労をして頑張っている人がいることが分かり、大いに励まされたシンポジウムになりました。

　昨年、大阪の女性リーダーを表彰する「大阪サクヤヒメ」賞をいただきました。今年、第２回目の募集をしています。皆さんの周辺で頑張っておられる女性がいたら是非応募していただきたいと思います。

16

森里海のつながりから
地域創生を考える

森里海連環の科学と社会

京都大学フィールド科学教育研究センター　センター長　**吉岡崇仁**

▶ *2015.11.28*

「森は海の恋人」を科学する

　宮城県気仙沼のカキ養殖漁師、畠山重篤さんたちは、25年以上前から、山に木を植えたりして森を育てる活動を続けてこられました。その活動は「森は海の恋人」と呼ばれ、広く知られています。そこには、次のような物語がありました。「森から栄養塩類が供給されると、海の植物プランクトンや海藻類は栄養塩類を吸収して有機物を生産します。動物プランクトンや魚介類がこの有機物を食べ、さらに大型の魚に食べられます。だから、森が健全であれば、海の生産も高まります。そして、漁師は、これらの海産物を漁獲して生活しています」

　この物語を自然科学で考えると、どうなるでしょうか。森が海の恋人であると科学的に言えるでしょうか。

森里海連環の科学——森・川・海のつながり

　「森」と「海」は、川を通じてつながっています。川には降った雨がそのまま流れているだけではありません。森林生態系の中で消費と生産の結果として生じ、余ったものが水と一緒に流れていきます。そして、それらの物質は、川の水が流れ込む海の生態系に大きな影響を及ぼします。このような森と川と海のつながりを考える上で、有機物と栄養塩の森林からの流出とそれらの水域環境への影響が重要であると考えて、いくつかの河川流域を対象として調査を行いました。

森が窒素であふれている?——「窒素飽和」現象

　森は本来、栄養塩が不足している生態系なので、渓流にはほとんど栄養塩を出さないと考えられてきました。ところが、欧米での渓流水質調査から、

森里海連環学の枠組み

硝酸塩が森から大量に出てくる「窒素飽和」と呼ばれる現象が知られるようになってきました。すなわち、人間活動による化石燃料の燃焼の際に窒素ガスが酸化されて生成される窒素酸化物や、農業活動で使用する有機肥料や化学肥料に由来するアンモニアが、大気を経て森林に供給されるため、世界の各地で森林が窒素過剰状態となり、結果として硝酸塩が渓流に多量に流出する現象が起こっているのです。

　また、酸性雨や皆伐などによって森林の植物の量が減少しても、渓流に硝酸塩が出てきます。日本全国の渓流水質を調査した結果からは、1950年代から2000年にかけての約50年間で、東日本以西の多くの都道府県で、河川水中に含まれる硝酸塩濃度に上昇傾向が見出されています。森林が傷むほどの「窒素飽和」状態ではないかもしれませんが、この傾向が今後も続くかどうか、注意深くモニタリングする必要があると思います。

炭素と窒素の関係

　琵琶湖に流れ込む川の上流にある渓流の水質を調べたところ、硝酸塩と水に溶けている有機物（DOC：溶存有機態炭素）の濃度の間に逆相関の関係、「硝酸塩濃度の高い渓流ではDOC濃度が低く、硝酸塩濃度の低い渓流ではDOC濃度が高い」という関係が見つかりました。この関係は、琵琶湖集水域

だけではなく、日本全国の渓流水でも見られました。すなわち、人間活動の激しい所から硝酸塩がたくさん出ていて、東日本や西日本の森林は窒素飽和の状態に近づいていると考えられます。一方、森林が多い場所や再生が進むとDOCが多く、硝酸塩が少なくなります。このように、河川の水質調査をすると森林生態系の変化がよく分かります。

　さらに、世界中の河川や河口沿岸域、外洋などでも見出される普遍的な関係だということも明らかになってきました。この関係は、それぞれの生態系における植物や微生物による炭素と窒素の循環過程に密接な関連があることを教えてくれています。つまり、有機物が余っているか、窒素が余っているかで、DOCが高いか、硝酸塩が高いかが決まるのです。

森里海連環の科学——人と自然のつながり

　森林と水系といった異なる生態系の間での連環を自然科学的に理解する上で、物質循環に主眼を置いた研究は重要です。しかし、この連環に人間が加わると、自然科学的知見に加えて、社会科学的、人文学的視点が必要になることは間違いありません。

　環境の質を定量的に評価することは、環境の現状を理解し、将来を予測するために必要な自然科学の課題です。一方、環境に対する人々の意識と行動との関係を明らかにすることは、自然環境をよりよく利用し、かつ保全するために重要な、社会科学の課題です。

　そのため、森里海連環学の研究では、自然科学と人文社会科学を統合した調査にも取り組んでいます。そこには、人々は自然を意識・認識して、自分の考えや行動を判断しています。その判断には科学的にとらえられる自然の状態もかかわっているはずだという仮説があります。

　環境に対して、ある人は利用して利益を得ようと考え、ある人は貴重な生き物が生息するので保護しようとし、またある人は無関心であったりします。人々は環境から様々な形で恩恵を受けるとともに、環境に対して様々な価値を見出して、その環境に対する行動の判断基準としているのだと思います。

　人々の環境意識を理解することは、難しいことだと思います。「Not in my backyard」という言葉に代表されるように、「うちの裏庭でなければいい

けど……」といった環境意識に「うち」と「そと」の別があると考えられます。「総論賛成、各論反対」という言い方もできると思います。

　環境意識というと、難しくて、よく分からないものかもしれません。人は、環境のすべてを把握できるわけではないので、環境に対する意識は、その人の履歴や立ち位置により様々に違ったものになってしまうでしょう。では、人は環境の何を意識し、認識しているのでしょうか。

　たとえば、森には多面的機能として、生物多様性保全、地球環境保全、土砂災害防止機能や土壌保全機能、水源涵養機能、快適環境形成機能、保健・レクリエーション機能、文化機能、物質生産機能などがあります。人々はこんなにたくさんの森の機能を認識しているのでしょうか。また、生態系サービスや自然の価値などの言葉も聞かれます。これらは、学者と呼ばれる人たちが、「ああでもない、こうでもない」と考えあぐねた末にたどり着いた、難しい概念です。もしかしたら、日常生活にはほとんど関係のない、意味のないことなのかもしれません。このようなことも、社会科学的調査に取り組むことで、考えていけるのではないかと思います。

　森里海連環学は、自然環境の構成員間の連環だけでなく、人と自然の連環も視野に入れた学問分野として、今後ますます重要になってくると思います。人と自然のあり方のより良い将来像を構築するために、この取り組みが広がっていくことを期待しています。

　「学ぶ」とは「情報を知ること」でしょうか？　知っていることはすぐ分かりますし、それを聞くことはとても心地がよいものです。心地がよいので、どんどん記憶に深く残り、さらによく分かるようになります。一方、知らない話を聞かされるとなかなか分からないものですが、分からない、知らない話を分かるようなるには、自分が変わる必要があります。情報を得て自らが変わるというのが本当の「学ぶ」ということだと思います。

　知らないことを初めて聞いて、それだけで納得するのではなく、どういう意味で納得するか、どういう意味で納得しないかというところまで、そのことをよく考えることによって、昨日までとは違う自分に変わる、学ぶことができるのではないかと思います。

森里海連環学と地域創生

京都大学学際融合教育研究推進センター 准教授 吉積巳貴

► *2017.12.9*

1. 京都大学の森里海連環学教育プログラム

　約10年前に田中克先生が中心となって立ち上げた森里海連環学をベースに研究と教育を進めています。2013年、森里海連環を実際に動かせる人材育成が必要との考えから、それまでの研究成果をもとに教育プログラムがつくられました。その中心的な組織がフィールド科学教育研究センター（フィールド研）です。そのほかに、地球環境学堂、農学研究科、人間・環境学研究科が関わっています。

　プログラムの特徴は国際的に通用する人材を育てる方針にもとづき、原則英語で授業を進めます。また国際的に活躍している外部講師による指導連携、講義は少人数ゼミ、フィールドでの実習に重点をおいたプログラムです。今年で5年目となり、10月末にこのプログラムを検証するためのシンポジウムを開催しました。発表された活動成果を紹介します。

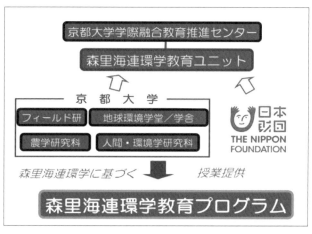

森里海連環学教育プログラム

人材育成

298名の履修生を受け入れ、141名が修了しました。その中で、大学院地球環境学堂（学舎）の履修生が94名と他にくらべて多いのは、学舎はインターンシップを必須にしているので履修しやすい環境にあることが影響しています。修了生の内、57名が就職し、就職先は中央省庁、地方自治体、国内大学、日本企業、海外企業などです。

このプログラムは海外からの留学生が約4割を占め、議論が活発に交わされます。英語で話さなければならず、日本人学生ははじめ躊躇していましたが、留学生にひっぱられて議論に加わっているうちに英語力が向上しています。

毎年1泊2日で近江八幡でのフィールドによる実践的な森里海連環を学んでいます。滋賀県は森里海（湖）のつながりが重要な政策課題であり、京都大学は近江八幡の現状調査をプログラムに組入れています。自然科学的調査だけでなく、地域で活動している人たちに聞き取り調査も実施しています。履修生のインターシップは31カ国97名が経験しました。英語での授業に対応できるように英語スキルアップ講座を提供し、173名が参加しました。英語が苦手だった学生が国際会議などに躊躇なく参加し、発表できる体制を作っています。

学部教育

この教育プログラムは大学院生を対象としていますが、2016年度から学部生対象に全学部共通科目として「森里海連環学」5科目が設けられています。また、帰属意識を高めるため、同窓会活動などを行っています。

森里海連環学研究の海外展開

インターンシップ研修受け入れ機関は31カ国、76機関に及びます。

森里海連環学ネットワークの構築

近江八幡市の菓子舗「たねや」は地域づくりに熱心に取り組み、また、森里海連環学に高い関心を持ち、京都大学と学術協力提携を交わしています。

森里海連環学の普及

2014年4月に海外への普及を目指し英語版を出版しました。

2. 森里海連環学と地域創生

　森里川海のつながりが生み出す恵み（生態系サービス）は、環境省資料によると、森林の生態系サービスの価値は年間約70兆円（林野庁、2001）、農業・農村の多面的機能の価値は年間約8兆円（農林水産省、2001）、湿原の価値は年間約8391〜9711億円（環境省、2014）、サンゴ礁の価値は年間約2581〜3345億円、干潟の価値は年間約6103億円と試算されています（環境省、2014）。

　これらの恵みの供給元は山村・農村・漁村の生業（第一次産業）です。ところがこれらの村々が消滅の危機にあり、生態系サービスが持続的に得られるかどうか、懸念される状態になっています。

地方の人口減少

　平成17〜22年の間、人口が増加したのは東京、名古屋、大阪、福岡の大都市圏のみであり、それ以外では滋賀県のみです。2010年を100として2050年を予測すると、増加するのは大都市圏のみで、地方は軒並み減少します。日本創成会議の推計によると、2040年に20〜39歳の女性が50％以上減少する市区町村は896自治体にもなり、自治体消滅の可能性を示唆しているのです。

「里」の生業である第一次産業の衰退

　第一次産業の就業人口が減少し続け、1970年には約20％を占めていたのが、平成22年には4％にまで減少しました。産業別にみると漁業者の減少が顕著で、平成5年32.5万人が、平成21年に21.2万人と35％も減少しました。漁村の高齢化率は平成22年で32.2％であり、日本全体の高齢化率23.1％より9.1ポイントも高いのです。

　林業も従事者数が減少しています（1980年14.6万人から2015年4.8万人）が、漁業とは少し異なる状況があります。若干若い人が増え、高齢化率が少し下がりました。日本全体での従事者は少ないものの、緑の雇用政策などで若い人の就業がみられるようになりました。農業も就業人口が減少して高齢化率

が上昇しています。平成17年の時点で高齢者が57.4%に達しています。

　第一次産業により里山管理、里海管理がなされてきましたが、その衰退で管理が年々できなくなってきており、森里海のつながりが失われつつあります。

森里海の連環確保の必要性——顕在化する暮らしへの影響

　乱獲や海洋環境の変動なども相まって、ニホンウナギなどの身近な資源が枯渇し、絶滅危惧種に指定されました。農村生活者の一番大きな問題はシカやイノシシが増え、獣被害により里山の荒廃をますます悪化させていることです。里山の荒廃により災害の激甚化が深刻になっています。森林の二酸化炭素吸収量の減少なども相まって、気候変動による地球温暖化が進行し、それに加え、森里海が荒廃することにより土砂防止・保水機能が低下してきています。レジャー的視点では自然とのふれあいの機会が減少し、特に子どもの自然とのふれあい体験が少なくなっており、30代、40代の親自体も自然体験をしていない人が多いことも問題です。

森里海連環を実現する地方創生で重要なこと

　地域への関心を高め、地域活動への参加を促進することが大切ですが、若い世代での参加が少なくなっているのではないかと、大学にいてひしひしと感じます。地域への関心を高めるには、子ども・若者が自然体験や地域の活動に参加することが大切です。

　農林漁業の生業や地域共同体として地域資源を森里海連環の視点で持続管理することが非常に大事ですが、近年、農林水産業への従事者が少なくなり、深刻な問題になっています。森里海の連環は、伝統的な農林水産業の生業で支えられてきましたが、今後農林漁業の生業をどのように持続できるか、従事者が少なくなる中で従来の生業をどう確保するかがポイントになります。

　近年、新しい担い手によってコミュニティ・ビジネスや農家民宿で農林漁業者をサポートする事例が生まれてきていますので、これら新しいビジネスとの連携共存に注目しています。また、伝統的な里山里海管理の知識と技術の継承が次の世代にどのようにできるかを行政補助金に依存せず、自立的に地域活動費を捻出することがポイントであると考えています。

微生物生態学から
森里海の地方創生までを展望する

公立鳥取環境大学環境学部 教授 吉 永 郁 生

▶ *2018.6.23*

微生物とは

　微生物は肉眼では確認できないか、または確認しにくい生物ですが、物質循環においては重要な役割を果たしています。古典的な生態学では、微生物は「分解者」、つまり一次生産者によって合成された有機物およびその残渣を餌として分解・消費し、結果的に無機物（無機態の窒素やリン、硫黄など）に変換された元素を再び一次生産者に供給する役割を果たすとされています。

　微生物の中にはサブミクロンサイズのウイルスから甲殻類幼生などの1mmサイズの生物までの多様な生物カテゴリーが含まれます。そして、実際には目に見える世界のすべての栄養段階（生産者、消費者、分解者）が含まれています。そのため、目に見える世界の食物連鎖と同等の社会構造が存在しているのですが、このことは意外と知られていないことなのです。

微生物による物質の変換

　微生物は前述した有機物からの無機態窒素やリン、硫黄などを生産する他にも窒素固定・硝化・脱窒であらわされる窒素化合物の変換や、硫黄酸化や硫酸還元を通じた硫黄化合物の変換などを行います。様々な形態の窒素やリンの化合物は、その物性が異なるため、周囲の環境、特に酸化還元電位や他の化合物の電荷の極性などによって、その場にとどまったり、水に溶けて遠くまで運ばれたりします。光合成に必要な鉄などの微量金属もまた、微生物の作用によって環境中の挙動が変わることがよくあります。つまり、窒素やリン、鉄などの無機化合物の形態の変化は地球で行われている物質循環の大きな部分を占めており、また地域環境のみならず地球環境全体の維持や変化にインパクトを与えています。

　ある地域環境の悪化は生物の個体数や多様性の減少が問題にされることが多いのですが、その原因となる地域環境の物理・化学・生物学的環境要因は、

これらの微生物過程によって規定されているのです。

里海への窒素の流入と流出

　過去には人間が必要とする作物を育てるための肥料 (窒素やリン肥料など) は不足していた時がありました。そこで人間の住む里では、里山や里海などの周辺の自然資源を活用して、すなわち落ち葉や海藻、魚介類の堆肥化によって不足する肥料を作り出していました。しかし、人口が増え続けるとそれでも窒素やリン肥料は不足していきました。ところが、19世紀にリンや窒素をふんだんに含む「グアノ」(海鳥などの糞や遺骸の化石) が発見され、さらに20世紀初頭に化学肥料が発明されて広く肥料として行き渡ることで食料が増産され、それに伴ってその後の人口は爆発的に増えていきました。ところが、皮肉なことに現代の日本では肥料過多になり陸も川も海も窒素が過剰な状態にあります。陸域で使用された肥料は川や地下水を通じて最終的には海に入り、かつては日本近海でも富栄養化による赤潮などが多発して大きな社会問題となりました。

沿岸海域での微生物による浄化作用

　海と陸が接する場である沿岸海域では、主には陸域に由来する含窒素有機物は従属栄養細菌によって分解され、アンモニア態窒素が生じます。このアンモニア態窒素はそのまま光合成微生物や大型の植物 (藻類や草類) に利用される一方で、硝化細菌によって亜硝酸や硝酸に変換されます。また、嫌気条件下では一酸化二窒素 (N_2O) や分子状窒素 (N_2) まで還元され大気へと放出されることになります。つまり、陸域から沿岸海域に流入した窒素は、食物連鎖を経て鳥や人間などに収穫されて水域から除去される以上に、一連の微生物プロセスを経ることによって、系外へと除去されることになるのです。その意味では微生物は生態系にとっては非常に重要な役割を果たしています。

　一般に、藻場や干潟の環境浄化作用を評価するには、多様な生物から成る複雑な食物連鎖を通じた収穫による窒素除去能を重視することが多いのですが、一見、変化に乏しい砂浜などの沿岸環境にも、そこの干満による環境の変化であったり、河川や地下水の流入を通じた淡水と海水の混ざり合いであったり、そこに含まれる多様な存在様態の窒素化合物などが多様な微生物の

生息環境を作っているのです。目には見えないのですが沿岸域は様々な重要な微生物プロセスが活発に行われる場なのです。

バイオフロックとバイオフィルム

海水中では多くの微生物は、その凝集体であるバイオフロックやバイオフィルムと呼ばれる固体表面に形成される微生物被膜で群体として生息場所を確保しています。下水の処理過程で、活性汚泥法ではバイオフロックが、生物被膜法や固定床法などではバイオフィルムが利用されています。

沿岸の浅海域では貝殻や石、アマモ葉表面などに発達するバイオフィルムが見られます。バイオフロックは天然の環境ではデトリタスや懸濁粒子ともいわれていますが、その起源は消化管を持つ動物の糞粒や植物プランクトンに由来するもののほかに、付着基盤からはがれたバイオフィルムに由来するものも多くあります。このように物質循環においては目に見える生物・非生物は微生物の付着基盤としての役割が大きいと思われます。

有明海再生の試み

有明海は、非常に大きな干満差とそのエネルギーである潮汐流によって海水に強い混合攪拌が起こります。このため、有明海に流れ込む最大の河川である筑後川の河口域では海底土が舞い上がり"濁り"の川といわれます。しかし、この濁りを顕微鏡で見てみると、多くの細菌が付着しています。まさに前述したバイオフロックができているのです。そしてこの濁りは動物プランクトンの餌となり、有明海の豊かな恵みを支えているのです。しかし、この食物連鎖の構造が崩れると、このバイオフロックは捕食されることなく堆積しヘドロ化してしまいます。その現象が有明海で見られるようになってきました。そこで2013年2月、カキ殻による干潟再生プロジェクトが始まりました。NPO法人SPERA森里海を立ち上げ、アゲマキ、タイラギの復活を目指した干潟改善の活動をメインに、市民・漁師・研究者・行政のコラボでシンポジウム、サイエンスカフェを開催するなど活動の輪を広げています。

微視的な観点からの自然環境の景観

このような観点から自然環境の景観を見てみると、陸から海に到るなんで

もない景観をより精緻な目をもって眺め、評価する必要があるように思います。これまでは経済的に無価値とされてきた景観であっても再評価する必要があるようです。さらに、周辺の環境の変化、例えば森林や畑地の宅地化やその逆の変化なども、海に到る一連のプロセスにおいて海洋の物理・化学・生物環境の変化を伴うことを考えねばなりません。とはいえ、微生物生態系の柔軟さは極めて大きく様々な変化を容易に受け止めてしまいます。その過程で人間社会のグローバルな価値を損ねてしまった場合、それが環境問題として可視化しているのではないでしょうか。

「地域の価値を創造する」ために必要なプロセス

2015年9月に国連サミットで採択された「持続可能な開発のための2030アジェンダ」のSDGs（持続可能な開発目標）を実現するためには、それぞれの地域固有の目標があるべきです。そのためには、目に見える世界だけではなく目に見えない世界をも考慮する必要があるでしょう。最新の知見を基に「地域の価値」を再定義することは、研究者だけではなく、その地域の専門家である住民の感覚や知恵、そして何より都市型の価値観やグローバルな世界観を超えた、地域循環型の望ましい社会を作っていかねばなりません。

そのための新技術として、メガデータ（ビッグデータ）の収集・蓄積・解析とそのためのAI（人工知能）技術の利用を欠かすことはできません。メガデータ解析は、経済学・社会学的な観点からは個人の行動履歴や消費行動履歴、中にはインターネットの閲覧履歴の膨大なデータセットから個人の、様々な集団カテゴリーの、あるいは地域の総体的な独自性をあぶりだす新しい研究戦略です。

自然科学の分野でも、連続観測測器や人工衛星モニタリング、そして環境に由来するDNA（一般に環境DNAと呼ばれている）の解析がその柱となり、その目的はこれまで見過ごされていた様々な現象（生物情報もそれに含む）を総体的に解析し、見過ごされていたプロセスをあぶりだす技術です。また、これまでの知的活動の結果、導き出された一般則も一度リセットして解釈するのが望ましいのです。地域社会の基盤となる地域の自然環境も、目に見える事象だけではなく目に見えない事象も考慮しながら、一度まっさらな視点から見直してみるべきではないでしょうか。

ローカルサミットの展開と「森里川海プロジェクト」

（一社）場所文化フォーラム 名誉理事 吉 澤 保 幸

▶ *2017.1.14*

はじめに

19世紀の産業革命以来の西欧近代文明観に基づく人間中心の「もの・拡大」の経済成長の追求により、お金で全てを計る巨大システムがグローバルに形成されました。わが国は戦後70年間、その道をひたすら走り続けました。しかし、2008年のリーマンショック、2011年の東日本大震災と原発事故によって、その見直しを大きく迫られています。人々の閉塞感は、これ以上ものが増えても心の豊かさや満足度は得られない「幸福のパラドックス」と呼ばれる状況に逢着し、将来を見通すと格差拡大、人口減少、少子高齢化、地球温暖化などの根本的な諸課題に直面し、不安材料だけが見えています。

その中で、現在取り組んでいる地域活性化の大きな視座は、今一度ローカルから、都市と地域の関係、人と自然、人と人などの関係を紡ぎ直すこと、そして、この間グローバリゼーションを牽引してきた冷たいお金の自己増殖の論理を見直すことです。

画一的な文明世界の中で疲弊した地域を救うには、都市と地域をもう一度対等な関係で結び直すことこそが緊急の課題であり、ひいては日本を再生する道です。場所文化と呼ぶ、埋もれた地域資源を再生し、地域の皆でシビックプライドを共有し、地域にしかないものを甦らせないといけません。それには地域再生モデルとそれを支える温かなお金の流れが必要なので全国の仲間と「場所文化フォーラム」という組織をつくり、全国各地に埋もれている場所文化を皆で語り合いながら、その活性化を求めて活動を始めました。それを全国で繋ぎ合わせる活動がローカルサミットです。

ローカルサミット

2008年から、「場所文化フォーラム」は各地の諸団体と連携し、全国の幅広

い志民（演者は思いを共有する者をこのように呼ぶ）との連帯の中で、地域活性化の輪を拡げるとともに、従来の人間中心の成長至上主義から自然との共生・循環に立脚した価値観への転換を共有しようとする「ローカルサミット」を毎年、全国各地で開催しています。

　志民連帯の場をつくり、「価値観の転換」を図り、生きとし生けるものが共に暮らす「新しい暮らし方」を皆でつくり上げたいとの思いからです。その趣旨は、「人・いのち・地球が直面する危機は、グローバル資本主義に起因するところであり、国民・国家の調整協議のみでは解決できないことを確認し、忘れかけている地域の仕組みなどに解決の糸口を見つけ、場所文化を甦らせ、いのちの原点に立ち戻ります。いのちを育むものづくり、そしていのち輝く生命文明の構築を目指す」ことにあります。

　第1回は北海道十勝、以降松山、宇和島、高野山などで開催しました。特に、高野山では森里川海の繋がりを分断しているこの社会では、我々は未来の子供たちに何も残せないことを伝え、それを再度正しく紡ぎ直すことの必要性を宣言し、環境省が提唱する「つなげよう、支えよう森里川海プロジェクト」に繋がりました。

豊かな地方の活動

　地方が元気になるには、経済的なフローを作り出すことで地域の豊かさを支える必要があります。しかし、これには地域の自然資本、社会関係資本、人間資本などのストックを甦らせない限り、真に地域を再生することができません。つまり、自然資本の再生作業を中心にしながら人と自然、人と人との関係を取り戻していくことが必要です。

　地域再生のためには、三つのアプローチが必要です。一つ目はグローバル一辺倒の目線でなく、今までに忘れてきた確かな暮らしを紡いできたローカルを起点に、「エコビレッジ構想」のようにグローバルマネーに翻弄されてはならない四つの分野（農林漁業、自然再生エネルギー、介護福祉、教育）について地域資源を最大限活用しつつ、その繋がりをつくっていくことです。二つ目は、「森里川海」プロジェクト等から「豊かな自然資本」（ストック）を再生・取戻し、その過程で「人と人の確かな関係」（社会関係資本）を再構築し、

同時に子供たちも含めて地域の誇りを担う「地域人材」を育成していくことです。そして、その地域で生まれる恵みを子孫に残し、「確かな未来」を各地域に生み出すことです。そして三つ目は、志民が今までの価値観を転換し、地域が抱えている課題に自ら応える形で意思決定できる自治の仕組みを作ること。さらには、それを支えるために地域内でお金を巡らせるための官民協働の枠組みとしての地方創生ファンドなどを作り上げることです。その結果、地域に小さくても様々な雇用を生み出し、従来の中央集権的な政治に依存せず、地域の自立自尊に則った新たなまつりごとを形成していくことです。

森里川海プロジェクト

戦後70年もの間、森・里・川・海に対して配慮せずに短視眼的な経済を追求し、自然資本を収奪し続けたために、劣化が起こり恵みを将来にわたって享受できなくなる恐れが生じています。そこで、その反省に立って、森里川海のつながりを取戻し、自然資本をきちんと甦らせようというのが、環境省と一緒に推進している「森里川海プロジェクト」です。

自然資本を持続的に管理することで、二酸化炭素の削減も進みます。そしてさらに脱炭素の世界を実現するために、新しいライフスタイルを自然と向き合いながら作っていくことが必要です。環境省はこのプロジェクトをベースに、循環・共生・低炭素という三本柱を統合し、2050年にいのち輝く環境生命文明社会を構築すべくアプローチを始めています。

新たなお金の論理

企業は自然資本を使って富を増やしてきました。しかし、企業が使う自然資本は無限でないことも明白な事実です。そのような有限の自然資本に依存する上で、持続可能な事業にしていくために自然資本を可視化して、ストックの目減りの回避や、逆に地域資源を生み出す工夫が求められます。

企業などに投資している金融機関の行動も世界的に見ると大きく変わろうとしています。事実、地域での社会、自然環境などに貢献しているESG金融の世界は、2015年のSDGs目標やパリ協定の締結で、全世界に急速に広がってきています。わが国でも、気候変動を織り込んでの企業行動の変革が急務

になってきています。

　高度成長時代の富が右上がりで増えていくプロセスでの政治のあり方は効率的にその富を分配することが求められました。しかし、2008年に起きたリーマンショックの結果、「金が金を生む」という世界はもはやリアルではなく、バーチャルの世界になりました。我々が目指す社会は、地域創生基金のような地域活動に回すためのファンドを作る方向です。

　今、我々が直面している経済社会は右肩上がりの成長の世界ではありません。一定の成長を遂げた後は、持続・成熟していく定常的社会で、利子はほぼゼロになる世界です。我々がこれから低炭素、脱炭素の中で暮らしていく世界は今までのような成長ではなく、定常的な世界になります。

　こうした未来を展望すると、地球環境問題などの様々な問題が生じていることから、お金は結局は、いのちを未来世代に伝えるための道具に立ち戻らなくてはなりません。具体的には、安全安心の食生活、世界的自然生態系の保全、地球温暖化対策、貧富の格差是正などに使うべきです。いわば、お金がお金を生むことを追求していき格差を拡大していくのではなく、むしろ相互扶助の役割を果たして、地域の自立を促し、誰一人取り残さないというSDGsの目標に資するソーシャルリターンを得る、お金の本来の役割が重要になっていくということです。

地域創生の命題

　少子高齢化やグローバル化が進む中、どのようにして地域の誇りを守り育て、充実させるのかが地域創生の命題です。それには、地域資源の再生とその循環を基本に置いて、新しい「まつりごと」の仕掛けとして、森里川海（地域創生）ファンド（この間、ローカルサミットを開催してきた、滋賀東近江で「東近江三方よし基金」や富山南砺で「南砺幸せ未来基金」が創設されました）を創設し、それを活用した温かなローカルマネーフローの創出で、地域の人々が真剣に自らの未来を自分事として模索していくことで、真の地域の自立が生まれ、そうした地域間での連携が生まれてきています。

　日本で少子高齢化が進む中、確かな未来をつくるため、自然と向き合う暮らしを作り上げ、新しいライフスタイルを子供たちと一緒になってつくるこ

とが必要です。自分に孫が生まれたときに実感した「自分の人生は祖父から孫、ひ孫まで4世代、5世代に関わっている」と、いわば100年という時間軸の中で生きていて、いのちをきちんと未来へバトンタッチしていく責任があります。

　私たちを取り巻く様々な活動を上手につなぎ合わせ、新しい未来を子供たちや将来を担う世代と一緒に作り上げていきたいと念願しています。

聴講者の感想

自然学講座は生き甲斐

奈良県平群町　青野眞樹子

　母、父、夫を次々に看取ることになり一人ぼっちになってしまい、目の前が真っ暗でした。子育て、介護と主婦業一筋で、毎日を忙しくしてきた私が急にすることがなくなり、何をしていいのかわからない日々が続いていました。

　そんな時、近所に住むお友達が紹介してくれたのが自然学講座でした。何をするところか、どんなことをしているのか、まったく分からずに、何の期待もせずに受けてみることにしました。それが今日の私をつくってくれる第一歩になるなんて夢にも思ってはいませんでした。

　毎回毎回、次々といろいろな専門の講師の方の話を聞き、世の中にはこんな素晴らしいことがあるんだということを教えてもらいました。また、そこで学んだことを実際に現地に行き体験できる自然観察会に参加したことで、さらに自分の体の中に何かが育っていく感じがありました。

　もっとこれはどうなっているんだろう。これとこれとの関係はどうなっているんだろう。次々に自分の中に疑問が湧き出し、質問が築かれていきます。楽しみだけでなく、自分も少しは世の中に役に立つことができるのではないかと思うようになっていきました。そうです。自然学講座は私の生き甲斐になってしまいました。

　これからも新しいキヅキのある日々を楽しみながら、歩いていけるような気がする、83歳の私です。田中先生、そして御同学の皆様ありがとうございます。

"ボルネオ島オラン・ウータンの未来と私たちの暮らし"を聞いて

兵庫県宝塚市　井ノ下祥子

　オラン・ウータンは東南アジアの熱帯雨林の生態系を代表する存在ですが、いま危機的状況にあるようです。近年オラン・ウータンが棲む熱帯雨林では伐採が急速に進み、跡地にアブラヤシが栽培され、プランテーション化が一段と進んでいるそうです。森林火災もしばしば起こり、環境への影響は深刻になり、さらにパーム油増産のためプランテーションが大規模化し、最も小さなもので大阪環状線内側の面積ほどあり、全てのプランテーションを合わ

せた総面積は日本列島の面積の半分くらいにも達するとのこと。

こうした状況の中、環境への影響に配慮した持続可能なパーム油を求める世界的な声の高まりに応え、2004年に「持続可能なパーム油のための円卓会議：Roundtable on Sustainable Palm Oil（RSPO）」が設立されました。世界的に信頼される認証基準の策定とステークホルダー（利害関係者）の参加を通じ、持続可能なパーム油の生産と利用を促進するためです。

このような認証パームオイルを使用した製品を購入することは、私たちにもすぐにできることですので、一人一人がこの意識をしっかり持ちたいものです。

自然学講座の講演を聞いて思うこと

大阪府吹田市　奥田良行

地球環境「自然学」講座での講演は、コーディネーター田中克先生提唱の「森里海連環学」に沿う素晴らしい内容のものばかりで、いつも興味深く拝聴してきました。講演に関連して行われる自然観察会も有意義な企画が並び、講義で学んだことを現地で体感し、より理解を高めることができました。

宮城県・気仙沼のカキ養殖漁師畠山重篤さんの講演で、森の腐植土から生まれるフルボ酸鉄が海洋生物に必要なミネラルとして有用かつ必須であること、またオホーツク海に続く道東の親潮海域が世界三大漁場の一つといわれるほど豊かな海であるのは、ロシア・アムール川からフルボ酸鉄などの栄養物質が供給されていることによることを知り、壮大な規模での森里海連環が働いていることに感動しました。

私たちを取り巻く自然環境は生物生存のためにとても大切であるにもかかわらず、ゴミによる河川や海洋汚染は拡大を続け、防災という理由で堰やダム等の工作物がその環境を大きく損なっている現実があります。人の目先の都合で森、川、海のつながりを分断することで、それぞれがお互いに関連しあう機能が働かなくなり、生態系に大きな影響を及ぼしていることを有明海の現状から学びました。

人間も自然の一部であり、多様な生態系のなかで生きさせていただいていることを一人一人が肝に銘じ、また大量生産大量消費型の使い捨て経済から脱却し、循環型の社会構造に変革することがますます重要になると思う日々です。

私を元気にしてくれる地球環境自然学講座

兵庫県神戸市　叶　昭子

2020年3月20日、有明海の諫早湾に

面する多良岳で森里海を結ぶ植樹祭が行われましたが、新型コロナウイルス感染症防止のため、希望者の参加はなくなり、代表の田中克先生だけが出向かれました。植樹祭ではクヌギ700本の苗木が植樹されました。良い木を選ばれたなと思いました。私の家の庭に昨年ほったらかしていたクヌギのドングリから芽と根が出ていました。昔から人も動物もドングリを食べて命をつないできました。生命を支えてくれる樹です。自然学講座で学んだ森里海の連環を考えながら、一人で植樹祭を行いました。

私は、自然学講座主催、有明海自然観察会・アサリの収穫祭で出合った宮崎君との約束を思い出していました。今年は会うチャンスがないなと思いながら、約束だけは果たしたい。田中先生が講座でお話しになる柳川の堀割にニホンウナギを復活させる奮闘話の場面。アサリ収穫祭の開会式での挨拶。海に生息している貝を食べるツメタガイのことを解説してくれた場面。伝習館高校の宮崎優作ですと名前を教えてくれた場面など、録画していた画像をまとめて、USBメモリーに入れ、手紙を出したのです。そうすると数日後、返事がきました。「やながわ有明海水族館の館長に就任した」と書いてありました。私は驚いて、やながわ有明水

族館をインターネットで検索しました。本当だ！ 九州のさかなクンと呼ばれた小宮春平君の後を継いで、宮崎君は水族館の館長として活躍していました。有明海アサリの収穫祭で隣にいた高校生に話しかけたことがきっかけになりました。世代は上手く繋がっています。有明海の将来は、若い宮崎優作館長の頑張りに期待したいと思います。

私は、地球環境自然学講座を受講して、地球の住民でありながら、地球のことをあまりよく知りませんでした。だから知ることから始めようと思いました。地球の誕生から現在に至るまでの壮大な歴史のドラマです。段々興味が湧いてきました。地球は常に進化しています。自然学講座は私の探究心を駆り立ててくれる元気の源です。このようなチャンスを与えてくださった田中克先生、全日本で活躍中の素晴らしい講師の皆様、支えて下さったスタッフの皆様、講座生の皆様、全ての人に感謝します。

震災復興と森は海の恋人

兵庫県猪名川町　武中史朗

平成28年2月6日に講演された畠山重篤氏の行動力と発想の新鮮さにとても驚きました。はるかかなたのアムール川のフルボ酸鉄が海流に乗って、東

北の漁場を豊かにしていること。数十年も前から海の牡蠣士が森に樹を植えているという事実に感銘を受けました。

講座では、食物連鎖や蘇鉄、特に腐葉土に含まれた鉄分がいかに大切な養分であるかということを説明されました。畠山氏に初めて出会ったのは、京都大学での公開講演会で、2012年に『フォレスト・ヒーローズ』として受賞されたことを記憶しています。鶴見区の生き生き地球館で受けた講座で、震災後の舞根湾で京都大学の益田玲爾先生が潜水して撮影された、植物プランクトンが繁殖している映像を見ました。海水が攪乱されて、牡蠣がよく育ったとのこと。2018年6月には、森は海の恋人の植樹祭に参加し、クヌギを植えたことを想い出します。講座を聞いての自らの行動変容には、自分の目で見て確認しどう感じたか、どのように行動すればいいのかを考えることが重要だと痛感しています。

震災復興については、岩手県の大槌町を訪れ、大槌学園や小川旅館等の縁を結び続けるよう努めたいです。現在、山登りやスキーを五十数年続けていますが、スイスやドイツ等の国際交流の会にも積極的に参加して、今まで学んだ経験を生かしていきたいと考えています。

水際の多様性

奈良県広陵町　中垣尚治

2015年に田中先生をお迎えし「森里海連環学」の講座を聴講した当時は、「森は海の恋人」の活動を知るくらいであり、連環学とはどのようなものかは全く未知でした。多くの先生の話を聞いたり観察会を体験したりして、森や里や海は単独の存在ではなく、互いに関連しあった複雑な結びつきがあることを知りました（それにしても田中先生の人脈の豊かさは素晴らしいですね）。

特に感じたのが互いの境目（境界域）の重要性についてです。例えば川と海の境目である汽水域や干潟、海・川などの岸辺の草むら、川と田んぼの間の用水路、陸と海の境目のなぎさなどです。魚は海や湖の中で産まれると単純に思っていましたが、陸との水際の草や藻の中で命を繋いでいます。川と海の境にある干潟に多くの生命が宿ります。用水路の草むらと繋がっている田んぼとの間で生物は行き来して命を繋いでいます。これらの非常に重要な境界域がコンクリートで囲われてしまいました。森や川、海などの大きな対象の問題に注目しがちだけれども、実際はそれぞれの境界・水際の荒廃が環境問題の本質かなと思えます。これこそ多様性であり、連環学ではないだろう

かと思うほどです。この境界域の破壊に人間が大きく関わっていることであり、連環学の究極の対象は人間社会と思われます。

昨今の世界中の人間社会でも極端な右派と左派の両極に分断されつつあり、中間層が少なく多様性が失われてきていることが憂慮されます。

■ 小関哲さん「離島の暮らしと幸せの原点」から

兵庫県神戸市　中嶋淳子

講師の小関さんは、生まれ育った長崎県平戸島で、今、学校で教えなくなってしまったことや、昔は自然の中で当たり前のように経験できた、とても大切なことを世界の高校生たちに伝える「小さな世界学校」を立ち上げ、大きな成果を上げていること、また欧米の若者を迎える平戸島・志々伎の民宿のおじさん、おばさん達が言葉の通じない若者を相手に奮闘し、彼等もまた成長したことに大きな感動を覚えました。私は先祖が平戸松浦藩に仕えていたことや、終戦後海外から引き揚げ後一時平戸で生活したことがあり、懐かしい思いもあり、平戸島自然観察会はとても印象深いことでした。

長崎の離島・平戸島で、都会では失われた日本の昔からの素晴らしい文化や、大切なことを体験する「スタディーツアー」に参加し、「小さな世界学校」を体験しました。平戸島の美しい自然や文化、心温かい人びとと触れ合う3泊4日は興奮と感動の連続でした。古くから世界に開かれた豊かな文化・歴史、美しい自然、そこに育まれた人情味豊かな地で、これらをよりよく引き継ぎ、これからの心豊かな生活を創造すべく、小関さんはじめ若い仲間たちが次世代や世界に向けて、情熱的に発信、活動していることに大きな感銘を受けた「スタディーツアー」でした。講演会と自然観察会がセットで行われたことで、感動がとても大きなものになりました。

■ 新型コロナウイルスパンデミックで思い出す益田玲爾先生の講演会

大阪府箕面市　長野　馨

現在、新型コロナウイルスに世界中で1億人以上の人々が感染し医療現場は危機的状態となっています。このウイルスの強い感染力、病原性に対する予防薬、治療薬がない現状で感染を終息させるにはワクチンによりヒト自身が持っている自己治癒力である免疫を高める手段のみです。

このような状況に接し、2015年の第12回講演会で益田玲爾先生が東日本大震災の津波で甚大な被害を受けた気仙沼湾内を潜水調査されたお話が直に蘇

りました。

長年の高度経済成長の結果、消費社会となり大量に発生した廃棄物などにより湾内流入河川が汚染され、さらに湾内のホタテやカキの養殖事業による自家汚染も加わり湾内の自然環境が大きく破壊された結果、1年程で15gに成長していたカキが2〜3年を要する状態にまで悪化していました。

ところが震災後、栄養豊富な海岸、海底からの湧水や津波で湾内の海底泥や水が入れ替り海底まで酸素が十分行き渡るようになったことなどにより半年足らずで丸々と20gに成長するまで湾内の自然環境が改善されたことが確認されました。このことより、この震災津波は自己治癒力を補強する新型コロナウイルスワクチンに相当するもののように思われます。

高齢化した過疎地の耕作放棄された田畑が数年で、また主の居ない空き家が十数年で草木に覆われ自然に飲み込まれてしまう様子を間近に見て、自然の復原力の偉大さを実感している次第です。

▌地球環境「自然学」講座で学び直し

兵庫県神戸市　野村辰男

思えば高校時代の生物学の時間は先生の駄洒落を面白がり、物理、化学の時間は淡々とした説明や実験に終始したように思います。一方、「自然入門講座」（本科）ではキャリアも違う仲間たちと「目から鱗」の言葉通り、改めて学び、知る楽しさを思い出させて貰いました。

地球環境「自然学」講座では「本科」で目覚めた学びの気持ちを満たす意気込みのお蔭か、定員を上回る希望者もある中、当初、1年のつもりが毎年の講師や演題などに魅かれて、2009年から連続12年続いています。中には理解を超えるもの、欠席もあるが、たくさんの講師や演題でミクロ、マクロな世界や問題意識は広がるばかりです。

国内では、2011年東日本大震災に見舞われ、その後も各種の天災などが相次ぎます。温暖化防止など環境問題は喫緊の課題です。生来、中途半端ながら何にでも興味を持つ性癖、受講がきっかけで火がついた脳への刺激はボケ防止にも生きていると思います。講座で興味・関心を膨らませ、講師の著書や資料などを読むとか、関連テーマのシンポジウムへの参加などにも繋がったものも少なくありません。例えば、「森里海連環学」「沈黙の春」等もそうです。

講師は大学の先生だけでなく実務者が多いのも嬉しい。残念ながら2020年度はコロナ禍のため、前半の講座は

中止となり、綿密に計画した仲間との西予旅行や見学等、各種の予定もキャンセルせざるを得ませんでした。空いた時間は、地球温暖化防止や産廃、海洋プラごみ汚染、防災・減災、医療その他の講演やシンポ等の Zoom 視聴などに充てています。

受講に際し、昼一番の眠気防止策として極力「質問」を意識し、集中力を維持するように努めています。限られた時間内、できるだけ要領よく質問したいが、追加質問というわけにいかないのが物足りない時もあります。質問しそびれたりした時は終了後にお聞きするよう心掛けています。そういう意味では、レジュメの事前送信は予習もできて好都合で、スタッフの負担軽減にもなるのではないでしょうか。

初期には数度、見学会にも参加しました。残念ながら、最近は諸般の事情で観察会にも参加できていません。各地の講師のお蔭で、国内外を旅した気分にもなれるのも嬉しいです。話題に上がった食について言えば、鮎・ウナギ大好き者として高橋勇夫講師紹介の高知の「清流めぐり利き鮎会」でグランプリを受賞するような河川の鮎や望岡典隆講師にお聞きしたニホンウナギは勿論、舞根湾のカキ等も含め、一度賞味したいものが数多くあります。又、これから何が登場するのか楽しみでもあります。

地球環境「自然学」を学んで

奈良県橿原市　三 宅 節 郎
奈良県平群町　三宅あずさ

いくつになっても「学ぶ」ということは、こんなにも楽しいことなのですね。縁あって親子で地球環境「自然学」講座を受講したことは、私の人生最高の選択でした。

何と言っても講師陣が素晴らしいのです。田中克先生は、これまで大切に築いてこられたネットワークから、様々な専門分野でご活躍の魅力溢れる方々と出会う機会を私たちに惜しみなく与えてくださいました。心より感謝申し上げます。その内容の多くは、期待をはるかに超え、時には想像を絶するものでした。毎回、講師の方々を通じて自然が私たちに語りかけてくるようで、好奇心が水を得た魚のようにピチピチとはねあがってくるのを抑えることができませんでした。また、幼い頃、自然の中で夢中になって遊び、自然の懐の中で育まれた楽しい記憶が甦り、心がポカポカしてくることもありました。知れば知るほど、自然は、空や海・草木花の美しさにも似た彩りを私たちの人生に添えてくれるような気がしてなりません。自然に対し、感謝や尊敬の念が一層湧き上がります。

だからこそ、私たち人間が犯した環境破壊、そして、それによって失われた多様な生きものの無数の「いのち」を思い、行動変容を起こすことの大切さを痛感し、日常の小さなことから始めるようになりました。一人の人間に成せることはほんのわずかなことでしかないでしょう。でも、地球環境が激的に変化する中、私たち「ヒト」はもちろん、生きとし生けるものの「いのち」が未来永劫輝き続けられるかどうかは、私たちの手に掛かっているのです。こうした私の小さな行動変容と小さな使命感は、地球環境「自然学」を学ぶ中で得た大切な副産物です。

「S－そうや！　D－できるで！
G－がんばるで！
ｓ－ズットもっと未来のために！」

森里海のつながりを通じて自然に思いを馳せる時、この珠玉の72編は、私たちのあるべき姿を示し、導き、背中を押してくれることでしょう。

■中山耕至先生と井出洋子先生の講演を聞いて有明海の再生を願う

大阪府高槻市　南出一男

私の故郷は福岡県なので、有明海には昔からよく潮干狩りに行き、ムツゴロウはじめ、エツ、ハゼクチ、ワラスボなど有明海の魚と触れ合うことが多くありました。

2016年7月、中山耕至先生は講演で「これらは"大陸依存性個体群"といい、日本では有明海でしか見られない特産種。7種いるが、全て絶滅危惧種である。大昔、大陸と日本列島が地続きだったので、朝鮮半島から中国北部にかけてこの仲間がいる。海進で大陸と日本列島が分かれた時、環境がよく似た有明海だけに取り残されたと考えられる。大陸遺存種という」とのお話を聞いて、私はきわめて貴重な種であることを知らずにいましたが、絶滅を防ぎ、次の世代に繋いでいくことの大切さを感じたことでした。

かつて「宝の海」といわれた有明海は環境悪化で「瀕死の海」と化し、多くの問題が噴出することになりました。2018年2月、映画監督井出洋子さんは「瀕死の海、有明海と共に生きる人々」の講演で、鹿島市七浦の漁協青年部の若者たちを「自分たちの漁場を自分たちで守る　目覚めつつある若い漁師たち」であると紹介されました。彼らが漁師として誇りをもって暮らせる有明海、筑後川に再生できるように、微力ながら支援していく決意です。

■自然とともに！

大阪府能勢町　福有正一

印象に残っているのは、コウノトリ

の里づくりで未来を切り開いたという豊岡市の中貝市長の実践報告です。生物多様性を探究しながら、如何に地域の特色を活かせるかを模索しながら進めた結果が、コウノトリが育つ環境まで到達させたという話は、限りなき可能性があることを学べました。同じように琵琶湖の特産物であるフナ寿司の伝統食を守る取組など、周辺の環境と深く結びついている話も伺えました。

大阪のてっぺん能勢町は人口が毎月減少傾向にあり、限界集落に近づきつつあります。日本一の里山とも言われる素晴らしい環境を活かし切れていません。そんな折に接する講義の数々は如何に進むべきかの道筋を示してくれています。

吉野林業について林業家二人のお話を聞いて

大阪府富田林市　渡邉啓子

森林率が国土の7割近く、その約4割が針葉樹人工林の我が国。近畿圏に住む私たちにとても身近な森林帯というべき吉野の林業について、2015年に谷林業の谷茂則さん、2016年に清光林業の岡橋清元さんに、現状と未来へ向けての取り組みを聴きました。

谷さんは、持続可能な森林経営に向けて循環型林業を模索しているとのことで、税理士でありながら多くの森林

にかかわる資格を取り林業を統括するフォレスター（森林管理計画者）でもあります。林業に関わる人材育成や情報整備を進め、森と人、森と街をつなぐ様々な活動も企画し、吉野の林業を現代的な視点で再構築したいとの思いにあふれ、未来に向け吉野林業の活性化を目指す若き経営者が挑戦する姿勢に大きな希望を抱くことができました。

岡橋さんは、林業再生のためにはトラックや重機などが通行できる壊れない道づくりと路網の整備が不可欠であると、先達の大橋慶三郎氏に師事し作業道作りを一から学ばれました。その成果として効率的な生産性の高い、新しい山林経営を行うことができるようになり、老若男女を問わずに働ける作業環境が期待できる展望が聞けたとのこと。吉野林業がこれからの日本林業のモデルになる可能性を示唆されたよいお話でした。

お二人からは、若い人にも魅力のある吉野の林業の新しい山林経営を目指している、との熱い思いが伝わってきました。また、同時にお二人のこのような取り組みを広く社会に知って欲しいとの思いが、後日吉野林業地の自然観察会に参加して林業の現場を見学し、話を聞くことによってより一層強いものとなりました。

●第1部●

堀野眞一 （ほりの・しんいち）

京都大学理学部卒。現在、国立研究開発法人森林研究・整備機構 森林総合研究所 企画部広報普及科 研究専門員。農林水産省林業試験場に就職以来、主に野性ニホンジカの管理について研究。シカ糞の量からシカ生息密度を推定する方法、ヘリコプターからシカを数える方法、コンピュータによるシミュレーション計算による増減予測など。シカ個体数の増減を予測するためのプログラムは「SimBambi（しむばんび）」という名前で公開し、20以上の自治体で使用実績。

福島慶太郎 （ふくしま・けいたろう）

京都大学農学部卒。現在、京都大学生態学研究センター研究員。複雑な森林生態系を読み解くには、降水、植物体、土壌、岩石、渓流水などに含まれる特定の物質に着目してその挙動を把握する、物質動態を知ることに取り組む。

著書：『森のバランス──植物と土壌の相互作用』（東海大学出版会・共著）。

伊勢武史 （いせ・たけし）

ハーバード大学大学院修了。現在、京都大学フィールド科学教育研究センター准教授。地球温暖化で重要な役割を果たしている生物圏については、その複雑性から、陸上の生物による炭素の循環のシミュレーションが遅れていると考え、現在、陸域における炭素循環と温暖化についてのコンピューターモデリングに取り組む。

著書：『学んでみると生態学はおもしろい』（ベレ出版）、『地球システムを科学する』（ベレ出版）ほか。

鎌田雄介 （かまた・ゆうすけ）

早稲田大学経済学部卒。映像プロデューサー。現在、株式会社ジェネレーション・イレブン・ピクチャーズ代表取締役。

主なプロデュース作品：『BUNGO　日本文学シネマ』『BUNGO　ささやかな欲望』、『うみ やま あひだ　伊勢神宮の森から響くメッセージ』ほか。

●第2部●

椎葉　勝 （しいば・まさる）

現在、「焼畑蕎麦苦楽部」代表。5000年前から伝わる究極の循環型農法「焼畑」を守り続け、2015年には世界農業遺産に指定。「山は友達命の源」をモットーに日向の漁民との連繋、栗や桜などを植樹して猪や鹿と共存できる豊な森づくりに邁進。

岡橋清元 （おかはし・きよちか）

現在、吉野林業地で代々山林を経営する清光林業㈱代表取締役。大橋慶三郎氏の指導を得て壊れない作業道づくりに取り組み実績を積み上げ、伝統ある林業地で新しい山林経営に挑戦。

谷　茂則 （たに・しげのり）

関西学院大学卒。現在、谷林業㈱代表取締役。チャレンジ精神あふれる若者たちと共に林業の未来を切り開くべく挑戦をつづける若き林業家。税理士、宅地建物取引主任士、森林インストラクター、森林総合管理士など多様な活動家。

竹内典之 （たけうち・みちゆき）

京都大学農学部卒。2003年フィールド科学教育研究センター副センター長など歴任。京大退職後は、日本に健全な森をつくり直す委員会委員、ポロビーロシーエス山林部顧問。C. W. ニコル・AFAN の森財団評議員、津和野町・吉賀町アドバイザー等として、「明るい森」、「子供たちの声が聞こえる森」などに携

わる日々を過ごしている。
著書：『木造都市の設計技術』（コロナ社・共著）。

●第３部●

天野礼子（あまの・れいこ）
同志社大学卒。養老孟司を委員長に「日本に健全な森をつくり直す委員会」を立ち上げ、これからの日本人の暮らし方、生き方を地域から実践するモデルづくりを続ける。
著書：『日本から農薬が消える日』（mont・bell Books）、『川を歩いて森へ』（中央公論新社）、『日本一の清流で見つけた未来の種』（中央公論新社）ほか。

久山喜久雄（ひさやま・きくお）
同志社大学大学院修了。「フィールドソサイエティー」代表。フィールドソサイエティーでは、講演会、自然観察会、体験型環境学習活動「森の子クラブ」、森の手入れを学ぶ「観察の森づくり」などを行っている。京都市環境審議会・生物多様性部会委員なども務める。
著書：『御嶽の風に吹かれて』（ナカニシヤ出版）、『森の教室』（淡交社・共著）、『大文字山トレッキング手帖』（ナカニシヤ出版・共著）ほか。

久山慶子（ひさやま・けいこ）
同志社大学卒。「フィールドソサイエティー」事務局長。子どもたち対象の「森の子クラブ」などのプログラムに、活動リーダーとして携わっている。京都府立林業大学校客員教授なども務める。
著書：『身近なときめき自然散歩』（淡交社・共著）、『大文字山を歩こう』（ナカニシヤ出版・共著）、『大文字山トレッキング手帖』（ナカニシヤ出版・共著）ほか。

永井雄人（ながい・かつと）
東京経済大学経営学部卒。現在、白神山地を守る会　代表理事。世界遺産白神山地・ブナ

の森の復元・再生を目指し活動する。
著書：『白神ブナの森博物誌』（白神山地を守る会）。

●第４部●

高橋勇雄（たかはし・いさお）
長崎大学水産学部卒。現在、たかはし河川生物調査事務所代表。アユのいる風景を取り戻したいと、アユの生態を調べ天然アユの保全に取り組む。
著書：『天然アユが育つ川』（築地書館）ほか。

松浦秀俊（まつうら・ひでとし）
京都大学農学部卒。現在、物部川漁業協同組合長、「仁淀川リバーキーパー」代表世話人。流域住民と共に、河川環境の再生やアユ資源の復活、子供たちの川遊び復権を目指して、川の復活に取り組む。
著書：『川に親しむ』（岩波ジュニア新書）ほか。

揖　善継（かじ・よしつぐ）
九州大学大学院修了。現在、和歌山県立自然博物館学芸員。和歌山県内の魚類相解明と、天然記念物「富田川のオオウナギ生息地」の保全、ニホンウナギの加入と河川内生態の解明等に力を入れている。
著書：『ウナギのいる川いない川』（ポプラ社・監修）。

望岡典隆（もちおか・のりたか）
九州大学大学院博士課程修了。現在、九州大学大学院農学研究院特任教授。2013年環境省のレッドリストに絶滅危惧ＩＢ類（EN）として掲載されたニホンウナギの復活に挑む。
著書：『ウナギのふるさとをさがして』（福音館書店）、『日本産稚魚図鑑』（東海大学出版会・共著）、『稚魚の自然史』（北海道大学出版会・共著）ほか。

細谷和海（ほそや・かずみ）
京都大学大学院修了。現在、近畿大学名誉教授。環境省・絶滅のおそれのある汽水・淡水魚選定委員会座長。日本の水辺の生物の多様性をブラックバス等侵略的外来種からいかに守るか、期待される存在。
著書：『日本の希少淡水魚の現状と系統保存』緑書房（共編）、『ブラックバスを退治する』恒星社厚生閣（共編）ほか。

山本義和（やまもと・よしかず）
京都大学大学院修了。現在、神戸女学院大学名誉教授。市民環境団体「武庫川流域圏ネットワーク」代表として、武庫川の治水と環境保全活動を武庫川流域の諸団体とのネットワークで進める。
著書：『明日の環境と人間』（化学同人社・共著）、『水産の21世紀』（京都大学学術出版会・共著）ほか。

●第5部●

藤岡康弘（ふじおか・やすひろ）
三重大学水産学部卒。元滋賀県水産試験場長、琵琶湖博物館上席総括研究員、「びわ湖の森の生き物研究会」事務局長などを歴任し、現在は琵琶湖博物館特別研究員。
著書：『湖と川を回遊するビワマスの謎を探る』（サンライズ出版）、『再考 ふなずしの歴史』（サンライズ出版・共著）ほか。

嘉田由紀子（かだ・ゆきこ）
京都大学大学院修了。滋賀県知事などを経て、「未来政治塾」塾長。2019年から参議院議員。
著書：『いのちにこだわる政治をしよう！』、（風媒社）、『知事は何ができるのか——「日本病」の治療は地域から』（風媒社）ほか。

山﨑 亨（やまざき・とおる）
鳥取大学獣医学科卒。滋賀県職員を経て、現在、アジア猛禽類ネットワーク会長。イヌワシとクマタカの生態研究のほか、アジアにお

ける猛禽類の研究と保護の推進に尽力している。
著書：『空と森の王者 イヌワシとクマタカ』（サンライズ出版）ほか。

山口美知子（やまぐち・みちこ）
東京農工大学大学院修了。東近江市役所を経て、現在は公益財団法人東近江三方よし基金常務理事兼事務局長。鈴鹿山系から琵琶湖まで愛知川が貫流する、水循環を生かしたまちづくりを目指す。

●第6部●

向井 宏（むかい・ひろし）
広島大学大学院博士課程修了。京都大学フィールド科学教育研究センター特任教授など歴任。北海道大学名誉教授。2007年に「海の生き物を守る会」を立ち上げ、2020年まで代表を務める。温帯や熱帯のアマモ場生物群集の研究を行ってきた。主として沿岸の生き物とその環境を守る運動に取り組む。

笠井 亮秀（かさい・あきひで）
東京大学理学研究科博士課程履修。現在、北海道大学水産科学研究院教授。「干潟は、地球という大きな生き物を健康な状態に維持する重要な鍵を握っている」をモットーに研究を展開。
著書：『森川海のつながりと河口・沿岸域の生物生産』（恒星社厚生閣・共著）ほか。

鈴木輝明（すずき・てるあき）
東北大学大学院修士課程修了。現在、名城大学大学院総合学術研究科特任教授（農学博士）。人工種苗生産・放流の効果の研究で内湾が重要な働きをしており、浅海域の保全・修復に真摯な論議と統一的行動が必須と訴える。
著書：『環境配慮・地域特性を生かした干潟造成法』（恒星社厚生閣・共著）ほか。

佐藤正典（さとう・まさのり）
広島大学理学部卒業、東北大学大学院理学研究科修了。現在、鹿児島大学名誉教授。「人間一歩下がって、干潟を維持すること」が、自然環境と豊かな漁業を守ることになり、長期的に子孫の安全を守ることができる「真の防災」であると述べる。
著書：『海をよみがえらせる――諫早湾の再生から考える』（岩波ブックレット）、『滅びゆく鹿児島――地域の人々が自ら未来を切り拓く』（南方新社・共著）ほか。

富永　修（とみなが・おさむ）
北海道大学大学院博士課程修了。現在、福井県立大学海洋生物資源学部教授。水圏における生物多様性をキーワードとして遺伝的多様性から生態系多様性のレベルでの研究を進めている。
著書：『みえる水・みえない水がうみだす里地・里山・里海のつながりと生物多様性』（福井大学連携リーグ双書・共編）ほか。

●第7部●

内藤佳奈子（ないとう・かなこ）
京都大学大学院修了、理学研究科化学専攻博士後期課程修了。現在、県立広島大学生物資源科学部准教授。植物プランクトンのFe利用能に関する研究を広島湾、播磨灘、有明海、気仙沼湾などで行なう。
著書：『有害赤潮プランクトンによる鉄の利用特性、有害有毒プランクトンの科学』（恒星社厚生閣・共著）ほか。

遠藤　光（えんどう・ひかる）
東北大学大学院修了。現在、鹿児島大学水産学部助教。様々な海藻の成長や色彩に対する水温と栄養塩濃度の複合的な影響を調べ、水温の影響が栄養塩濃度によって変化し、栄養塩濃度の影響が水温によって変化することを解明し、日本水産学会水産学奨励賞受賞。

松田浩一（まつだ・ひろかず）
京都大学農学部卒。現在、三重大学大学院生物資源学研究科教授。24年間にわたりイセエビ幼生の飼育研究をはじめ、アワビ・ナマコ、海藻類の生育調査や増殖研究等、主に磯に生息する定着性水産資源（移動能力が小さい水産生物）の増殖研究に取り組む。
著書：『イセエビをつくる』（成山堂書店）

中山耕至（なかやま・こうじ）
京都大学博士課程修了。現在、京都大学大学院農学研究科助教。
主な業績：有明海の特異な生物相の中核である大陸遺存種について、それらと近縁の中国・韓国沿岸種との遺伝的特徴の比較を行い、遺存種形成の過程を調べている。
著書：『稚魚学――多様な生理生態を探る』（生物研究社）、『稚魚――生残と変態の生理生態学』（京都大学学術出版社）ほか。

上　真一（うえ・しんいち）
広島大学大学院修士課程修了。現在、広島大学大学院統合生命科学研究科特任教授。海洋生態系・瀬戸内海の生物生産過程・動物プランクトンの生態・クラゲ類大発生現象などに関する研究者。
著書：海洋生態系・瀬戸内海の生物生産過程・動物プランクトンの生態・クラゲ類大発生現象などに関する学術論文など200篇以上、書籍など40篇。

益田玲爾（ますだ・れいじ）
静岡大学理学部卒。東京大学海洋研究所にて学位を取得。現在、京都大学フィールド科学研究教育センター舞鶴水産実験所教授。魚類の行動や生態に関する諸々の疑問を、実験心理学的手法により解決してゆく研究者。
著書：『魚の心をさぐる――魚の心理と行動』（ベルソーブックス）。

●第8部●

田中丈裕（たなか・たけひろ）

高知大学大学院修士課程修了。卒業後は岡山県の水産技師として勤務。現在、「NPO法人里海づくり研究会議」理事・事務局長。1981年から日生町漁協とともにアマモ場の再生に力を注ぐ。

古田晋平（ふるた・しんぺい）

東海大学海洋学部卒。鳥取県庁農林水産部水産課勤務。2002年から栽培漁業センター所長を経て、現在、鳥取県漁協本所指導部。ヒラメ栽培漁業の研究で京都大学農学博士授与。未利用海藻を使った「海の葉っぱビジネス」「新海女の里づくり」など、漁村振興に貢献。

国分秀樹（こくぶ・ひでき）

筑波大学大学院修了。現在、三重県環境生活部・大気・水環境課係長。統合的沿岸域管理の視点に立ち、地元住民と行政が一体となった真摯な議論と連携により、真の里海「英虞湾」の再生に取り組む。

松田　治（まつだ・おさむ）

東京大学農学部卒。NPO法人・里海づくり研究会理事長。里海とSatoumiを世界に広げることにより世界各地の沿岸域に豊かな海と豊かな地域社会の持続的な実現をめざす。
著書：『森里海連環学』（京都大学学出版会・共著）、『閉鎖性海域の環境再生』（共著）ほか。

鷲尾圭司（わしお・けいじ）

京都大学大学院博士課程修了。現在、国立研究開発法人水産研究・教育機構理事（水産大学校代表）。兵庫県明石市の林崎漁業協同組合の企画研究室室長として漁場環境調査や海苔養殖漁業の生産指導、漁船漁業の資源管理や魚食普及活動を通じ海や水の環境問題と食文化の普及に貢献。

●第9部●

大幸　甚（おおさか・じん）

専修大学法学部卒。加賀市議会議員、石川県議会議長、加賀市長などを務めた。現在、特定非営利活動法人「加賀海岸の森と海を育てる会」会長。加賀海岸の世界遺産登録をめざす。
著書：『わが町わが志　地方政治に賭けた半世紀』（北國新聞社）。

蒲田充弘（かばた・みつひろ）

京都でデザインと服飾関連の仕事をした後、故郷の与謝野町にもどり、環境保全活動に取組む。現在、「NPO法人　丹後の自然を守る会」会長。
主な業績：廃食用油のバイオ燃料へのリユース推進。バイオ燃料を地域で使用する資源循環型社会を確立、京都府下全域に拡げる。2004年度「京都府環境トップランナー」等多数受賞。

江崎貴久（えざき・きく）

京都外国語大学卒。東京の総合商社に勤務。1997年有限会社菊乃を設立し、代表取締役に就任。旅館海月の経営を開始。2000年有限会社オズを設立。
主な業績：離島をフィールドに、自然や生活文化を通して、環境と観光、教育と環境を一体化させたエコツアー「海島遊民くらぶ」を展開。2009年環境省第5回エコツーリズム大賞受賞。

養父信夫（ようふ・のぶお）

九州大学法学部卒。現在、一般社団法人「九州のムラ」代表理事。リクルート社勤務後独立し、都市と農村をつなぐグリーンツーリズムを広げる活動を展開する。地域生活総合誌『九州のムラ』編集長として、グリーンツーリズムやスローフード運動啓蒙活動に尽力。

342

井手洋子（いで・ようこ）
明治学院大学英文学科卒。映画監督。作品：
布川事件を扱ったドキュメンタリー映画『シ
ョージとタカオ』は2011年度文化庁映画賞文
化記録映画部門大賞受賞。
著書：『ショージとタカオ』（文芸春秋社）。

小関　哲（おせき・さとし）
1979年生、平戸市出身。佐世保北高校中退、
United World College 英国校へ経団連派遣奨
学生として留学、京都大学法学部卒。帰郷後
は平戸島・小値賀島などを拠点に自然体験・
異文化交流を取り入れた旅行型教育プログラ
ムを主に訪日外国人向けに提供。2007年世
界最大級の教育旅行派遣団体「ピープルトゥ
ピープル学生大使」が世界48コースにて提供
したプログラム中「最高評価」で表彰された。
現在は平戸・福岡の2拠点にて国内の学生・
社会人向けプログラムも提供している。

山岡耕作（やまおか・こうさく）
京都大学大学院修了。現在、高知大学名誉教
授。京都大学大学院時代、東アフリカタンガ
ニーカ湖固有種カワスズメ科魚類（ティラピ
アの仲間）の多種共存機構を調査。高知大学
では黒潮の影響を受ける土佐湾にて、マダイ
稚魚期の生態調査。情報のほとんどない黒潮
源流域の状況を知る手段として「シーカヤッ
ク」を用いて海遍路を行う。
著書：『黒潮源流シーカヤック遍路旅：八幡
暁、かくのたまふ』（南方新社）。

八幡　暁（やはた・さとる）
専修大学卒。シーカヤック冒険家。海に生き
る人々の暮らしに触発され、国内外の漁村を
見てまわる。沖縄・石垣島に移住。生きるを
実感できる唯一無二のツアーを開始。オース
トラリアから日本までカヤックで横断する
「グレートシーマンプロジェクト」などに挑戦
し成功。

●第10部●

中貝宗治（なかがい・むねはる）
京都大学法学部卒。2021年4月まで5期20
年、兵庫県豊岡市長。市長に転進してからは、
「コウノトリも住める豊かな自然環境や文化
環境の創造は、人間にとってもすばらしいも
のに違いない」の信念のもと官民一体となっ
た「コウノトリ育む農法」など独自の政策を
推進。
著書：『鶴 飛ぶ夢』（北星社）。

池上　惇（いけがみ・じゅん）
京都大学経済学部卒。現在、京都大学名誉教
授。ボランティアとして、各地の在野知識人、
経営者、勤労者などの対面教育研究による学
術人育成に貢献。瑞宝中綬章（研究教育・
2012年春期）受章。
著書：『文化資本論入門』（京都大学学術出版
会）、『人間発達と公共性の経済学』（桜井書店
・共著）ほか。

新山　陽子（にいやま・ようこ）
京都大学大学院博士課程修了。京都大学大学
院農学研究科教授を経て、現在、立命館大学
教授。農業経済学、牛肉などのフードシステ
ムの構造変化に関する国際比較、食品安全確
保の社会システム、消費者のリスク認知や食
品選択行動などを研究。
著書：『牛肉のフードシステム――欧米と日
本の比較分析』（日本経済評論社）、『食品安全
システムの実践理論』（昭和堂・共著）ほか。

●第11部●

田村典江（たむら・のりえ）
京都大学大学院修了。現在、総合地球環境学
研究所上級研究員。農林水産業・農山漁村を
主な関心領域とし、調査研究、マーケティン
グ、コンサルティングなどに携わる。研究テ
ーマは、水産資源管理、コモンズ論、林業人
材育成など。

下村委津子（しもむら・しづこ）
大阪成蹊女子短期大学卒。フリーランスアナウンサー。現在、認定NPO法人環境市民副代表理事。「年齢性別を問わず、生命あるものすべての存在が価値あるものとして大切にされ、安全に安心して活き活きと暮らせる環境を大切にしたまち」の誕生を目指し活動。
著書：『環境市民の遊び方暮らし方』（NPO法人環境市民、共著）、『女性が拓くいのちのふるさと海と生きる未来』（昭和堂・編著）ほか。

●第12部●

川合真一郎（かわい・しんいちろう）
京都大学大学院修了。現在、神戸女学院大学名誉教授。甲子園大学栄養学部教授、学長などを歴任。世界的に水不足の時代が始まっており、水に恵まれている我が国も他人ごとではないと警鐘を鳴らす。
著書：『明日の環境と人間──地球をまもる科学の知恵（第3版）』（化学同人・共著）、『環境科学入門』（化学同人・共著）、『環境ホルモンと水生生物』（成山堂書店）ほか。

遠藤愛子（えんどう・あいこ）
広島大学大学院生物圏科学研究科修了。水・エネルギー・食料の三つの資源は相互に複雑に関係・依存していることから、異なる分野やスケールでの関係者の協力を促すことで持続可能な社会の実現を目指すネクサス・アプローチの重要性を説く。
著書：『水・エネルギー・食料ネクサスと学際研究アプローチ』（恒星社厚生閣・共著）ほか。

●第13部●

近藤洋一（こんどう・よういち）
信州大学大学院博士課程修了。現在、信濃町立野尻湖ナウマンゾウ博物館館長。学生時代から野尻湖発掘に携わり、現在野尻湖発掘調査団の事務局を担当する。
著書：『最終氷期の自然と人類』（共立出版・

編）、『一万人の野尻湖発掘』（築地書館・編）ほか。

瀧澤美奈子（たきざわ・みなこ）
お茶の水女子大学修士課程修了。物理学中心に講演・執筆活動する科学ジャーナリスト。テレビの科学ニュース解説のほか、大学や地方自治体、文化講座などで、科学をやさしく解き明かす講演を行う。
著書：『150年前の科学誌NATUREには何が書かれていたのか』（ベレ出版）、『日本の深海』（講談社）、『地球温暖化後の社会』（文春新書）、『深海の科学　地球最後のフロンティア』（ベレ出版）ほか。

藤崎憲治（ふじさき・けんじ）
京都大学大学院博士課程修了。現在、京都大学名誉教授。専門は昆虫生態学。文科省の21世紀COEプログラム「昆虫科学が拓く未来型食料環境学の創生」の拠点リーダーとして、昆虫模倣科学の提唱と発展に務めた。元日本昆虫科学連合代表。
著書：『昆虫科学が拓く未来』（京都大学学術出版会編）、『昆虫未来学──「四億年の知恵」に学ぶ』（新潮社）、『絵でわかる昆虫の世界』（講談社）、『昆虫生態学』（朝倉書店・共著）ほか。

橋本みのり（はしもと・みのり）
神奈川大学理学部卒。横浜国立大学博士課程修了。現在、大東文化大学スポーツ・健康科学部健康科学科専任教員。陸上生態系を支えているのは地下（土壌）に生息する生物で、土壌中の動物の生態、生態系における役割の研究者。
著書：『土壌動物学への招待──採集からデータ解析まで』（東海大学出版会・共著）。

小林朋道（こばやし・ともみち）
岡山大学理学部卒。現在、公立鳥取環境大学教授。専門は動物行動学、人間比較行動学。

野生生物と３日ふれあわないと体調が悪くなるという動物行動学者。
著書：『先生、巨大コウモリが廊下を飛んでいます！』（築地書館）など「先生シリーズ」はじめ、『地球環境読本』『地球環境読本Ⅱ』（宝島社・共著）、『人間の自然認知特性とコモンズの悲劇──動物行動学から見た環境教育』（ふくろう出版）ほか。

●第14部●

湯本貴和（ゆもと・たかかず）
京都大学大学院博士課程修了。総合地球環境学研究所教授を経て、現在、京都大学霊長類研究所教授。大型類人猿を含む霊長類群集と植生構造の比較研究を担当。
著書：『屋久島──巨木と水の生態学』（ブルーバックス）、『熱帯雨林』（岩波新書）ほか。

仁科エミ（にしな・えみ）
東京大学工学系大学院都市工学博士課程修了、工学博士。文部省放送教育開発センター助教授、総合研究大学院大学教授等を経て、放送大学教授。ハイパーソニック・エフェクトの研究と応用、ハイレゾリューションオーディオコンテンツの開発と評価などに従事。
著書：『音楽・情報・脳』（放送大学教育振興会）ほか。

石崎雄一郎（いしざき・ゆういちろう）
関西学院大学卒。現在、ウータン・森と生活を考える会事務局長。私たちの暮らしと森林減少とのつながりについて理解を広め、消費など様々な行為を見直すよう提案するというミッションに基づき、啓発活動を行っている。

倉田麻里（くらた・まり）
京都大学大学院農学研究科修士課程修了。現在、ゲストハウスイロンゴ／ハッレ倭代表。（一社）Landing in HAKUSAN 事務局長。2017年まで（特活）イカオ・アコの現地駐在員兼プロジェクトマネージャーとして９年間フィリピン

ネグロス島に駐在し、様々なプロジェクトに従事。2020年２月にイカオ・アコの理事を辞任。
著書：『フィリピン・ネグロス島における森里海の実践に学ぶ』（全国日本学士会会誌アカデミア140号）ほか。

野口栄一郎（のぐち・えいいちろう）
早稲田大学第一文学部卒。京都府出身。森林や絶滅の危惧される野生生物の保護にむけてロシアの科学者や自然保護地域、先住民、NGOなどと連携する「国際環境NGO FoE Japan」のスタッフとして1990年代からロシア極東地域で活動に従事、各種支援活動やエコツーリズムに取り組む。2009年に発足したNGO「タイガフォーラム」の活動メンバー。

藤井　巖（ふじい・いわお）
1966年生まれ。東京大学法学部卒。ゴールドマン・サックス社等勤務後、2006年にニュージーランドへ移住。現地にて、リアルニュージーランドを設立、代表に就任。南島北端にあるネルソンという小さな街の郊外で田舎暮らしをしながら、日本からの留学生の受け入れ業務に携わっている。各メディアや講演等で、ニュージーランドの教育、歴史、文化、自然などを紹介、発信している。

●第15部●

畠山重篤（はたけやま・しげあつ）
宮城県気仙沼でカキ・ホタテの養殖業を営む。1989年「森は海の恋人」を合言葉に植林活動を始める。以来、漁師の目線で森川海のつながりの科学的メカニズムを追い続けている。2012年、国連から「フォレストヒーローズ」を受賞。
著書：『森は海の恋人』（文春文庫）、『漁師さんの森づくり』（講談社・共著）ほか。

山内明美（やまうち・あけみ）
現在、宮城教育大学准教授。一橋大学大学院、

大正大学准教授を経て現職。郷里の南三陸町や福島県をフィールドに文化継承の問題と風土形成、生存基盤研究に取り組む。
著書：『こども東北学』（イーストプレス）、『辺境からはじまる・東京／東北論』（明石書店・共著）ほか。

小西晴子（こにし・はるこ）
東北大学卒。ドキュメンタリーアイズ代表。主な映画作品：『Little Birds　イラク　戦火の家族たち』、『イラク　チグリスに浮かぶ平和』。初監督作品『赤浜ロックンロール』。

和田敏裕（わだ・としひろ）
京都大学大学院博士課程修了。現在、福島大学環境放射能研究所准教授。2011年3月、東日本大震災および福島第一原子力発電所事故に直面し、福島県沖に生息する海産魚類の放射能汚染に関する研究を開始。海産魚類に加えて淡水魚類の放射能汚染に関する研究に従事。

桝田洋子（ますだ・ようこ）
京都工芸繊維大学大学院修士課程修了。桃李舎代表取締役。「桃李もの言わざれど、下、自ら蹊を成す」をモットーに、女性の一級建築士6名で人々の命を守る建築物を作る。
著書：『建築構造用語辞典』（建築技術・共著）、『伝統構法を生かす木造耐震設計マニュアル』（学術出版社・共著）ほか。

●第16部●

吉岡崇仁（よしおか・たかひと）
名古屋大学大学院修了。現在、京都大学フィールド科学教育研究センター特任教授。総合地球環境学研究所での研究の延長線上に「森里海連環学」を位置づけて、森林集水域における研究プロジェクトを推進。
著書：『環境意識調査法──環境シナリオと人々の選好』（勁草書房・編集）、『森里海連環学』（京都大学学術出版会・共著）ほか。

吉積巳貴（よしづみ・みき）
京都大学大学院修了。現在、立命館大学教授。地域資源を活用した住民主体型持続可能な地域づくり手法開発について国内外のフィールドと連携しながら研究を進めている。

吉永郁生（よしなが・いくお）
京都大学大学院博士課程修了。現在、公立鳥取環境大学環境学部教授。同大学地域イノベーション研究センター長。海域を中心とした水域の細菌と微細藻の生態を、遺伝子を中心とした分子生物学的手法で研究、鳥取県や鳥取市の地方創生事業にも積極的に関与。
著書：『環境と微生物の辞典』（朝倉書店・共著）、『有明海再生への道』（花乱社・編）ほか。

吉澤保幸（よしざわ・やすゆき）
東京大学法学部卒。税理士、（一社）場所文化フォーラム名誉理事。現在、ローカルサミット事務総長、NPO法人ものづくり生命文明機構常任幹事、南砺市政策参与等。地域の資源と特性を生かした地域活性化と温かなローカルマネーフローの創出を目指す。
著書：『グローバル化の終わり、ローカルからのはじまり』（経済界）。

編集後記　何を学んだのか

　2015〜18年の講座から、すでに3〜7年が経過しました。それでも講演内容は、今も"生き続けている"ことに驚かされます。本書を編集する中で、編集担当者を大いに元気づけたのはNHKテレビの朝の連続ドラマ『おかえりモネ』でした。本書にも登場いただいています畠山重篤さんによると、ドラマが始まる1年ほど前に作者の安達由美子さんとNHKのディレクターが訪ねて来られ、カキ養殖の実際や森と海のつながりなどを詳しく聞いていかれたそうです。主人公の愛称「モネ」は、畠山さんがカキの養殖を営む舞根湾からきていることを知りました。時代はそのような方向に大きく動いていることを改めて実感し、本書刊行のモチベーションがいっそう高まりました。

「森里海」とは

　本書に掲載した72の森里海のお話は、それぞれの立脚点は異なるものの、その根底には、地球環境の急速な劣化とそれに深く関わる私たちの暮らしや社会の行き詰まりをどのように解決したらよいか、どのようにすれば私たち自身が心豊かに暮らすことができ、続く世代の生存基盤を整えられるかが根底に流れています。その本質は「消費し尽くす社会」から「循環する社会」への転換に違いありません。森は循環する存在であり、海もまた同じです。そして両者は水の循環を通じて密接につながっています。これが、この間学んできた「森里海」の核心です。本来なら、この当たり前のことなど問題にする必要はありません。問題にしなければならないのは、その循環を目先の都合（経済成長や暮らしの利便性）でことごとく潰しながら物質文明に浸りきってきたことです。言い換えれば、都市をも含む広い意味での「里」に暮らす人の営みのありように問題があるからです。「森里海」のカギは「里」の人にあり、人と人のつながりが断ち切られ続ける中で問題が顕在化してきました。地球環境自然学講座は、学びの中身とともに、存在そのものが人と人を結び直す大事な役割を果たしているといえます。

求められる行動変容

　本書に登場いただいた、現場に密着して地域を"心豊か"に生きる社会に変えようと多面的な取り組みを進めておられる皆さんに共通する点は、思いを行動に移されていることです。たとえば、宮崎県の奥山で今なお数千年の伝統を守って焼畑農業に生きる椎葉勝さんは"行動なしには、ことは動かない"ことを明言され、次々と思いを行動に移されています。源流域に暮らす民の責務として一切の農薬や肥料を使わず自然の循環のままに日々の営みを行い、ここでの農林漁業は、遠くの海からもたらされる水のおかげだと、日向の海の民を山に招き「海山交流植樹祭」を開くなど、「海は森

の恋人」の世界を開いておられます。

　森は海の恋人であり、海は森の恋人なのです。

　類まれな海洋冒険家八幡暁さんは、小さな手漕ぎのボート（シーカヤック）を一人で操って世界の海をめぐり、人が海とのように関わりながら暮らしているかをつぶさに見て回られています。その中で最も印象に残ることとして、どこの国でも子供たちが仲間と楽しく海辺で遊んでいるのに、日本列島にはその光景がほとんど見られない衝撃を述べておられます。海辺で仲間と遊び、時にはけんかをし、危ないときにはお互いに助け合う日々から、人は自然の中で生きる力（知恵や技）を身につけていくのに、それをなくした日本の将来に大きな危機を感じ、それを克復する行動をされています。

　豊富な知識、長い経験は大事な財産ですが、ともすれば人は評論家になりがちです。そのことによって社会的存在感を得たいとの思いも否定するわけではありませんが、今求められているのはそのような評論家ではなく、「行動なしには、ことは動かない」思いに基づく一歩、二歩の行動だと思われます。この４年間の「森里海」の学びは、まさにこの点こそ最も大事なこととして位置付けてきました。一人の傑出した英雄を求める時代ではなく、一人一人がその方向にちょっと歩み出せば大きな力になる、そのことを未来世代が求めています。

　この点で、受講生の皆さんの学びの姿勢に、私自身もたびたびはっとさせられ、刺激を受けてきました。ご家族のご不幸から失意の日々の中で、地球環境自然学講座への参加を勧められ、《森里海のつながり──いのちの循環》に出会い、その学びを日々の生きがいにするだけでなく、周りの皆さんに積極的に伝える喜びを楽しまれる受講生の存在を知りました。そのことが私自身の行動変容にもつながっていきました。

私の行動変容：有明海を再び宝の海に！

　「地球環境自然学講座」のもう一つの特色は、大阪での座学だけでなく、実際に現地に出向いて、現場を自分の眼で確かめ自分の耳で見聞する「自然観察会」（実際には自然と文化、そしてそこで頑張る人々と出会う観察会）の実施です。本書ではその内容や成果について言及することはできませんが、筆者は自らの行動変容への思いから、宝の海から瀕死の海に至り、地域社会が著しく疲弊してしまった有明海と周辺地域社会を再生に向かわせるという、森里海連環学の最も重要で最も難しい課題への思いを込めて、有明海観察会を提案し、多くの受講生の皆さんに「宝の海」の名残と深刻な現実を体感してもらいました。

　有明海は限りなく豊かな海でした。しかし、高度経済成長路線を突き進む中で、数々の大規模な環境改変が重なり、豊かさの脆弱さ（ぜいじゃく）が一気に現れ、瀕死の海に至っています（田中克編、2019『いのち輝く有明海を──分断・対立を超えて協働の未来選択へ』花乱社）。その仕上げ的事業が、有明海の"子宮"と呼ばれたただ一つの枝湾である諫早

湾奥干潟の干拓事業の強行であり、森・川・海のつながりを分断し、自然の恵みを享受して生きてきた地域社会を崩壊させてしまいました。「干潟のムツゴロウが大事か、われわれの暮らしが大事か」と、野生の生き物を"踏み絵"にしてしまいました。

　"有明海問題"は、九州の一地方に限られた問題ではありません。生態系のつながりをその時その場の都合で分断した結果、心穏やかに暮らせる社会をも崩壊させた典型例であり、全国に形を変えて共通的に存在しています。こと有明海では、政治と経済が癒着し、司法までも巻き込んで極めて深刻な事態に至っています。一筋縄ではいかないそのような問題になぜその歳にもなって関わるのか、"火中の栗"を拾いにいかなくてもよいのに、親切に諭してくださる方々もおられます。その通りだと思います。それでも踏み出したのは、森里海がつながる世界を復元する最も具体的なモデルになるからだとの思いと、この地球環境自然学講座での学びがそのようにさせたといっても過言ではありません。

　諫早湾潮受け堤防完成の儀式、293枚の鋼板の連続的な落下により、諫早湾奥部を"処刑"したと世界を驚愕させた1997年からすでに四半世紀が経過しました。時代は「干潟にムツゴロウが戯れる自然環境が、人々が自然と調和して地域の経済も回る」方向へと転換させないことには持ちこたえられないところまできています。干潟で、かつてのように孫世代の子供たちが泥まみれになって遊びながら豊かな自然を享受す

る姿を思い浮かべると、不思議とネルギーがわいてきます。その横ではムツゴロウが子供たちの様子を眺める世界を、本書の72の「森里海」のお話から感じ取っていただければと願っています。個々の話題を楽しんでいただくとともに、72のお話がつながって醸し出される全体像を、読者の皆さんそれぞれに思い描いていただければと願っています。それが72の森里海のお話をまとめて刊行した最も大きな目的でもあります。

　新型コロナウイルスは、ワクチンのみで"難局"を乗り切ろうとする人類の愚かさを見透かすように、次々と変異株を生み出し続けています。この負の連鎖を断ち切るカギは「免疫（機能）」だといえます。地球生命系の免疫機能の崩壊をいかに食い止めるか、それは私たちの個々人の免疫機能をいかに高めるかに重なります。仁科エミさんに、自然界の知られざる機能として、耳からは聞こえない高周波環境音が人間のストレスを解消し免疫機能を高めることを紹介していただいています。森里海の根底には水と多様な生き物（とりわけ昆虫類）から生み出される心身を健全にする機能（ハイパーソニック・エフェクト）があるのです。新型コロナウイルスの私たちへのメッセージは、人類に「自然とともに生きよ」だと捉えるべきだと思われます。森里海のつながりの今日的意義は、ウイルスとも共存する暮らしや自然を取り戻すことに違いありません。
　　　　　　　　　　　　（文責：田中）

おわりに

地球環境自然学講座 スタッフ幹事

藤 原 雄 平

　田中克京都大学名誉教授から、地球環境自然学講座の４年間分の講演を纏めて１冊の本にしたいと聞かされて、それは素晴らしいことだと思う気持ちと、どんな本になるのか、講座生やＯＢなど限られた読者向けなのか、それとも広く一般の人を対象にした本なのか、その場合は果たして売れるのか、などが次々と頭に浮かんだものでした。

　2019年６月、図書編集委員会を立ち上げることとなり、講座生から募集して数名の応募者を得ましたが、最後まで活動して１冊の本に仕上げたのは、阪本実雄、船本浩路、堀井紀子の３氏の委員でした。こんな素晴らしい本にできあがったのは、勿論、田中先生のご指導があってのことですが、３氏の尋常でない努力奮闘のおかげであります。もしも彼らの協力がなかったなら、この出版企画は幻に終わっていたことでしょう。お三方には心より感謝したいと思います。この本が森里海連環学を学び、そして行動する一助になることを期待してやみません。

　地球環境自然学講座は、2015年度に京都大学名誉教授の田中克先生にコーディネーターをお願いし、先生が提唱された森里海連環学を講座の柱とし、《森里海のつながり──いのちの循環》を基本テーマとして運営しています。関西圏に限らず全国から秀でた講師の先生をお呼びして、年間20回の講演を行うとともに、講演で学んだことを直に現地に出向いて体感する自然観察会を年間６、７回実施しています。この１、２年に限っては、コロナ禍のため思うように観察会が実施できず残念な思いでおります。

　田中先生には、地球環境自然学講座のカリキュラム作成から、講演会の実施、記録の作成、本の出版に至るまで多大なご指導をいただいております。毎年20名の多彩な講師を集められる人脈の豊富さには、関係者皆驚くところであります。ますます深刻化する地球環境問題に対する当講座のバックボー

ンはこれからも森里海連環学です。田中先生の当講座に対する甚大なご貢献に改めまして深く感謝申し上げます。

　田中先生の多彩な人脈の中から選ばれた72名の講演者の先生方には、各々ご専門の分野から最新の情報を熱く語っていただき、驚いたり、感心したり、目からウロコの思いをしたりと毎度感動させていただきました。ご講演いただきました全ての皆様に本書への掲載にご協力いただき、心よりお礼申し上げます。

　また、講座運営にあたるスタッフの責任者として粉骨砕身取り組んだ飯田正恒前幹事の活躍も大きく、取り上げられた72の講演会が無難に実施できたのは周到な講座運営があったからといえます。幹事を支えた各年度10名弱の歴代のスタッフの皆さんの貢献もまた大でありました。

　さて、新型コロナウイルスの感染拡大により、地球環境自然学講座の運営も多大な影響を受けました。2020年度には半年間の休講を余儀なくさせられましたが、その間に、従前より検討課題としていたオンライン講座の導入を一気に実現することができました。2021年度はオンラインのみで受講するコースを併設しました。従来は大阪周辺地域の受講生が中心でしたが、オンライン受講により、森里海連環学をベースとして学び行動する仲間が日本中から集まって来るという「新しい地球環境自然学講座」の姿を描くことが可能になりました。この本は、まさにその門出を記念する1冊ということになるでしょう。

〔図書編集委員会スタッフ〕
阪本実雄、船本浩路、堀井紀子

〔講座運営スタッフ　2015年度以降〕
長野　馨、中垣尚治、中山勝一、杢三文作、衣川直美、田中和江、
渡邊啓子、山野　渉、樋野　巧、藤田益栄、薬師寺道子、飯田正恒、
藤原雄平、西尾光市、森本真弓、卜部真理子、岩佐　達、北川恵子、
坪井都子、花住　繁、上山富美代、叶　昭子、今津富枝

［森里海を結ぶ 4］
いのちの循環「森里海」の現場から
未来世代へのメッセージ 72

❖

2022 年 2 月 7 日　第 1 刷発行
2022 年 4 月25日　第 2 刷発行

❖

監　修　田中　克

編　者　認定 NPO 法人シニア自然大学校
　　　　地球環境自然学講座

発行所　合同会社花乱社
　　　　〒810-0001 福岡市中央区天神 5-5-8-5D
　　　　電話 092（781）7550　FAX 092（781）7555
　　　　http://karansha.com/

印刷・製本　大村印刷株式会社

［定価はカバーに表示］
ISBN978-4-910038-46-9